国家科学技术学术著作出版基金资助项目

飞机燃油箱防爆系统
设计与适航

刘卫华　王　胜　薛　勇　著

科学出版社

北　京

内 容 简 介

本书全面系统地介绍了飞机燃油箱安全防爆技术途径、系统组成与适航规章，系统地总结了防爆系统总体和核心部件设计计算方法与适航要求，详细论述了燃油箱防爆系统总体设计规范、通用要求、架构方式与试验内容；阐述了臭氧转换器、机载空分装置、火焰抑制器等燃油箱防爆系统中关键部件的设计计算与适航符合性方法，其中，防爆系统总体设计、臭氧转换器设计、空分装置设计和火焰抑制器设计等内容为全书重点。

本书可为从事飞机设计、飞机燃油箱防爆系统设计、燃油防爆系统机载部件研发及相关专业的工程技术人员提供参考，也可作为大专院校航空动力工程、飞行器设计、人机环境工程和相关专业的研究生教材或教学参考书。

图书在版编目(CIP)数据

飞机燃油箱防爆系统设计与适航/刘卫华，王胜，薛勇著.—北京：科学出版社，2022.3
　ISBN 978-7-03-071718-4

Ⅰ.①飞⋯　Ⅱ.①刘⋯②王⋯③薛⋯　Ⅲ.①飞机-油箱-防爆-设计
②飞机-适航性-设计　Ⅳ.①V22

中国版本图书馆 CIP 数据核字(2022)第 033896 号

责任编辑：惠　雪／责任校对：樊雅琼
责任印制：张　伟／封面设计：许　瑞

科 学 出 版 社 出版
北京东黄城根北街 16 号
邮政编码：100717
http://www.sciencep.com

北京九州迅驰传媒文化有限公司 印刷
科学出版社发行　各地新华书店经销
*
2022 年 3 月第 一 版　　开本：720 × 1000　1/16
2022 年 3 月第一次印刷　　印张：14 3/4
字数：297 000
定价：129.00 元
(如有印装质量问题，我社负责调换)

前　言

自有动力飞行以来，油箱燃爆事故就如魅影相伴，仅 1996 年美国 TWA800 航班燃油箱燃烧爆炸事故一次就造成了 204 人丧生，因此如何能经济有效地抑制飞机油箱燃爆事故并使之发生概率低于 10^{-9}，成为人们普遍关注的世界性难题。而大量的地面与飞行试验研究结果表明：利用机载空气分离装置产生富氮气体来实现对飞机燃油箱的惰化是一项技术可行且高效经济的防爆措施；对该技术措施的研究与应用成果进行系统的总结，对于促进我国航空事业的发展无疑具有重要的理论意义和现实意义。

作为飞机燃油防爆系统设计与适航技术系列专著的收官之作 (其他两部著作为《飞机燃油箱惰化技术》《运输类飞机燃油箱可燃性与适航符合性方法》)，本书系统地总结了防爆系统总体和核心部件设计计算方法，主要内容不仅来源于作者科研团队近十年在飞机燃油箱防爆技术方面的研究心得、学术论文、科学报告，更来源于其科研团队对参与的飞机燃油箱防爆系统设计工作的总结，且部分成果曾荣获 2019 年度中国航空学会科技进步奖一等奖、工信部国防科技进步奖二等奖。

全书共分 5 章。第 1 章全面系统地介绍飞机燃油箱安全防爆技术途径、系统组成与适航规章；第 2 章重点论述燃油箱防爆系统总体设计规范、通用要求、架构方式、分析计算与试验方法；第 3~5 章则系统地阐述臭氧转换器、机载空分装置、火焰抑制器等燃油箱防爆系统中关键部件的设计计算与适航符合性方法。

本书第 2 章由上海飞机设计研究院薛勇撰写；第 3 章由中科院大连化学物理研究所王胜撰写；第 4 章中 4.1 节、4.2.1 节和 4.2.3 节由中科院大连化学物理研究所康国栋撰写；4.4 节和 4.2.2 节由安徽建筑大学蒋东升撰写；南京航空航天大学刘卫华负责全书规划、统稿和其他章节撰写工作。

本书在撰写与申请科技部 "国家科学技术学术著作出版基金" 过程中曾获得中国科学院赵淳生院士和中国工程院吴光辉院士、刘中民院士等业内专家的悉心指导与热情推荐，在此深表感谢；同时，真诚感谢张瑞华、陈晨、王洋洋、刘明辉、李征宇等研究生的努力工作和无私奉献！

限于著者学识水平，书中不足与疏漏之处在所难免，恳请读者批评指正。

著　者

2021 年 10 月

目　　录

第 1 章 概 述

自有动力飞行以来，油箱爆炸就成为一个与飞机燃油系统设计和使用有关的、反复出现的问题，但直到 20 世纪 60 年代[1,2]，情况才有所改变，人们开始有目的地开展燃油箱防火抑爆系统设计，并逐渐使得该技术步入实用阶段，它通过对燃油箱空余空间混合气体中氧浓度实施有效控制来降低燃爆发生概率，以为飞机及飞机燃油系统提供安全保障。

1.1 飞机燃油箱安全防爆技术途径

燃烧与爆炸是指可燃物质与氧化剂 (氧气) 发生激烈的氧化反应，反应中伴随着放热和发光效应。具体而言，产生燃烧、爆炸必须具备三个条件：一是要有足够的氧化剂 (氧气)；二是要有足够的可燃物质；三是要有一定能量的点火源。

图 1.1 所示为飞机燃油箱内可燃蒸气形成与燃烧、爆炸的产生过程。由图可见，要抑制飞机燃油系统的燃烧与爆炸，提高飞机的安全性，可以从控制点火源、氧气浓度、燃油蒸气浓度和减轻燃油蒸气点燃影响等方面着手[3]。

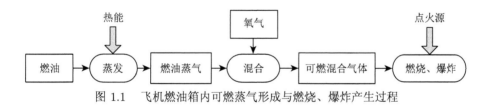

图 1.1 飞机燃油箱内可燃蒸气形成与燃烧、爆炸产生过程

1.1.1 点火源控制

与敌方炮火穿透燃油箱导致油箱空余空间内可燃混合气体的燃烧/爆炸有所不同，民用飞机点火源主要来自燃油系统设计不当以及运行、维护过程中所出现的故障。对燃油系统因设计或故障而产生的点火源，按照其方式不同，可分为四类[4]。

1. 电火花和电弧

电火花和电弧来源于飞机内部向燃油箱引进能量的电子和电气系统 (如燃油量指示系统 (fuel quantity indication system，FQIS)) 线路故障所引起的放电现象。此外，还包括环境条件所产生的瞬间电流 (如闪电、高强度辐射场、流星撞击)

等所引起的放电现象。试验测得电火花点燃燃油蒸气所需的最小点火能为 200mJ，因此要防止由于电火花和电弧所产生的点火源，必须将燃油箱内产生的电火花和电弧能量限制在 200mJ 之内。为此，在美国联邦航空管理局 (FAA) 颁布的咨询通告 AC 25.981-1C 中，特别强调了应采取有效措施，避免由闪电、静电、热源、摩擦造成的点火源，并将系统正常运行时进入燃油箱的电能限制在 50mJ 之内，故障发生时最大电能限制在不超过 200mJ。

静电火花和静电弧也可归入此类。燃油和物体表面发生相对运动时会产生静电荷，这些物体包括加油管、滤清器、喷嘴、燃油箱结构和飞机管路等。为了降低静电荷的积累，燃油流速设计时规定，管道内流速 $V \times D$ 不能超过 $0.5 \mathrm{m}^2/\mathrm{s}$[5] (来自 SAE AIR 1662A 要求)；油箱内，加油出口被燃油覆盖之前由于与燃油箱壁面摩擦较大，燃油流速不应超过 1m/s，覆盖后流速不应超过 6~7m/s (来自 AC 25.981-1C 要求)。

2. 细丝加热电流限制

试验表明：当大约 100mA 均方根 (root mean square，RMS) 电流存在于细长导线的截面时，将点燃燃油蒸气。对于燃油箱内的电气或电子系统 (例如，燃油量指示系统 (FQIS))，需要对进入燃油箱的电流加以严格限定。AC 25.981-1C 规定：对于细丝加热类点火源，如油量测量系统，电流限制值为：正常状态下限制在 25mA RMS 以内，失效情况限制在 50mA RMS 以内，闪电时引起的瞬间峰值电流限制在 125mA 以内。

3. 摩擦火花

燃油系统维修和营运经验表明：泵入口单向阀，导流片，螺母，螺栓，铆钉，紧固件，保险丝，定位销，开口销，钻、磨屑和元件碎屑等，如果进入油泵并接触到叶轮，有可能使得金属沉淀物附着在油泵转动和静止的部件上，导致摩擦火花的产生，并在油液环境中产生极大的点燃风险，因此相关设备和部件必须假定该类摩擦火花一定会产生，并采用 "失效–安全" 的设计方法，防止摩擦火花点燃燃油蒸气。

4. 高温热表面

闪电或其他原因，将可能导致燃油箱壁面温度高达 204℃ 以上，并达到燃油蒸气的自燃点，引起燃油箱的燃爆事故。

1996 年 7 月 17 日，美国环球航空 800 号 (TWA 800) 航班，一架具有 25 年机龄的波音 747-100 系列飞机，在纽约长岛上空附近发生爆炸并解体，全机 212 名乘客与 18 名机组人员全部丧生。该事故促使了 FAA 进一步探讨民用运输类飞机燃油箱燃爆潜在安全性问题的合理解决途径，为此，FAA 在 1999 年发布立法咨询通告 NPRM No.99-18，提出了三个不同的立法要求：① 要求特定运输类飞机的设计批准持有人对飞机燃油箱系统进行安全审查，并对任何确定需要重复检查或维护的事项制定具体的燃油箱系统维护和检查文件；② 要求禁止这些飞机在指定的时限外运营，除非这些飞机的运营人已将燃油箱系统的维护和检查文件置入他们的检查程序之中；③ 对于新的设计，建议将燃油箱系统的可燃性降至最低，要求进行详细的失效分析来排除燃油箱内出现点火源的可能，并在持续适航文件的限制部分中加入强制的燃油系统维护措施；同时，在持续适航文件的适航限制章节中加入燃油系统强制性的维护、检查要求和关键构型限制项目等内容。

2001 年 5 月，FAA 发布了最终规定 (final rule)《运输类飞机燃油箱系统设计评审：降低可燃性、维护和检查要求》和 FAR21 部特别适航条例 SFAR88《燃油箱系统容错评估要求》，特别要求型号合格证和补充型号合格证的持有人/申请人对在役飞机和新设计飞机进行深入评估，查明所有潜在点火源，并制定点火源防护相关的适航限制类维护、检查和关键构型控制的限制项目，同时也初步提出了对燃油箱可燃环境控制的要求。

在随后的研究中，FAA 发现：制造商在完成 SFAR88 中的阻止点火源形成审查后，还是有不可预测的失效和维修差错将继续产生不可预期的点火源，为此，FAA 又发布了多个在 SFAR 审查中没有识别的潜在点火源 (不安全状况)，要求制造商做进一步的审查，如 AD 2006-06-14、AD 2006-12-02、AD 2006-15-15 等。根据这些案例，FAA 得出不可能识别和根除所有可能点火源的结论；要有效降低油箱燃爆发生概率，除采取"失效–安全"设计方法限制点火源产生外，还必须有效地控制油箱可燃性暴露时间[6]。

所谓的"可燃性暴露时间"是指油箱空余空间内混合气体处于可燃状态的时间，它可以通过控制燃油蒸气浓度或氧气浓度来实现。

1.1.2 燃油蒸气浓度控制

飞机燃油箱中装载有大量由多种碳氢化合物组成的航空燃油，燃油蒸气弥散在油箱的整个空余空间内。控制蒸气浓度可以从两个方面出发，一是通过富集燃油蒸气，造成燃油蒸气浓度过高，使其超越可燃上界限 (upper flammability limit, UFL)，具体而言，可以通过加热燃油、促使燃油快速蒸发来实现；二是稀释燃油蒸气，造成燃油蒸气浓度过低，使其落入可燃下界限 (lower flammability limit, LFL) 以下，它可以通过冷却液体燃油或燃油蒸气及"移走"燃油蒸气来实现。

1. 加热燃油

加热燃油使其快速蒸发以造成蒸气浓度超越可燃上限的措施，虽然理论上可行，但在实际应用中，由于燃油可燃上界限变化范围较大 (图 1.2)，控制不易，且容易产生其他附加的危险，因此，现阶段尚无相关详细研究和应用报道。

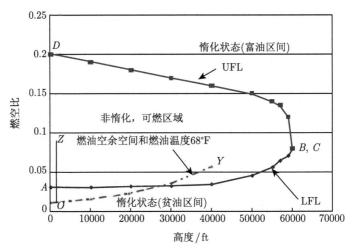

图 1.2　燃空比随高度的变化曲线

注：图中数据来自 FAA 咨询通告 AC 25.981-2，附录 1；JETA、JETA-1 燃油可燃界限

2. "移走" 燃油蒸气

FAA 曾评估过从燃油箱中移走可燃蒸气混合物和其他改进燃油箱安全的方案，如：采用燃油箱上部空间气体吹袭方式等，但最终结论为：从燃油箱中移除可燃蒸气的方案并不可行 (见 AC 25.981-2A)。例如，为了降低飞机坠毁地面着火时燃油箱爆炸危险，也有人曾建议采用能 "擦洗" 液面气相空间内蒸气的系统，即通风燃油箱，以阻止可燃蒸气的形成，但 FAA 认为：重量、复杂性、可靠性和对环境的破坏作用使得这些设想并不切合实际 [6]，更重要的是移走燃油蒸气后的不可燃状态不具有持续性，移走燃油蒸气的相关系统停止后，液体燃油会持续蒸发至平衡状态，导致燃油箱恢复到可燃状态。

3. 冷却液体燃油

通过降低燃油温度来控制其蒸发速度、降低燃油箱可燃性暴露时间已是业内共识。如果放置在燃油箱内或附近的热源显著增加可燃蒸气的形成，设计中就应考虑使用通风或冷却空气来降低燃油温度。对于未能满足可燃性暴露时间适航规章要求的现役民用飞机，甚至还有人提出改变飞机油箱结构布局，采用主动通风或冷却空气来降低燃油温度 (如：充分利用机翼燃油箱良好的冷却能力或设置冲压空气换热器冷却燃油等)，然而，这些设想受到客观条件限制，在实际应用中面临诸多困难，目前并未见应用实例。根据 CCAR 25.981 (b)，如果机翼不是传统的非加热铝制机翼，则必须在假定的、与传统的非加热铝制机翼油箱等效的基础上进行可燃性分析，但复合材料油箱的广泛应用，使得该设想实现更为困难。

4. 冷却燃油蒸气

由于飞机载油量较大，通过冷却来降低液体燃油温度所需冷量巨大，难以实现，为此，2009 年，波音公司曾提出将燃油箱空余空间中的混合气体抽吸，通过冷却使得燃油蒸气冷凝，并将除去燃油蒸气后的气体送回燃油箱空余空间，以降低蒸气浓度的技术措施，并申请了专利保护 (CN103121508，US6016078)[7,8]。

波音公司 Gupta 所撰写的 SAE 报告[9]，对该技术措施作了如下说明：① 由于机载燃油量巨大，将燃油冷却是不现实的，但去除燃油蒸气则简单可行；② 燃油蒸气在温度低于饱和温度时会变成液体，方法是将无油空间的燃油蒸气以高于其产生的速度冷凝；③ 抽出一部分蒸气混合气体由冷却和冷凝系统进行冷凝，抽出流量需大于蒸气产生流量；④ 利用蒸气冷却和冷凝系统将无油空间降至 0~3℃，使一部分流量的蒸气冷凝为液体燃油，另一部分保持气态。

该专利中还设计了两套冷却系统，一套是无油空间冷却机 (ullage cooling machine，UCM)，另一套是无油空间气体制冷器 (ullage gas chiller，UGC)。

虽然波音公司所提出的冷却燃油蒸气技术措施理论上可行，且具有诸多优势，但自 2009 年此概念提出后，该项工作并未见后续研究与应用报道。

1.1.3　氧气浓度控制

油箱空余空间气体混合物中 "氧浓度" 控制技术又可称为燃油箱 "惰化" 技术，按控制方式不同，它可划分为稀释、消耗和吸附等三种类型。

1. 稀释

稀释就是将惰性气体不断充入燃油箱，并与油箱空余空间气体充分混合后由通气管路排入外界环境，以达到逐步降低 "氧浓度" 的目的。依据稀释气体 (惰性气体) 的来源不同，通过稀释方式来控制燃油箱空余空间氧浓度的技术又可分为机载瓶装气体惰化技术、机载制氮燃油箱惰化技术和燃油箱地面惰化技术。

1) 机载瓶装气体惰化技术

常用的机载瓶装惰性气体有液氮、气氮和哈龙 1301 (Halon 1301) 等，它主要应用于早期的军用飞机，其特点是可以满足军用飞机瞬时大流量惰化气量需求，但由于气体携带总量有限，持续惰化时间较短，且对地勤保障系统要求高，目前该方式已逐渐被淘汰[10]。

气氮惰化系统出现在 20 世纪 50 年代末和 60 年代初，F-86 和 F-100 飞机演示过气氮惰化系统为这些飞机燃油箱提供了部分时间的惰化。其中，F-86 所用系统的质量为 52.6kg，仅能提供 9min 的燃油箱惰化使用时间；经过重大改进后的 F-100 所用系统为 19kg，惰化时间为 35min，但这些系统均未投入实际的作战使用。

液氮惰化系统 20 世纪 60 年代后期出现在 SR-71"黑鸟"、XB-70"北欧女神"和 C-5A"银河" 超大型运输机上。在 SR-71 飞机上对燃油箱进行惰化是为了防止燃油自燃，因其以大马赫数飞行时，燃油温度可能达到 93℃ 以上。对液氮惰化方法的主要挑战在于遥远战区的后勤保障能力，但对于 C-5A"银河"，这个问题还是可以接受的，因为该飞机仅在全世界少数几个大型基地上使用。

哈龙 1301 是一种低沸点 (其沸点为 −57.75℃) 并具有较好热稳定性和化学惰性的物质，20 世纪 70 年代初期，美国军方研制成功了一种使用哈龙 1301 的惰化系统并经过验证，后来用于 F-16 "战隼" 飞机，但由于哈龙 1301 是一种氟碳化合物，会破坏大气臭氧层，鉴于环境保护要求，目前已不再生产，仅允许对现存的哈龙 1301 继续使用，该气体更多地用在防火系统中。

2) 机载制氮燃油箱惰化技术

机载制氮燃油箱惰化技术是目前应用最为普遍的燃油箱安全防护技术，它在军/民用飞机上都获得了广泛应用[3,11-15]。与瓶装惰性气体相比，其区别主要体现在机载空气分离器上。目前，除机载分子筛制氮装置、机载中空纤维膜制氮装置有具体应用外，新型机载空气分离装置还在不断涌现中。

(1) 机载分子筛制氮装置。基于变压吸附 (PSA) 技术的分子筛制氮装置是利用吸附柱中分子筛吸附剂对空气中氮气和氧气吸附能力的不同，通过循环改变分子筛吸附剂的吸附和解吸压力来实现氧气和氮气分离。

20 世纪 80 年代，美国对军用飞机的机载分子筛制氮系统进行了应用研究，并于 1982 年 11 月在 AH-64 武装直升机上率先使用了机载分子筛制氮装置。与此同时，波音军用飞机公司也对 C-5B 飞机和 F-16、KC-135 等先进战斗机和加油机进行了机载制氮系统设计研究。进入 90 年代后，美国应用于军用飞机的机载分子筛制氮装置已日趋成熟，并先后开展了多种机型装机试验，如 AH-64、CH-53、HH-60、MH-60、AH-1Z 和 UH-1Y 等多型号飞机分子筛机载制氮系统就先后经历了从研发、试验评价到产品投产、装机使用的全过程考验，但由于分子筛组件性能受环境湿度和介质温度影响大、工作可靠性低，随着膜渗透空气分离器的发展以及分离效率的提高，从 20 世纪 90 年代开始，分子筛制氮系统已逐渐为中空纤维膜制氮系统所取代。

(2) 机载中空纤维膜制氮装置。渗透膜制氮装置是在压差作用下，通过中空纤维膜对空气中氮气和氧气的选择透过性，将空气分离为富氮气体 (nitrogen-enriched air，NEA) 和富氧气体 (oxygen-enriched air，OEA)。

与分子筛制氮装置相比，渗透膜制氮装置突出的优点为：体积小，重量轻，耗气量少；可靠性高；对水蒸气不敏感。

2004 年，C-17 飞机完成了机载惰化系统的更新 (原系统采用机载分子筛制氮装置)，它采用了最新的渗透膜纤维装置，这一新系统直到现在还在运行使用。

C-17 更新惰化系统后不久,新的渗透纤维膜装置也在美国 F-22"猛禽"、F-35"联合攻击战斗机"、欧洲 A400 军用运输机上得到了应用。与此同时,大型民用客机如 B787 系列机、A380 (货机型) 等代表着当今民用航空领域最先进的飞机也装配了机载中空纤维膜制氮装置。目前,采用先进膜分离技术的机载制氮系统已相对成熟,并被世界各国的多种类型飞机采用,成为现代先进飞机的标配。

3) 燃油箱地面惰化技术

为了寻求最经济的民用运输类飞机燃油箱惰化方案,2000 年,FAA 对全美境内载客量 19 人以上的商用客机两种惰化方案进行了性能比较与费用评估[16]。其中一种方案是对燃油箱进行预先地面惰化 (ground based inerting, GBI),即在飞机起飞前,将富氮气体通入燃油中,通过富氮气泡与燃油的传质把燃油中大部分的溶解氧置换出来 (燃油洗涤),使得飞机在爬升的过程中没有氧气从燃油中析出,并通过冲洗使得燃油箱在起飞前处于惰化状态;另一种方案是进行持续的即时冲洗,且只对热的中央翼燃油箱 (hot center wing tank, HCWT) 进行冲洗,即在飞行的过程中利用通入富氮气体来不断稀释燃油箱气相空间原有的氧气和在飞行过程中从燃油内溢出的氧气 (目前这种方法已成为民机惰化系统的首选方案)。上述两种方案在实施时又有两种具体的方式可以选择,分别为循环惰化和非循环惰化。循环惰化是指洗涤或冲洗后排出燃油箱的混合气体,被收集起来作为制取富氮气体的气源,送入空气分离模块 (air separation module, ASM) 的入口,由此进行气体的循环利用;非循环惰化则只利用新鲜空气作为富氮气体的气源,惰化后的混合气体直接排入大气,不再加以利用。两种方案的评估时期为 2000 年以后的 10 年,评估结果表明:即时冲洗中央翼热燃油箱方案要比地面惰化方案节约 50% 左右的费用,而非循环惰化要比循环惰化节约 50% 左右的费用。由此可见,地面惰化方案并不经济,因而也无具体的应用实例。

2. 消耗

通过消耗的方式来控制 "氧浓度" 的技术又称为 "耗氧型" 惰化技术。它是通过催化燃烧,使得燃油蒸气混合物在燃烧室进行催化反应生成 CO_2 和 H_2O,分离 H_2O 后,用 CO_2 和 N_2 作为惰化气体[17]。

1969 年,American Cyanamid 公司以 C-141 型飞机为样机对燃油催化惰化技术进行了预先研究,包括概念设计、催化剂选择、系统部件及整体性能计算,为早期催化惰化技术的研究奠定了基础。

1971 年,Hamilton Standard 公司为远程战略轰炸机 B-1 的惰化系统进行了预研,旨在促进催化惰化系统概念的发展,这项研究中完成了对燃油催化惰化系统的概念设计,并以 B-1 为应用对象研制了燃油催化惰化系统样件,开展了燃油催化惰化系统的地面测试。

　　AiResearch Manufacturing 公司于 1974 年为大型轰炸机设计了新一代催化惰化系统，通过对 American Cyanamid、Hamilton Standard 公司设计的系统进行改进，新一代催化惰化系统重量大幅减少，性能显著提高。

　　2004 年美国 Phyre 公司开发出一种经济、高效、环保的耗氧型燃油箱惰化系统，它是以消耗燃油箱上部气相空间氧浓度和生成 CO_2 为目标，其工作原理如图 1.3 所示。图中的安全装置用于防止反应产物从气体处理系统泄漏返回燃油箱。

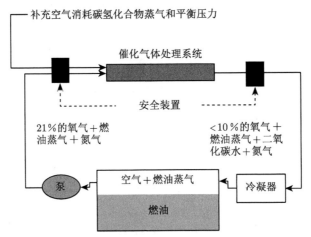

图 1.3　耗氧型燃油箱惰化系统工作原理

　　Phyre 公司对该系统进行了完善与测试，并于 2007 年 5 月在 FAA 大西洋城市技术中心进行了技术验证。由于该系统不但能够解决中空纤维膜方式存在的需要发动机引气问题，而且不像纤维膜式系统需要排放富氧气体，因而也有人称之为 "绿色机载惰性气体发生系统 (GOBIGGS)"。

　　2011 年，在 "中国湖" 海军武器测试中心，GOBIGGS 样机在 UH-60 直升机上进行了包括滑行、起飞、爬升、巡航、下降及着陆等所有飞行过程的试验，结果显示，与现行的机载膜空气分离系统相比，其代偿损失更小。

　　耗氧型燃油箱惰化系统的创新之处在于：使用催化剂将燃油蒸气氧化，这样既消除了燃油蒸气，又达到了除氧的目的，反应生成的 CO_2 还可作为惰性气体循环使用，因此系统效率更高、结构更紧凑。但该系统亦存在着低温催化反应效率低、散热量大、生成水排除干净困难等诸多问题，能否最终在飞机上得到大规模应用还有待进一步验证。

　　3. 吸附

　　通过吸附等方式来控制 "氧浓度" 虽无具体应用实例，但已有航空制造公司开展过研究并申请了相关专利。

1) 采用金属钴的"氧吸附"技术

金属钴是一种银白色铁磁性金属，它常在工业上用作制造各种特殊性能的合金，采用还原法制成的细金属钴粉在空气中能发生自燃并生成氧化钴。伊顿 (EATON) 公司在其 2017 年所申请的发明专利 WO2017064209A2 中介绍了一种使用金属钴或钴的衍生物吸附氧惰化燃油箱的新技术[18]。该技术是将氧吸附装置与燃油箱上部气相空间相连接，并利用吸附装置对氧气的强吸力将无油空间中的氧气吸附。

为了评估该系统性能，伊顿公司进行了计算机模拟，模拟对象为短航程单通道客机，模拟结果为：首次飞行全过程中所需要的吸氧量为 2.465kg，如果采用两个 3.6kg 吸附柱，氧气气吸附量为 2.16kg/h；同时，该系统也表现出了良好的性能重量比。

该方法的技术优势在于：系统结构简单，氧气吸附剂已货架化，研发成本低，体积重量比优势明显。

2) 顺磁泵除氧技术

氧气是一种顺磁物质，它沿着磁场强的方向运动，相反地，氮气、二氧化碳和大多数烃类物被强磁场排斥，利用这一原理，可以为去除燃油箱中的氧气提供动力。伊顿公司在专利 WO2017/077100A1 中提出了一种使用顺磁泵除氧的油箱惰化方法[19]。

顺磁泵除氧惰化系统既可以单独使用，将氧气和氮气进行分离为惰化系统提供富氮气体，也可以与其他惰化系统联合使用以减少氮气用量。同时，顺磁泵去氧惰化系统不需要从发动机引气，其气源可采用座舱空气，属于低温低压惰化系统，磁场元件永磁铁的维护成本低，电子设备少，系统运行成本低，与中空纤维膜惰化系统相比，该发明可以降低系统重量和体积，具有明显的能量效率优势。

1.1.4 减轻燃油蒸气点燃影响的技术措施

与阻碍燃油箱发生燃烧现象的技术方式有所不同，减轻燃油蒸气点燃影响作为"被动式"燃油箱防火抑爆技术措施，其目的是限制燃油箱内燃烧速度，并将燃油箱燃烧所造成的恶劣影响降至最低。

"减轻燃油蒸气点燃影响"是通过在燃油箱内填充网状抑爆材料对点燃后的火焰传递进行抑制，通过控制火焰的传递或熄灭来达到减轻燃烧造成的损伤这一目的。

燃油箱充填的网状抑爆材料可以分为两类：一是网状聚氨酯类抑爆泡沫塑料；二是网状铝合金抑爆材料[20]。

网状聚氨酯泡沫塑料由软质聚氨酯泡沫采用特殊的热加工工艺经网状化处理而成。这种泡沫塑料的结构形式是纤维互连的三维网络，一般是十二面体形式，其表面为五边形。网状聚氨酯泡沫塑料与纤维间有薄膜物质的开孔聚氨酯泡沫相比，密度降低，柔软度和压缩、弯曲等性能也有改善。由于其密度低，壁壳呈立体骨架结构，因而在过滤材料、充填材料等方面得到了广泛的应用。

将网状聚氨酯泡沫塑料充填到飞机燃油箱内，其海绵状结构能抑制燃油箱内火焰的扩散，从而防止燃油箱爆炸。美国空军于 1968 年开始在 F-105、C-130 和 F-4 等飞机上，以网状聚氨酯泡沫塑料填充燃油箱，后来又相继在 A-7、A-10 和 F-15 等飞机上采用同样方法来保护燃油箱，以提高飞机的生存力、利用率和可靠性。

网状铝合金抑爆材料是由厚度很薄的铝箔，经过切缝、拉伸成网状，然后将其折叠或盘绕而成一个块料，最后将块料切割成与燃油箱内部几何尺寸相匹配的形状，通过燃油箱口盖安装在燃油箱内。

用网状铝合金抑爆材料充填到燃油箱内，可将燃油箱分隔成无数个小室，燃油箱一旦着火可起阻尼作用，同时利用其良好的传热性将着火区的局部高温热量迅速扩散，从而有效地抑制燃油箱着火爆炸。

抑爆材料的工作机理如下：

(1) 抑爆材料蜂窝状的高孔隙结构能将燃油箱分隔成众多 "小室"，这些 "小室" 能高效地遏制火焰的传播，使得燃爆压力波急剧衰减。

(2) 抑爆材料蜂窝状的高孔隙结构有 "容纳" 和 "束缚" 燃油的作用，能极大地减少飞行时的燃油晃动，减少或避免因摩擦产生静电火花而引发的爆炸，同时也减少了燃油箱内蒸气的产生。

(3) 当抑爆材料为铝合金材料时，其极高的表面效能和良好的吸热性，在点火源能量较小时可以迅速地熄灭火焰，在火焰较大，一旦发生燃爆时也可将燃爆释放的能量很快地吸收掉，使燃爆压力难以升高；当抑爆材料为泡沫塑料时，热弹头击穿燃油箱，泡沫材料能起缓冲作用。此外，泡沫材料在高温弹头作用下会发生熔融变形，在一定程度上能堵住弹道周围的缝隙，延缓燃油泄漏。

国外早在第二次世界大战后就开始了飞机燃油箱防爆填充材料的研究，美国于 20 世纪 60 年代首先研制成功聚氨酯泡沫塑料抑爆材料，但最初的实际效果并不理想，美国空军在越战中的经验表明，在东南亚热带气候的高温和高湿作用下，燃油箱中放置的聚氨酯泡沫塑料会因水解作用而破碎，使燃油受到污染，油路发生堵塞，一般只能使用 3~5 年；20 世纪 70 年代相关技术研究取得了突破，研制出抗水解变质的聚醚泡沫塑料，能使用 10 年，不过它具有较大的电阻，会产生静电荷；后来加拿大又研制成功了网状铝合金抑爆材料，美国军方组织有关实验室历经 4 年的性能研究和质量鉴定后认为，这是一种先进的抑爆材料。在上述试验的基础上，美国于 1982 年颁布了美国军用规范 MIL-B-87162"用于飞机燃油箱抑爆的网状铝防护材料"，该材料已在美、英、德等国获得了专利。国外网状铝合金抑爆材料应用于工业和商业用的汽油容器中已有多年的历史，并已成功地用于公共汽车、卡车、装甲车、油槽车、特种警车和消防车等车辆的燃油箱，在轻型飞机、巡逻快艇上也得到了应用，在日常生活中还可用于液化石油气罐等易燃、易爆流体存储容器。

简而言之，聚氨酯类飞机燃油箱抑爆材料在 20 世纪 60 年代初由美国 Scottpater 公司首先研制成功，该公司于 1968 年提出网状泡沫塑料 (I 型) 标准，后来又发展了更先进的网状泡沫塑料 (II 型和 III 型)，1973 年对它们进行了标准化，1975 年又进行了修订，后又发展了两种聚醚型网状泡沫材料 (IV 型和 V 型)，并于 1978 年重新标准化，1981 年、1984 年又进行了二次修订，随后还进行了大量的改性和试验研究工作。

前苏联也进行了一系列网状泡沫材料的研究，并制定了相应标准，如：TY6-05-5127-82，并在苏-27 等飞机上进行了使用。

泡沫/网状铝合金抑爆材料虽然能给飞机燃油箱提供有效的保护，但也存在着增加重量 (其重量一般比相同性能的惰化系统高)、减少载油量 (泡沫会占据一定的燃油箱容积，大约减少燃油箱有效载油量的 2%~6%)、易于静电积聚 (采用抑爆泡沫的燃油箱，燃油中通常需要额外加入抗静电添加剂)、易于过早老化和更换周期短、经济效益差等问题，特别是因泡沫破碎而可能产生的油路堵塞是无法预估的重大风险，因此，目前先进运输类民机均未使用。

1987 年，波音军用飞机公司的 Vannice 等就机载制氮方式与飞机燃油箱其他防爆方式全寿命周期费用 (life cycle cost，LCC) 进行了比较，如图 1.4 所示，其结果充分说明了机载制氮方式的优越性[21]。

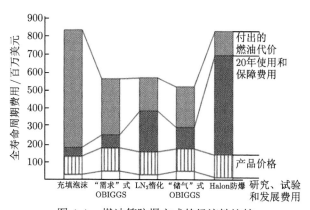

图 1.4　燃油箱防爆方式的经济性比较

由此可见，目前实用的民用飞机燃油箱防爆技术为通过 "失效–安全" 设计以尽可能消除潜在点火源，同时采用机载制氮燃油箱惰化系统以降低油箱可燃性暴露时间；考虑到点火源的不可避免性，惰化也就成了目前军机首选的燃油箱防爆方式。

基于军机燃油箱防爆系统资料不便公开等因素考虑，本书将以民用飞机作为论述重点。

1.2 适航规章要求与防爆系统组成

FAA 意识到燃油箱点火源不可穷举且难以完全消除，于 2008 年 9 月 19 日，发布了 25-125 修正案，增加了对新型号飞机燃油箱可燃性限制要求。同日，FAA 还发布了 26-2 修正案，增加了对在役飞机型号持证人、在役飞机燃油箱可燃性相关设计更改持证人及申请人、在审飞机型号申请人以及新生产飞机制造人的燃油箱可燃性追溯要求，并通过 121-340 修正案对运营人提出了可燃性降低措施 (flammability reduction means，FRM) 或减轻燃油蒸气点燃影响措施 (ignition mitigation means，IMM) 改装要求[22]。

1.2.1 适航规章要求与符合性方法

1. 适航条款变迁历史[23]

历史上，与飞机燃油箱可燃性相关的适航条款已历经多次修订，具体如表 1.1 所示。

表 1.1 25.981 适航条款修订历史

颁布机构	条款	关注内容	生效日期
美国联邦航空管理局 (FAA)	FAR 25.981 11 修正案	燃油箱温度要求	1967.06.04
	FAR 25.981 102 修正案	燃油箱点火源防护要求及初步可燃环境要求	2001.06.06
	FAR 25.981 125 修正案	燃油箱点火源防护要求及细化可燃环境要求	2008.09.19
欧洲航空安全局 (EASA)	CS 25.981	燃油箱温度要求	2003.10.17
	CS 25.981 1 号修正案	燃油箱点火源防护要求 (无 CD-CCL 要求) 及初步可燃环境要求	2005.12.12
	CS 25.981 6 号修正案	燃油箱点火源防护要求 (无 CD-CCL 要求) 及细化可燃环境要求	2009.06.26
	CS 25.981 9 号修正案	增加 CDCCL，其他同 CS25.981 6 号修正案	2010.08.05
中国民用航空局 (CAAC)	CCAR 25.981(R3)	燃油箱温度要求	1985.12.31
	CCAR 25.981(R4)	燃油箱点火源防护要求及细化可燃环境要求	2011.11.07
	中华人民共和国交通运输部令 2016 年第 19 号《运输类飞机适航标准》	燃油箱点火源防护要求及细化可燃环境要求	2016.03.17

25-11 修正案是适航审定当局第一次对油箱燃爆问题提出的审定要求，新增了 FAR25.981 "燃油箱温度" 条款，旨在通过限制 "燃油箱温度" 以防止燃油蒸气自燃，杜绝燃油箱燃爆事故的发生。

在一系列油箱燃爆空难事故发生后，FAA 对燃油箱燃爆的潜在安全性问题展开了深入研究，于 1999 年颁布立法咨询通告 NPRM No.99-18，对新设计的飞机首次提出将燃油箱可燃性降至最低的建议；2001 年 5 月，FAA 发布《运输类飞机燃油箱系统设计评审：降低可燃性、维护和检查要求》最终法规及 FAR21 部特别适航条例 SFAR88《燃油箱系统容错评估要求》，初步提出对燃油箱可燃环境控制的要求。随后，FAA 颁布了 25-102 修正案，并将 FAR25.981 条款标题由 "燃油箱温度" 修订为 "燃油箱点燃防护"，修订后的 FAR25.981 条款既要求防止燃油箱点火源的产生，同时又要求限制燃油箱可燃蒸气的暴露时间。

在 25-102 修正案的基础上，2008 年 9 月 19 日，FAA 颁布了 25-125 修正案，与 25-102 修正案不同，25-125 修正案将降低运输类飞机燃油箱可燃性作为其修订重点，在保持 25-102 修正案中对点火源严格防范要求的基础上，进一步细化了对可燃性暴露时间的限制要求，同时，对机身燃油箱也提出了更严苛的可燃性控制指标要求。

中国民用航空局 (CAAC) 规章体系类似于 FAA，2011 年 11 月 7 日颁布了 CCAR-25-R4《运输类飞机适航标准》，对于新型号运输类飞机的燃油箱可燃性，CCAR 25.981(b)、(d) 款及附录 M 明确了定性与定量要求；2016 年 4 月 17 日，交通运输部以中华人民共和国交通运输部令 (2016 年第 19 号) 的形式对燃油箱可燃性适航要求进行重新修订。

2. 燃油箱可燃性适航条款要求分析

飞机燃油箱点燃防护相关适航要求主要包含在 CCAR/FAR25.981 条款和附录 M、N 之中[24,25]，其附录与条款正文具有等效性，对其简要分析如下：

1) CCAR/FAR 25.981 "燃油箱点燃防护" 条款

CCAR/FAR 25.981 条款的制订目的是防止飞机正常工作和失效情况下热表面、电弧电火花或其他点火源的出现，同时结合对可燃环境的控制，降低燃油箱的可燃性暴露时间，以双管齐下的方式来防止燃油箱被点燃。

CCAR/FAR 25.981 共包含 4 款内容，其中：(a) 款的主旨是严禁点火源的出现，它包含在正常、失效及故障等工作状态下，制造、老化、磨损及损伤等因素对点火源出现的影响，其主要内容涉及燃油箱的温度、燃油箱内各部件的故障模式及失效概率，它提出了在任何状态条件下，燃油箱内最高温度应低于预定使用的燃油自燃温度，并留有一定的安全裕度，单点失效不能造成燃油箱内点火源出现、各种组合失效导致燃油箱内出现点火源的概率应低于 10^{-9} 等要求；(b) 款提出了不同油箱的机队可燃性暴露时间限制要求，并规定了燃油箱可燃性暴露时间评估方法，确定了可燃性暴露水平的定性和定量要求，指定型号申请人必须采用蒙特卡罗 (Monte Carlo) 方法来进行燃油箱可燃性分析，其提出的可燃性暴露评估时间 (flammability exposure evaluation time, FEET) 控制指标综合了经济性、安全性等诸多因素的考虑，对位于机身轮廓线内的辅助燃油箱则提出了更严格要求；(c) 款提供了 (b) 款的一个替代选项，即减轻点燃影响措施 (IMM)，(b)、(c) 两条款旨在点火源防护基础上，通过显著降低飞机燃油箱内无油空间的可燃性或减轻其点燃后对飞行安全的影响，以从根本上解决燃油箱燃爆安全问题；(d) 款要求建立关键设计构型控制限制 (critical design configuration control limitations, CDCCL) 和强制性维护、检查措施以防止可燃性水平上升或点火源防护及减轻点燃影响措施的性能退化和可靠性降低。

2) 附录 M "燃油箱系统降低可燃性的措施" 条款

CCAR/FAR 25.981 条款规定：除主燃油箱以外，其他位于机身内的燃油箱均需要满足附录 M 的要求。附录 M 中含有可燃性降低措施 (FRM) 的详细规范要求，以确保 FRM 的性能和可靠性。其主要内容包括：① 每个燃油箱的机队平均可燃暴露不能超过 3% 的可燃性暴露评估时间 (FEET)，如果采用了 FRM，则在这 3% 中，必须保证在 FRM 工作但燃油箱没有惰化且可燃和 FRM 不工作但燃油箱可燃这两种情况下，每段时间均不超过 FEET 的 1.8%；② 燃油箱机队平均可燃性暴露分析中应包括地面或起飞/爬升阶段；③ 须提供可靠性指示来识别 FRM 的隐性失效，确保 FRM 满足条款中的最低可靠性要求；④ 对于因部件失效会影响燃油箱满足指定可燃性暴露的 FRM 进行了适航限制。

3) 附录 N "燃油箱可燃性暴露和可靠性" 条款

附录 N 规定了为满足 CCAR/FAR 25.981(b) 款和附录 M 所需进行的燃油箱机队平均可燃性暴露分析的要求。附录 N 含有符合建议飞机所需的全部或温暖天气条件下燃油箱可燃性暴露值的计算方法。其中：N25.2 给出了附录 N 中使用的与可燃性和分析方法相关的具体定义；N25.3 给出了燃油箱可燃性暴露分析方法及相关参数定义；N25.4 给出了燃油箱可燃性暴露分析中的相关变量和数据表。

3. 适航符合性方法

如上所述，适航条款对点火源和可燃性暴露时间已提出明确的限制性要求，特别是当油箱可燃性暴露时间达不到该限制指标要求时，适航条款提出了必须采用可燃性降低措施 (FRM) 或减轻点燃影响措施 (IMM) 来确保该指标要求得以满足。由于 FAA 推荐了采用机载燃油箱惰化技术作为目前可使用的可燃性降低措施 (FRM)，因此，有关条款的适航符合性方法是基于机载燃油箱惰化技术应用而展开的。

1) 油箱可燃性适航符合性方法

燃油箱可燃性符合性审定依据是适航规章与条款，申请人通过提交各适用条款的符合性证明材料，完成相应的分析报告和验证试验以表明所涉及的飞机满足适航规章要求。

中国民航管理程序 AP-21-AA-2011-03-R4《航空器型号合格审定程序》中给出了十类常用的适航符合性验证方法，对于飞机燃油箱可燃性适航符合性验证而言，具体应用如下：

(1) MC1，说明性文件。所提供的说明性文件 (如设计图纸、设计方案、持续适航文件等) 能够表明燃油箱的布局、外翼油箱是否为传统非加热铝制机翼油箱、机身油箱 (若有) 的热量输入是否已最小化以及必要的适航限制 (CDCCL、特殊维护/检查等) 等。

(2) MC2，分析/计算。对燃油箱可燃暴露水平进行定性或定量分析，包括采用必要的地面试验和飞行试验数据进行修正/验证，来综合确定燃油箱的可燃暴露水平是否满足要求。定量分析/计算须采用 FAA 指定的 Monte Carlo 分析程序。

(3) MC3，安全评估。采用 FRM 降低燃油箱可燃性时，需要对新引入系统开展必要的安全性评估 (包含 SFHA、FTA、FMEA 等) 以及可靠性分析等，确保新引入系统达到要求的安全性、可靠性指标。

(4) MC4，实验室试验。利用实验台架对惰化系统性能进行多工况模拟，对惰化系统的各项控制功能进行验证，对惰化系统的断电安全功能进行验证。

(5) MC5，地面试验。对于高可燃性油箱，需开展 Monte Carlo 定量分析工作，而该分析需要的输入由必要的地面试验来获得燃油箱的相关热特性参数。同时对于燃油箱而言，需要验证其停机后对惰性状态的保持能力，防止环境温度变化造成热胀冷缩进而使燃油箱内氧浓度过度升高。

(6) MC6，飞行试验。为了确保惰化系统在各种飞行工况和飞行姿态下同相关交联系统的稳定工作，需要进行飞行试验，同时采集燃油箱内的氧浓度数据进行性能模型的验证。此外，还需要在飞行试验中获得燃油箱的相关热特性参数，以准确计算燃油箱温度。

(7) MC7，机上检查。为了向审查方表明惰化系统设计特征的完整性和安装布置的合理性，需要组织相应的机上检查。

(8) MC9，设备合格鉴定。燃油箱系统/惰化系统的部件均须通过设备鉴定试验/必要的计算分析或相似性分析，来证明系统设计满足预定的功能和性能要求。对于燃油箱系统，如采用的是减轻点燃影响措施，其设备也需开展合格鉴定试验/分析，确认其能够抑制燃油箱爆炸，而且不会妨碍继续飞行和着陆的要求。

为了表明燃油箱可燃性的适航符合性，型号申请人通常需至少开展与燃油箱热模型验证和燃油箱惰化系统性能及模型验证相关的实验室/地面/飞行试验，并提交相关试验报告供适航审定当局审查。

　　申请人应提交的审定报告一般包括: ① 燃油系统设计符合性说明、惰化系统设计符合性说明; ② 燃油箱可燃性分析报告; ③ 惰化系统安全性、可靠性评估报告; ④ 燃油惰化系统实验室/地面/飞行试验大纲; ⑤ 燃油惰化系统实验室/地面/飞行试验报告; ⑥ 燃油惰化系统设备鉴定试验大纲/报告等。

　　2) 燃油箱可燃性适航符合性验证要素分析

　　目前,我国对运输类飞机燃油箱可燃性适航审定的技术标准与依据是 CCAR 25.981-R4 条款及其附录 M、N,适航符合性指导文件则主要采用 FAA 咨询通告 AC 25.981-2A。由于当前民用运输类飞机均未采用减轻燃油蒸气点燃影响措施 (IMM),故本书假定型号申请人在未使用 IMM 的情况下来开展燃油箱可燃性适航符合性验证要素分析,如图 1.5 所示,对其中带 * 标记的要素应重点予以关注。

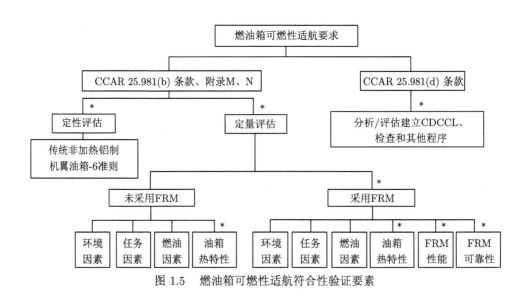

图 1.5　燃油箱可燃性适航符合性验证要素

　　满足 CCAR 25.981(d) 条款适航符合性验证工作具体体现在提交的适航限制文件、维修手册等材料中,因此,燃油箱可燃性适航符合性验证工作重点是 CCAR 25.981(b) 条款的符合性及其附录 M、N 规定的可燃性暴露时间评估方法应用。

　　CCAR 25.981(b) 条款及其附录 M、N 的符合性验证具体可分为燃油箱类型与功能、油箱可燃性暴露时间指标要求与评估方法、FRM 性能与可靠性等三个方面,其主要工作内容如图 1.6 所示。

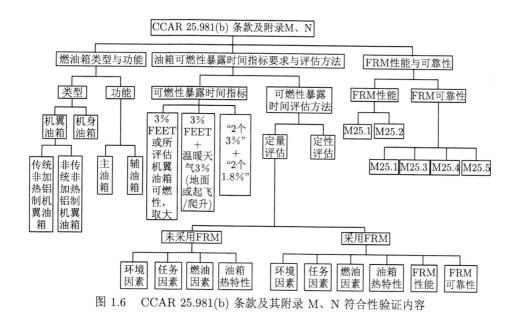

图 1.6　CCAR 25.981(b) 条款及其附录 M、N 符合性验证内容

4. 可燃性暴露评估时间计算

是否需要采用燃油箱惰化技术以及燃油箱惰化系统设计能否满足适航要求,需要通过可燃性暴露评估时间计算来获悉。

基于 Monte Carlo 随机数产生技术,FAA 提出了燃油箱可燃性评估方法 (FT-FAM)[26]。该方法是在大量航段的基础上,针对部分未知变量的已知分布,利用 Monte Carlo 方法生成随机数据;在用户输入相关参数后,计算各个航段的可燃性暴露时间;并通过大量计算来产生统计学上的可燃性暴露水平数据。

燃油箱可燃性评估方法对每一时间单位的可燃性判定过程都可以看作一个比较过程,它包含两类判据:第一类是针对燃油蒸气浓度提出的,用于判断燃油蒸气浓度是否落入可燃界限内;第二类是针对氧浓度极限提出的,用于判别燃油箱是否处于惰性化状态。对于未采用 FRM 的燃油箱,计算程序仅考虑了燃油蒸气浓度判据;对于采用 FRM 的燃油箱则需要同时考虑上述两个判据。因此,对可燃性暴露评估时间的计算需要分 "未采用 FRM" 和 "采用 FRM" 两种情况进行。

对于未采用 FRM 的油箱,可燃性暴露时间计算主要涉及燃油温度和可燃界限;对于已采用 FRM 的油箱,除燃油温度和可燃界限外,还涉及氧浓度水平,即 FRM 性能与可靠性,如图 1.7 所示。

若采用 FRM 技术,还需将经适航审定当局认可、可准确反映 FRM 系统性能与可靠性的数学模型嵌入 Monte Carlo 程序中,才能进行燃油箱可燃性暴露时间计算。

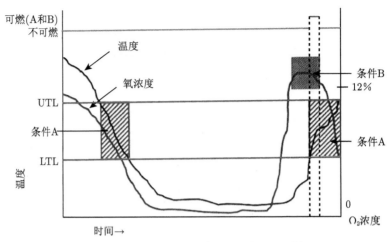

图 1.7　燃油温度、氧浓度与可燃性暴露时间

　　FRM 性能影响取决于其在预期的工作状态时维持空余空间不可燃的能力,在编写 FRM 性能程序的过程中需考虑到该系统在所有飞行条件下可能达到的性能,同时应通过 FRM 分析和试验来确保该性能程序的准确性。

　　FRM 的可靠性影响由 FRM 系统故障分析决定,此潜在故障可能导致系统失去作用。为了确定这些影响,需明确:两次失效的平均间隔时间 (MTBF),预期的 FRM 系统两次失效事件之间间隔的时间;失效探测能力,预期的探测出 FRM 系统失效前的航班数量,此数值由系统监控和信息显示以及运行程序 (例如 FRM 维修检查频率) 决定;最低设备清单假设,在 FRM 系统失效被检测出来后,系统恢复工作所需的平均期望时间 (飞行小时) 等。

1.2.2　典型燃油箱防爆系统组成

　　如上所述,基于目前油箱防爆系统的可行性和经济性,FAA 推荐了采用机载燃油箱惰化技术作为降低油箱可燃性的措施。所谓的机载燃油箱惰化技术 (简称:燃油箱惰化) 是指惰性气体由机载设备产生,并被用来稀释燃油箱空余 (无油) 空间氧浓度以保障油箱的安全。机载燃油箱惰化系统又被称为机载惰性气体发生系统 (on board inert gas generation system, OBIGGS),该系统使用机载空气分离技术,去除从航空发动机压气机或环境控制系统引气中的氧分子,留下富氮气体 (nitrogen-enriched air, NEA) 以惰化油箱[27]。

　　典型的民机燃油箱防爆系统组成如图 1.8 所示。

　　一般来说,油箱防爆系统主要由三个子系统有机组成:一是引气及其处理子系统。无论是从飞机发动机压气机直接引气,还是从飞机环境控制系统引气,都必须考虑并设计引气及其处理子系统,以保证气体流量、压力、温度、含水量、含油量、清洁度等指标满足机载空气分离设备入口条件要求。二是机载空气分离子系统。其目的是对空气进行分离，以产生所需要的、具有较高浓度的油箱惰性气体，即富氮气体。三是油箱空余空间的气体分配子系统，它要求采用适当的方式，在惰性(富氮)气体消耗量最少的前提下，确保在整个飞行过程中油箱空余空间氧浓度低于规定值。

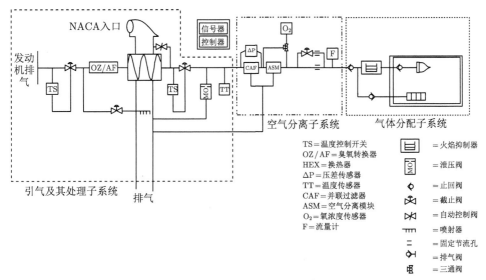

图 1.8 典型的民机燃油箱防爆系统组成

1. 引气及其处理子系统

引气及其处理子系统如图 1.9 所示，它主要由截止阀 (引气切断阀)、臭氧转换器、热交换器组件和 ASM 温度控制阀 (闸门阀) 组成。发动机引气通过截止阀，进入臭氧转换器降低臭氧浓度后，经换热器组件热侧通道由冲压空气或地面供气冷却，降至适合温度，再通过温度控制阀。其中，引气切断阀和闸门阀是安全防护机构，而臭氧转换器、热交换器组件则是气体处理部件。

1) 引气切断阀

引气切断阀的作用是控制引气管路系统开启/关闭。作为防爆系统管路中防止高温/高压气体直接进入油箱的第一层防护装置，其结构多为蝶形阀形式。该阀门的开启与关闭取决于引气压力，当引气压力过低或过高，阀门具有自动关闭功能。

2) 臭氧转换器

臭氧转换器的作用是将引气中的臭氧还原为氧气，以延长空气分离器中中空纤维膜的使用寿命。

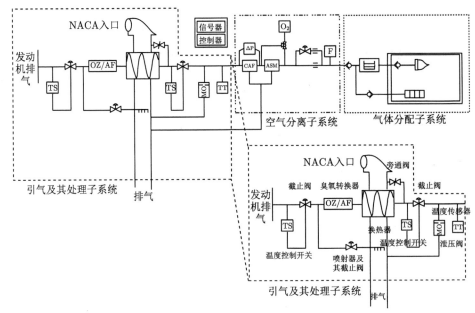

图 1.9　引气及其处理子系统

虽然臭氧对于中空纤维膜的损毁机理还有待深入研究，但现有防爆系统运营历史已经表明：臭氧浓度对膜的使用寿命具有很大的影响，如不安装臭氧转换器，膜的有效使用寿命将可能缩短一半，因此，目前国外飞机防爆系统中，臭氧转换器已成标配。

国外生产臭氧转换器的厂商有霍尼韦尔 (Honeywell)、美捷特 (Meggitt)、巴斯夫 (BASF) 和派克 (Parker) 等；国内则尚属空白，对于该产品阶段性研究成果详见本书第 3 章。

3) 热交换器组件

热交换器组件是由热气流混合控制阀、热交换器、热交换器出口温度传感器等部件组成，它采用冲压空气作为冷边，通过热气流混合控制阀调节引气流量，其作用是调节与控制气流温度，以确保空气分离器入口气体温度满足控制指标要求。

在热交换器组件中，由于需考虑地面停机状态冷边气流的问题，因此采用了电动风扇鼓风/抽风来满足地面停机状态冷却需求。

4) 温度控制阀 (闸门阀)

闸门阀的主要作用是为空气分离模块和油箱提供第二层保护，当热交换器组件不能有效地降低引气温度，则该阀自动关闭，以防止高温气体直接进入分离膜和油箱，造成设备损坏。

2. 空气分离子系统

空气分离子系统主要由 CAF 过滤器、空气分离模块 (ASM)、氧浓度传感器、流量计和流量模式控制阀组成, 如图 1.10 所示。

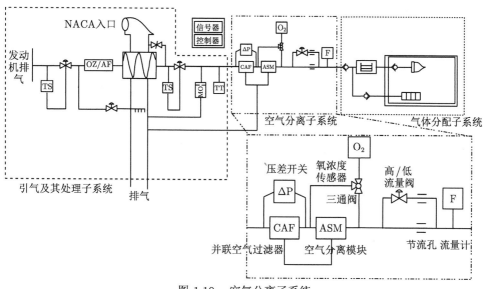

图 1.10 空气分离子系统

1) CAF 过滤器

CAF 过滤器的作用是控制进入空气分离模块 (ASM) 中气体的颗粒度, 其精度要求需与 ASM 配套。

对于 CAF 过滤器而言, 其主要指标就是过滤精度、阻力损失和使用寿命。安装 CAF 过滤器时, 应在两侧管路布置压差测量装置, 其作用是当过滤器阻塞时, 发出报警信号, 以提醒更换与维护。

2) 空气分离模块 (ASM)

ASM 装置为一圆柱件, 它有 3 个气体通路, 分别为空气入口、富氮气体出口、富氧气体出口, 其中, 空气入口与 CAF 过滤器连接, 富氮气体出口与分配子系统连接, 富氧气体则直接排入环境大气。

作为机载燃油箱惰化系统最核心的部件, 空气分离模块直接影响着整个惰化系统的性能、尺寸、燃油代偿率和成本, 国内研发人员通过十余年的努力, 目前已基本掌握该核心技术, 并能为国产军机/民机生产提供合格的航空产品, 其设计方法详见本书第 4 章。

3) 流量模式控制阀

在国外民机惰化系统设计中,普遍采用了双流量模式 (起飞、爬升、巡航采用小流量、高浓度模式;俯冲、下降阶段采用大流量、低浓度模式),但亦有三种流量模式 (高、中、低三种流量模式) 和单流量模式的样例。

流量模式控制阀的作用是按飞行的不同阶段,调节富氮气体的浓度和流量,其结构常为电控电磁驱动阀与定径节流孔的组合。

4) 氧浓度传感器

氧浓度传感器通过在 ASM 出口处取样来实现对氧浓度的测量,以监测 ASM 出口处富氮气体中氧浓度,它由氧分压传感器、压力传感器和控制 (电子) 模块组成,其精度要求为:当氧浓度为 0%~11%时,氧浓度测量误差不大于 0.5%;当氧浓度在 12%~21%区间时,误差不小于 1%。

3. 气体分配子系统

气体分配子系统主要由止回阀、火焰抑制器、洗涤口和冲洗喷嘴组成,如图 1.11 所示。气体分配由燃油洗涤和油箱上部空间冲洗组成。燃油洗涤一般指在加油或暖机–滑行–起飞阶段,将燃油中所溶解的氧气由富氮气体有效地置换 (洗涤) 出来;冲洗则是通过合理布置冲洗 (富氮) 气体进、出口位置,用适量的富氮气体冲洗 (或填充) 油箱气相空间,以确保在整个飞行 (爬升、巡航、俯冲) 过程中,油箱气相空间的氧浓度始终低于允许值。

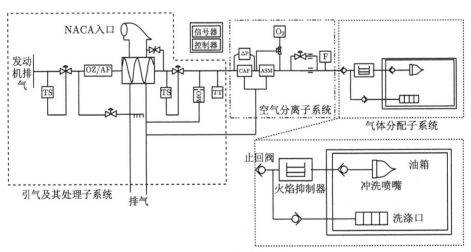

图 1.11　气体分配子系统

为了防止火焰进入油箱,惰化系统分配管路末端常安装有机载火焰抑制器。对于航空发达国家而言,机载火焰抑制器已经是成熟的航空货架产品,但国内对其研究才刚刚起步,其阶段性研究成果详见本书第 5 章。

1.3 飞机燃油箱防爆系统设计亟待解决的几个问题

1.3.1 氧浓度控制指标问题

要应用惰化作为燃油箱防爆措施,实现对油箱空余空间氧浓度的控制,则必须首先解决安全的氧浓度控制指标问题,本节将针对该问题的国外研究现状和国内近况进行简要的论述。

事实上,无论燃油的组成成分如何,当不断降低油箱空余空间混合物中氧浓度时,其可燃上限与下限将会汇聚于一个点,该点就是所谓的极限氧浓度 (limiting oxygen concentration,LOC),当混合物中氧浓度低于 LOC 时,即使有点火源存在亦不能使之燃烧,因此,所谓的氧浓度控制指标问题,其实质就是确定航空燃油在不同飞行条件下 LOC 的变化规律问题。

1. 可燃气体 LOC 测定标准

可燃气体极限氧浓度 LOC 的测定原理就是将燃气、氧气和惰性气体按照一定的比例混合,采用一定能量的点火源点火,通过改变混合气体中氧体积分数,直至测得不能发生燃烧的最大氧浓度值为止。目前,国际上关于可燃气体极限氧浓度的测定标准主要有 BS EN 1839:2017、DIN EN 14756:2007 和 ASTM E2079-07(2013)。

BS EN 1839:2017 "可燃气体及蒸气燃爆极限与极限氧浓度测定" 是英国标准学会 2017 年颁布的标准[28],该标准规定了在常压、常温下,测定易燃气体极限氧浓度的两种实验方法,即试管法 (或爆炸法) 以及通过测试结果绘制三元组分燃爆区域图方法。

试管法实验装置如图 1.12 所示,混合气体从底部进入,向上流入并完全充满圆柱形测试容器后,在静态条件下,使用感应火花点火,观察火焰产生,逐步降低混合气体中的氧含量,直到使混合气体无法着火为止。

爆炸法没有指定实验装置,实验容器可以是圆柱形或球形,但容器内部容积应大于 $0.005 m^3$,若使用圆柱形容器,则长径比应在 1~1.5 范围内;实验容器和安装在容器上的任何设备应能承受 1500kPa 以上过压。其测试流程为:在密闭容器中静置待测混合物,记录点火产生的过压,并以此表征待测混合物的燃爆特性,逐步改变混合物中物质组分直至不产生过压为止。

图 1.13 为可燃气体、空气和惰性气体的三元组分燃爆区域图。3 种气体的体积分数绘制在 3 条轴上,图中某点气体体积分数由该点到顶点三角形对边的距离表示。在惰性气体体积分数为 0 时,测得常温常压空气中可燃气体的燃爆上

限 (upper explosion limit，UEL) 和燃爆下限 (lower explosion limit，LEL)，燃爆上限 (UEL) 和下限 (LEL) 有一个顶点，它对应于极限空气浓度 (limiting air concentration，LAC)，通过 LAC 可以计算出 LOC。

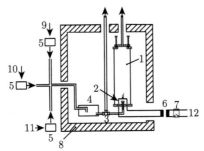

1. 圆柱形测试容器；2. 电极；3. 三通阀；4. 搅拌器；5. 计量器；6. 高压变压器；7. 计时器；8. 保持恒温装置；9. 可燃气体；10. 空气；11. 惰性气体；12. 电源

图 1.12　试管法实验装置图

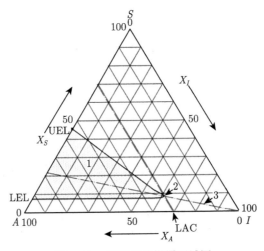

图 1.13　三元组分燃爆区域图

BS EN 1839: 2017 标准还给出了两种由三元组分燃爆区域图确定 LAC 值的程序，即扩展程序和短程序。多数情况下 LAC 处于燃爆区域顶点，可应用短程序；如果 LAC 由 UEL 分支上的切线给出，则应采用扩展程序。

2013 年，美国材料与试验协会颁布了 ASTM E2079-07 标准[29]，该标准制定了混合气体极限氧浓度测试方法，方法中对测试容器提出了一系列要求，如：测试容器形状应为球形、容量不小于 4L、最大/最小内部尺寸比不大于 2；试验容器配备有机械搅拌装置，以确保点火前的均匀混合；高温条件下试验时，可使用加热套、加热罩或加热室对测试容器进行加热，加热系统应能将测试容器内的气体温度控制在 ±3℃ 之内；使用热电偶等设备来监测气体温度时，着火点应位于容器中心附近，并远离测试容器内部任何表面或障碍物；在最高测试温度下，测试容器的最大允许工作压力应超过最大预期爆燃压力；等等。图 1.14 为该标准推荐的、满足要求的一种测试容器。

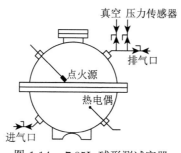

图 1.14　7.85L 球形测试容器

根据室温下待测混合物所处状态，该标准还规定了两种测试流程。

测试流程 1：测试样品室温下为气体。将供气管路连接到计量阀歧管，冲洗管路与测试容器，确保测试容器彻底清洗后，通过阀门分别将待测混合物添入测试容器，并记录其分压；待气体混合物达到平衡后，记录测试容器内的初始温度和压力，启动点火源；获取压力升高值，如果该值大于或等于初始测试压力的 7%，则将记录为"通过"，否则，"不通过" (不着火)。

根据需要改变燃料–氧气–惰性气体的体积分数 (分压)，以确定在特定燃料和惰性气体体积分数下的 LOC 值。

测试流程 2：测试样品室温下为液体。通过加热或注射两种途径将液体成分添加到测试容器中；留出足够时间等待液体组分的充分蒸发和达到热力学平衡；达到热力学平衡后按照测试流程 1 来测定液体的 LOC 值。

目前国内大多采用 BS EN 1839:2017 测试标准来进行航空燃油可燃气体 LOC 值测定。

2. 航空燃油 LOC 实验研究现状[30]

国外航空燃油 LOC 实验对象主要为 JET 和 JP 系列燃油，JET A 自 20 世纪 50 年代起就成为美国标准的民用航空燃料，同时，JET A-1 和 JET B 在商用飞机中亦有使用；美国军方早期广泛使用 JP-4 航空燃油，但 20 世纪 80 年代后期，JP-8 逐渐替代了 JP-4 成为美国军方主要航空燃料。针对国内主要航空燃油 RP-3 的 LOC 实验研究则未见报道。

1) 采用低能点火源及着火作为 LOC 测试标准

考虑到民用飞机在"失效–安全"设计的基础上，其着火现象一般是由不可根绝故障所导致的短路电流、摩擦/静电火花、高温壁面等低能点火源所引发，为此，研究人员首先就低能点火源的点燃问题开展了深入研究。

1946 年，Jones 和 Gilliland 为比较各种可燃气体–空气中添加惰性气体后的 LOC 值，在实验室温度和压力下进行实验，其实验结果如图 1.15 所示[31]。

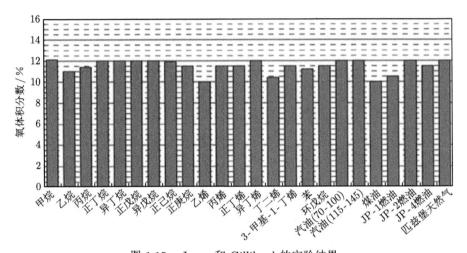

图 1.15　Jones 和 Gilliland 的实验结果

从图 1.15 中可见：大多数碳氢化合物的 LOC 相差不大；在 1 个大气压、300K 下采用 N_2 惰化时，航空煤油的 LOC 值在 11%～12% 之间。

1955 年，Stewart 和 Starkman 实测了 N_2 对飞机油箱的惰化效果，所绘制的 JP-4 燃油 LOC 随高度变化规律如图 1.16 所示，由图可见，随着高度增加，LOC 值亦增加[32]。

2005 年，Summer 建立了一个包含 $10m^3$ 容器的实验系统，该实验系统的最大承压为 4482kPa，容器中放置了体积为 $0.255m^3$ 的测试油箱，测试燃油为 JP-8，并配备有热电偶、压力传感器、气体采样管线、加热器及风扇等，22.8cm×22.8cm 的燃料盘放置在油箱的中心，油箱顶部安装有压力释放装置，采用真空泵将油箱抽至测试高度对应的压力，其点火源能量为 0.05～2.8J，持续时间 0.01～1s，其实验结果如图 1.17 所示[33]，该实验结果亦成为 FAR 25 部附录 N25.2 条中规定的惰化标准的直接依据。

Summer 的结论是：在不同点火源能量和持续时间下，实验数据重合度较高，氧浓度低于 12% 的唯一点火事件归因于氧气测量系统的固有误差；LOC 随高度而增加，0～3048m 时 LOC 值为 12%，3048～12192m 时，LOC 值从 12% 线性提高到 14.5%；在海平面下、点火能量 0.08~2.8J 范围内时，LOC 在 11.9%~12.8% 之间；氧浓度比 LOC 值高 1%~1.5% 条件下，当海拔增加到 9144m 时，点燃时产生的峰值压力降低，而达到峰值压力的时间增加。

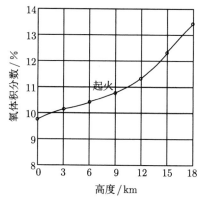

图 1.16   LOC 随高度变化规律

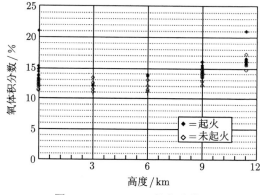

图 1.17   Summer 的实验结果

2) 采用高能点火源及过压作为 LOC 测试标准

军机燃油箱潜在点火源除系统故障或失效外，还包括穿甲弹、燃烧弹等敌方炮火，且燃油箱被炮弹击中后可能产生的过压现象将导致飞机结构损坏，因此采用高能点火源及过压作为 LOC 测试标准更符合军机惰化系统面临的实际情况。

1970 年，Kuchta 系统总结了前人关于各种惰化气体在防止烃类燃料–空气系统中着火和火焰传播方面的工作，并根据燃油状态 (蒸气或雾状)、最小点火能量、最小自燃温度、飞行条件等因素对 LOC 的影响，探讨了在一定的飞行温度和压力范围内可能遇到的潜在爆炸危险，提出了飞机燃油箱极限氧浓度控制指标[34]。其结论为：采用 N_2 惰化时，应将氧浓度保持在 10% 以下；由于军机面临的潜在威胁更大，为了提供一定的安全裕度，应将 LOC 值再降低 20%。而 20% 这一安全裕度则被军方沿用至今。

1971 年，Ott 和 Lillie 在空军航空推进实验室 (Air Force Aviation Propulsion Laboratory，AFAPL) 经费支持下，通过实验研究了燃油晃动对飞机燃油箱氮气惰化效果的影响[35]，结果表明：晃动将使燃油蒸气的可燃浓度区域增大，且对可燃下限影响较大，对可燃上限影响较小，同时晃动将降低燃油蒸气的 LOC 值。

1973 年，Ferrenberg 和 Ott 在分析 AFAPL 所获得的实验数据后提出[36]：在确定使飞机燃油箱不产生明显爆炸过压的低氧浓度时，传统的火花点火源并不是一个好的选择，为此，他们在空军航空推进实验室研制并测试了燃烧弹点火器，以便更好地模拟飞机遭遇弹击情形。Ott 和 Ferrenberg 以正戊烷作为燃料，在 $0.38m^3$ 的实验容器中进行试验，比较了火花、23mm 高能燃烧弹 (high-energy incendiary，HEI)、50mm 穿甲燃烧弹 (armor-piercing incendiary，API) 对燃烧反应的影响。试验结果表明：12% 氧浓度时，虽然火花没有点燃油箱，但使用燃烧弹时，实验容器产生了过压现象，该过压现象随着氧浓度的降低而降低，当氧浓度小于 10% 时，即便是燃烧弹亦不能产生明显的过压现象。

Ott 和 Ferrenberg 在总结分析试验数据后提出：对于高能点火源 (如 50mm API 或 23mm HEI) 而言，必须将 "安全" 氧浓度定义为足以防止过压现象的发生。

1975 年，Hill 和 Johnson 进行了缩比油箱和全尺寸油箱惰化试验，其试验结果表明[37]：全尺寸油箱与缩比油箱测试结果是一致的，因此，为降低试验费用，可采用缩比油箱来进行试验；9% 氧浓度下，油箱在所有测试条件下都不会发生爆炸；12.5% 的氧浓度足以在大多数地面火灾条件下保护油箱；在飞机碰撞引起着火的情况下，18% 的氧浓度仅能起到有限的保护作用。

1978 年，Anderson 建立实验系统，分别用氮气和哈龙 1301 来惰化油箱，并采用 23mm HEI 作为点火源来测试油箱防护情况 (图 1.18)[38]，结果表明：氧浓度低于 14% 时反应产生的过压急剧降低，当氧浓度为 9% 时过压消失；对于实验所采用的 750L 容积的油箱，氧浓度控制在 14% 以下即可产生明显的惰化效果。考虑到实际油箱尺寸、形状和材料等因素，Anderson 建议将飞机油箱惰化的 LOC 值设为 10% 以下。

1991 年，Tyson 和 Barnes 在美国海军武器中心进行了一系列试验来评估军机燃油箱在遭受高能燃烧弹袭击时无油空间氧体积分数对燃爆的影响，试验分别采用了低能量 J-57 发动机点火器和高能量 30mm HEI 点火源，试验结果表明[39]：海平面时抑制弹击点火源导致的燃油蒸气混合物燃烧反应允许的最大氧浓度为 9%；随着海拔升高，绝对压力降低，允许的氧浓度将增加；油箱峰值压力是氧浓度的函数；12% 氧浓度情况下可大幅度降低爆炸产生的过压。

用 23mm HEI 射击

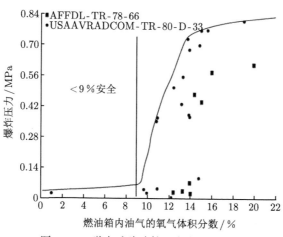

图 1.18 弹击试验油箱压力变化趋势图

3. 航空燃油 LOC 理论预测方法[40,41]

虽然实验测试 LOC 值较为准确，但其需要耗费大量的人力、物力和时间。同时由于航空燃油是由不同馏分的烃类化合物组成，因此不少学者试图通过理论研究的方法来确定航空燃油 LOC 值。

1989 年，Subramaniam 和 Cangelosi 提出了一种基团贡献法，用于计算环境温度和大气压下不同燃料蒸气–氮气–空气混合物的极限氧浓度。该方法包含确定每摩尔燃料蒸气燃烧时所需化学计量的氧气摩尔数、将燃油蒸气分子分为不同的基团和计算极限氧浓度 3 个步骤。

1996 年，BlazeTech 科技公司开发了 BlazeTank 油箱模型[42]，用于研究燃油蒸气混合物的易燃性及 LOC 值。BlazeTank 模型包含输入和输出两大模块，在输入模块中，用户需自行输入燃油类型、品种、温度，油箱几何尺寸，点火源位置、方式、强度，飞行剖面参数和惰化参数；输出模块中，用户可获得：温度和氧浓度随高度、时间的变化规律，油箱中易燃体积，着火温度、燃烧速率和过压随时间的变化规律，LOC 值等。BlazeTank 模型的仿真结果与实验数据基本吻合，表明该模型具有较高的可靠性。

2003 年，Oliver 等将基团贡献法计算的可燃气体混合物的极限氧浓度与从数据库 ChemSafe 得到的实验所测极限氧浓度进行对比，结果表明：测得的极限氧浓度与估算值偏差较大。这是因为 Subramaniam 和 Cangelosi 提出的计算方法是基于美国矿务局 (USBM) 进行的实验开发的，CHEMSAFE 的实验数据是按照德国标准 DIN 51649 所测的，而两种实验方法中的测试设备、点火标准和爆炸极限的步长等均不相同，因此有必要根据新测量的实验数据来定义新的基团贡献值。通过新的 LOC 实验数据重新定义基团贡献值，在改变基团贡献值后，LOC 计算结果与实验结果相对误差较小，这表明，基团贡献法是预测 LOC 的有用工具，但对该方法进行广泛应用，还需要进行更多实验数据来获取化合物的基团贡献值。

2006 年，Razus 提出了一种高温环境下基于绝热火焰温度 (calculated adiabatic flame temperature，CAFT) 对可燃气体 LOC 进行估算的方法。其基本原理为：当已知燃油–空气–惰性气体混合物的 LEL 和混合物的当量比时，可利用 CAFTLOC (LOC 处的计算绝热温度) 与 CAFTLEL(可燃下限处的计算绝热温度) 的线性关系来计算混合气体的 LOC 值。

Razus 的方法简单易行，可用于多种燃料，并能以合理的精度预测燃料–空气–氮气的极限氧浓度值。

4. 国内研究情况

事实上，航空燃油的极限氧浓度与燃油的组成成分、理化性能、点火能量、飞行状态等因素密切相关，因此，对于惰化系统氧浓度控制指标的制订必须综合考虑这些因素的共同作用，然而，目前国内尚未开展国产燃油极限氧浓度的相关研究工作，因此，在燃油箱惰化系统设计中，氧浓度控制指标问题还是一项亟待解决的关键问题。

目前，我国军/民机通用的航空燃油为 RP-3，其组成成分和理化性能与 JET A 相似，因此，在大力开展基于国产燃油理化性能的极限氧浓度研究的同时，现阶段直接引用或参考国外 JET A 燃油的研究成果较为妥当。

基于此认识，作者的建议是：

(1) 由国外现有研究成果可知，采用 N_2 惰化时，碳氢化合物的 LOC 变化范围较小，大多在 11%～12% 之内，因此，对于国内 RP-3 燃油，其地面状态下，将 12% 氧浓度作为 LOC 指标是合理的；考虑军机面临更大的燃爆风险，可采用图 1.18 所示的弹击时油箱压力剧增限制指标，即采用 9% 氧浓度控制指标是合适的。

(2) 依据 LOC 值随高度的变化规律，制订在整个飞行包线内燃油箱内氧浓度控制指标是必要的。对于民用飞机，FAR/CCAR 25 部附录 N25.2 条制定了氧浓度的控制指标：从海平面到 3048m 高度，油箱内气相空间极限氧浓度不得超过 12%，3048～12192m 高度，气相空间极限氧浓度不得超过从 12% 线性增加到 14.5%；对于军用飞机，现阶段可以直接考虑在民用飞机标准上增加 20% 安全裕度。

1.3.2　系统总体设计问题

民用飞机的研制过程漫长，一般需要 5～10 年。鉴于民用飞机产品全生命周期中的不同特点，并考虑一个阶段内多个过程的高度关联性和完整性，一般将飞机系统生命周期划分为需求分析和概念定义、产品与服务定义、制造取证、产业化等 4 个阶段。其中，需求分析和概念定义阶段是逐步形成一个可行的产品概念方案，并启动项目的过程，包括从市场和商机分析开始，构思酝酿产生飞机与服务产品方案，对方案进行经济和技术可行性分析，最终正式形成项目的过程，在这个过程中形成产品最基本的概念和可行性方案，具体又可以细分为 3 个子阶段：概念开发阶段、立项论证阶段和可行性论证阶段。

众所周知，新飞机燃油箱防爆系统设计和研制最关键的阶段在于初始概念开发与总体方案、指标的制订，因为，此时不仅飞机的基本设计仍存在着一些不确定性，而且防爆系统自身也存在着安全性 (适航条款要求)、任务有效性 (性能要求) 和经济性之间的协调与平衡问题。

防爆系统概念定义阶段是系统设计过程中最为关键也最不确定的阶段，必须仔细权衡才能使最佳的系统设计方案脱颖而出。

在概念定义阶段，通常会提出许多可能的系统设计方案，以便做进一步详细评估；在进行系统方案权衡研究过程中，确认技术风险和项目风险，并考虑减轻风险的策略，制订合格审定策略和专用试验台架是必须的；在作出关于优选系统配置的决策之前，需由飞机燃油防爆系统设计团队会同关联系统设计人员对其中的一种或两种方案进行评审。图 1.19 显示了防爆系统概念定义过程，该过程通常需要经过若干轮次的反复迭代。

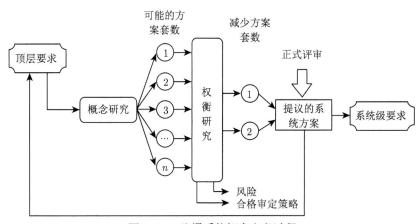

图 1.19　防爆系统概念定义过程

在总体设计阶段，防爆系统设计师应与飞机顶层设计人员进行充分的沟通，并对飞机上与防爆系统接口连接或交互作用的其他系统的主要功能状况进行全面了解。总体方案评估重点在于系统的安全性与经济性，因为，从型号审定的角度考虑，最终的总体设计方案必须是安全且能够满足适航规章要求的，同时，防爆系统设计还必须使终端用户具有营运竞争力，即使在军用飞机防爆系统设计中，虽然在某些情况下，相对于民机采购成本和维修成本的严格控制而言，军机的任务效能可能被认为是首要的，但"买得起、用得起"的理念正日益成为武器采购过程中的重要考量因素。

签派可靠性或系统功能可使用性，是商用飞机营运的主要使用目标，用户的期望值和要求使得这一主要使用目标特别具有挑战性，通常由这个目标确定了所要求的功能冗余范围，以允许飞机在存在设备故障的情况下仍可签派，因此，使用问题也就成了决定燃油箱防爆系统总体设计方案的主要因素之一。图 1.20 显示了安全性、任务有效性和经济性与系统总体方案设计之间的内在关系。

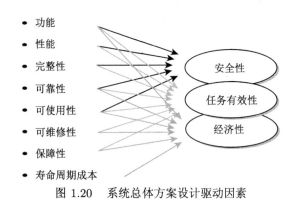

图 1.20　系统总体方案设计驱动因素

时至今日，我国的军/民机防爆系统都已经历系统独立设计的全过程，获得了宝贵的第一手设计经验，但这些经验还仅为参与相关机型设计的有限数量工程技术人员所掌握。为了满足该技术应用日益普及的需要 (目前，国内外新型军/民机都要求安装燃油箱防爆系统)，促进技术交流，提高系统设计人员认识水平，本书第 2 章将从系统设计师的角度就防爆系统总体设计所面临的关键问题进行论述，而有关防爆系统设计中可能涉及详细理论分析与计算方法可参见《飞机燃油箱惰化技术》[7]。

1.3.3　核心部件自主研发问题

表 1.2 所示为典型防爆系统基本设备配置，从表中可见，臭氧转换器、空气分离模块 (ASM) 和火焰抑制器亟须实现自主设计与商品化。

作者长期从事飞机燃油箱防爆技术研究，将在本书中倾力奉献出我们的前期研究成果，以积极促进"空白"部件的国产化研制步伐，早日打破国外技术封锁，为此，本书第 3~5 章将系统总结臭氧转换器、空气分离模块和火焰抑制器等方面的研究成果，以供读者参考与借鉴。

表 1.2 飞机防爆系统基本设备配置

序号	基本构型	数量	国产化
1	引气切断阀	1	√
2	热交换器组件	1	√
3	惰化系统控制器	1	√
4	温度传感器 (换热器出口)	1	√
5	压力传感器	1	√
6	温度传感器 (ASM 入口)	1	√
7	ASM 过滤器	1	√
8	臭氧转换器	1	空白
9	空气分离模块 (ASM)	1	部分国产化
10	氧浓度传感器	1	√
11	闸门阀	1	√
12	双流模式控制阀	1	√
13	测试塞	2	√
14	风扇 (地面冷却)	1	√
15	单向阀 (换热器冷却)	1	√
16	单向阀 (气体分配)	1	√
17	分布管路单向阀	1	√
18	流量分配装置 (限流孔)	若干	√
19	冲压空气单向阀	1	√
20	火焰抑制器	1	空白

参 考 文 献

[1] 刘卫华，冯诗愚. 飞机燃油箱惰化技术 [M]. 北京：科学出版社，2018.

[2] 罗伊·兰顿，等. 飞机燃油系统 [M]. 颜万亿，译. 上海：上海交通大学出版社，2010.

[3] 魏树壮. XX 型飞机燃油箱惰化系统设计与仿真研究 [D]. 南京：南京航空航天大学，2014.

[4] AC 25.981-1C. Fuel Tank Ignition Source Prevention Guidelines[R]. Federal Aviation Administration，2008.

[5] SAE AIR 1662. Minimization of Electrostatic Hazards in Aircraft Fuel Systems[S]. 1991.

[6] AC25.981-2A. Fuel Tank Flammability Reduction Means[S]. Federal Aviation Administration，2008.

[7] A. 古普塔. 燃料箱可燃性降低和惰化系统及其方法: 中国，CN103121508A[P]. 2013-05-29.

[8] The Boeing Company. Fuel Tank Flammability Reduction and Inerting System and Methods Thereof：USA，US6016078 B2[P]. 2015-04-29.

[9] Gupta A. Method and system for making a fuel-tank inert without an inert gas[J]. SAE International Journal of Aerospace, 2009, 2(1): 75-82.

[10] 汪明明. 飞机油箱气相空间氧浓度控制技术的理论研究 [D]. 南京：南京航空航天大学，2010.

[11] 薛勇. 机载中空纤维膜分离性能及民机燃油箱冲洗惰化研究 [D]. 南京：南京航空航天大学，2010.

[12] 冯晨曦. 民机油箱气相空间氧浓度控制技术研究 [D]. 南京：南京航空航天大学，2011.

[13] 周宇穗. 民用飞机燃油箱惰化技术研究 [D]. 南京：南京航空航天大学，2011.

[14] 吕明文. 民机油箱惰化系统数值仿真技术研究 [D]. 南京：南京航空航天大学，2013.

[15] 钟发扬. 飞机油箱上部空间氧浓度场变化规律研究 [D]. 南京：南京航空航天大学，2015.

[16] Cavage W M. The Cost of Implementing Ground-Based Fuel Tank Inerting in the Commercial Fleet[R]. DOT/FAA/AR-00/19, 2000.

[17] 邵垒. 飞机燃油箱耗氧型惰化技术理论与实验研究 [D]. 南京：南京航空航天大学，2018.

[18] Sarkar S, Massey A, Golecha K, et al. Fuel Tank Inerting System WO 2017064209 A2[P] 2017.

[19] Shireesh P, Mahesh J, Prabhakar G, et al. Fuel Tank Inerting，WO2017/077100 A, 2018-09-12.

[20] 刘小芳, 刘卫华. 飞机供氧和燃油箱惰化技术概况 [J]. 北华航天工业学院学报, 2008, 18(3): 4-7.

[21] Vannice W L, Grenich A F. Fighter aircraft OBIGGS (on-board inert gas generaor system) study[R]. ADA183690, 1987.

[22] 张瑞华, 刘卫华, 刘春阳, 等. 运输类飞机燃油箱可燃性适航符合性方法研究 [J]. 航空动力学报，2020, 35(05): 1099-1108.

[23] 刘卫华, 刘春阳, 薛勇. 油箱可燃性与适航符合性方法 [M]. 北京: 科学出版社, 2018.

[24] 14 CFR Part25. Reduction of Fuel Tank Flammability in Transport Category Airplanes. Final Rule[S]. Federal Aviation Administration, 2008.

[25] 中国民用航空局. 运输类飞机适航标准 (CCAR-R4)[S]. 2011.

[26] FAA. Fuel Tank Flammability Assessment Method(Monte Carlo Model) Version10[S]. Federal Aviation Administration, 2007.

[27] 鹿世化. 油箱惰化空间浓度场模拟和气流优化的理论与实验研究 [D]. 南京：南京航空航天大学，2012.

[28] British Standards Institution. Determination of the explosion limits and the limiting oxygen concentration(LOC) for flammable gases and vapors:BS EN 1839:2017[S]. London:BSI Standards Publication, 2017.

[29] ASTM International. Standard test methods for limiting oxygen (oxidant) concentration in gases and Vapors:ASTM E2079-07[S]. United States, 2013.

[30] 周鹏鹤, 刘文怡, 刘卫华. 飞机燃油箱惰化中氧体积分数控制指标分析 [J]. 航空动力学报,2020, 35(09): 1856-1865.

[31] Jones G W, Gilliland W R. Extinction of gasoline flames by inert gases[R]. U.S.Bureau of Mines R.1 3871, 1946.

[32] Stewart P B, Starkman E S. Inerting conditions for aircraft fuel tanks[R]. WADC Technical Report No.55-418, AD No.99567, 1955.

[33] Summer S M. Limiting oxygen concentration required to inert jet fuel vapors existing at reduced fuel tank pressures[R]. DOT/FAA/AR-04/8, 2004.

[34] Kuchta J M. Oxygen dilution requirements for inerting aircraft fuel tanks[C]//Second conference on fuel system fire safety. Bureau of Mines Safety Research Center. FAA, 1970: 85-115.

[35] Ott E E, Lillie R. Influence of fuel slosh upon the effectiveness of nitrogen inerting for aircraft fuel Tanks[R]. AFAPL-TR-70-82, 1971.

[36] Ferrenberg A J, Ott E E. Incendiary gunfire simulation techniques for fuel tank explosion protection testing[R]. AFAPL-TR-73-50, 1973.

[37] Hill R, Johnson G R. Investigation of aircraft fuel tank explosions and nitrogen inerting requirements during ground fires[R]. FAA Report RD-75-119, 1975.

[38] Anderson C L. Test and evaluation of Halon 1301 and nitrogen inerting against 23 mm HEI projectiles[R]. AFFDL-TR-78-66, 1978.

[39] Tyson J H, Barnes J F. The effectiveness of ullage nitrogen inerting systems against 30mm high-explosive incendiary projectiles-final report[R]. NWC TP 7129, 1991.

[40] 王盛园. 基于国产燃油物理-化学特性的油箱可燃性评估技术研究 [D]. 南京：南京航空航天大学，2012.

[41] 童升华. 国产燃油理化性能与易燃性研究 [D]. 南京：南京航空航天大学，2013.

[42] Moussa N A. Blaze Tank model for the flammability, ignition and over pressure in an aircraft fuel tank[C]//Aircraft Fire and Cabin Safety Research. FAA, NJ, 1998.

第 2 章　防爆系统总体设计

燃油箱防爆系统总体设计，目的在于设计满足机载环境和飞机级功能的防爆系统，使其能够安全、有效地在飞行环境下工作，为了达到这个目的，必须使防爆系统合理地安装在飞机上，并与上下游系统交联协同一致，确保其功能和性能正常。

2.1　防爆系统设计工作流程

整个防爆系统设计迭代过程复杂而漫长，它应根据 SAE ARP 4754A《民用飞机与系统研制指南》[1] 和 SAE ARP 4761《民用飞机机载系统和设备安全性评估过程指南和方法》[2] 开展，不考虑防爆系统的试验验证过程，单就其设计迭代过程而言，其工作流程如图 2.1 所示[3]。

一般而言，防爆系统应具备如下功能：防止高温气体进入燃油箱、防止在易燃易爆区产生点火源、防止高压气体进入燃油箱、防止燃油倒流进入防爆系统高温部分、防止富氮气体流量或浓度过度衰减等主要功能；除此之外，防爆系统还应具有相关通用功能：为机组提供信息显示、为地面维护人员提供接口、转子爆破防护、安装和维护的防差错设计、记录飞行数据等。

以防爆系统功能为依据，分解出系统级需求，进而定义系统的初步构架。系统构架对系统方案有着决定性作用，确定系统构架时需要参考现有机型的设计经验和未来新技术的发展，此外还要预期适航规章可能的改进和完善带来的影响。

系统构架确定之后，可开展第一轮系统性能计算分析，以初步确定系统主要部件的性能、数量、尺寸，并输出系统设计原理图和性能分析报告。在此基础上，进一步确定系统各部件的选型和接口定义，输出系统的部件清单。防爆系统部件一般包括：空气分离器、系统控制器、进口隔离阀、流量控制阀、臭氧转换器、过滤器、火焰抑制器、压力传感器、温度传感器、氧气浓度传感器、单向阀、地面风扇等。

在确认防爆系统与交联系统之间的接口协调一致后，可以输出防爆系统与气源、燃油、防火、航电、电气等系统以及燃油箱机构之间的接口控制文件。同时也可初步确定系统部件的安装二维图、三维图和电气原理图。

在系统主要部件和安装方式确定后，启动系统管路在飞机安装环境下的走向设计，开展设备和管路的数字样机设计，确保防爆系统和其他系统及结构之间留有足够的安全距离。随着各系统成熟度的不断提高，系统数字样机的布置需要进行多轮迭代。

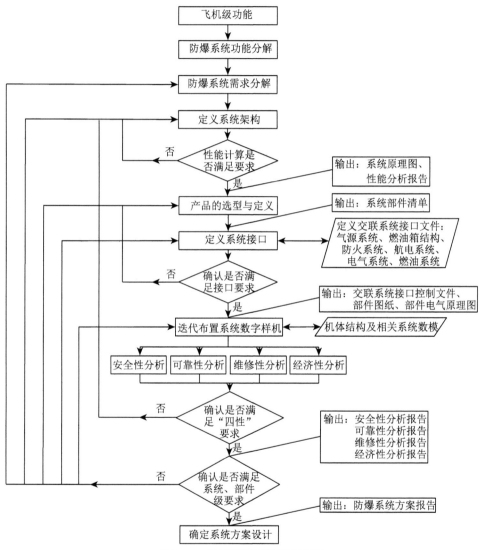

图 2.1 防爆系统设计流程简图

防爆系统的安全性、可靠性、维修性和经济性分析在确定系统初步构架时就应进行考虑，并在完成第一轮的系统数字样机布置后形成相应的报告。如果"四性"相关报告能够满足飞机级的设计指标要求，就可形成初步的安全性分析报告、可靠性分析报告、维修性分析报告和经济性分析报告。在此基础上，还应追溯防爆系统和各设备是否满足相应的设计需求，如果不能全部满足，可参考图 2.1 的工作流程进行对应的修改和完善，当全部设计需求都能被满足时，系统总体设计方案即可初步确定。

2.2　防爆系统设计技术要求

防爆系统设计技术要求包括通用要求、接口要求、性能要求等，技术要求的不断迭代更新贯穿在系统整个设计过程中。

2.2.1　通用要求

通用要求包含安全性要求、可靠性要求、维修性要求和材料要求。

1. 安全性要求

防爆系统安全性指标应满足安全性评估要求，并根据 ARP 4761 要求开展分析，其要点如下：

(1) 系统功能失效的安全影响应符合飞机的安全性指标要求，典型的高温气体 (超过 400°F) 进入燃油箱的失效影响等级为 I 级，系统失效概率应低于 10^{-9}；典型的燃油倒流进入机载空气分离器的失效影响等级为 II 级，系统失效概率应低于 10^{-7}；典型的丧失空气分离功能的失效影响等级为 IV 级，系统失效概率应低于 10^{-3}。

(2) 系统应设计成任何单一的失效都不会导致灾难性和危险性故障情形的发生。

(3) 应考虑共因故障的影响，考虑其他与系统工作有关的系统失效所产生的影响，包括交联系统的失效影响。

(4) 在可能因燃油或其蒸气点燃导致灾难性失效发生的燃油箱或燃油箱系统内的任一点不得有点火源存在。

(5) 在各种正常、失效状态下，导致燃油箱内出现点火源的概率应极低。

(6) 针对关键点火源防护设计特征，应定义为关键设计构型控制限制 (CD-CCL) 项目加以保持，防止燃油箱系统内形成点火源或可燃性的上升。

2. 可靠性要求

防爆系统应具有良好的可靠性设计，需满足以下要求：

(1) CCAR/FAR 25.981 附录 M25.1 要求：系统工作，但燃油箱没有惰性化并且可燃的概率应不超过可燃性暴露评估时间 (FEET) 的 1.8%；系统不工作，燃油箱可燃的概率应不超过 FEET 的 1.8%。

(2) 防爆系统及部件的可靠性指标应满足飞机型号的可靠性指标要求,签派可靠度一般应不低于 99%。

(3) 必须提供系统可靠性指示或健康监测功能,以识别防爆系统的隐性失效导致燃油箱可燃性超过安全水平。

3. 维修性要求

防爆系统应具有良好的维修性设计,需满足以下要求:

(1) 根据 CCAR/FAR 25.981 附录 M25.3 的要求,在可能存在危险气体的有限空间或封闭区域的接近口盖和面板处,必须用永久的标记或标牌警告维修人员可能存在的富氮或富氧气体,以防止人员窒息或引发火灾。

(2) 系统及部件的维修性应符合飞机型号的维修性指标要求,防爆系统平均维修时间 (MTTR) 一般应不大于 30min。

4. 材料要求

防爆系统使用的材料应适应于飞机的工作环境,并符合飞机材料选用要求。

(1) 金属材料:应是耐腐蚀的,或经过处理能经受燃油、盐雾、潮湿、大气等造成的腐蚀。镁、铜和镉及其合金制品严禁用于与燃油直接接触的功能部件上,与燃油接触的镀镉紧固件表面应进行耐油处理;不同类金属不允许相互直接紧密接触,但经过适当防电化学腐蚀处理者除外。

(2) 非金属材料:如密封胶、密封圈、绝缘外壳等应是耐燃油的。

(3) 防护处理:材料在存储或者使用寿命期内可能因气候及环境条件引起腐蚀的,应采用不影响材料性能要求的方法,对其进行防护处理。在寿命末期、极端气候及环境条件下,若所使用的防护性涂层易发生碎裂、裂纹、磨损、剥落或脱皮,则尽量禁止使用或按照维修手册的要求提前进行维修和更换。

2.2.2 系统内部接口要求

防爆系统内部接口应满足接口连接要求、安装布置要求以及设备和管路之间的强度和定位要求。

1. 接口连接要求

(1) 防爆系统设备和管路常用的接口形式包括:AS5830、AS1656、AS1895、NAS1760、AS1790、AS4375、AS4395、AS5169、AS5148 等,上述接口的设计应满足相应标准规范的要求。

(2) 设备、管路和标准件的连接应满足相应的尺寸、力矩和电搭接的要求。

(3) 设备和管路的安装应充分考虑温度变化带来的热胀冷缩效应及其附加的强度载荷。

(4) 密封圈、密封胶、密封垫应耐受工作介质最大温度和压力范围，密封圈的选用应满足 MIL-R-25988 或 MIL-DTL-25988 的要求。

(5) 设备和管路的外壳或接口如果可能接触到燃油、液压油、润滑油等流体，则应能耐受。

(6) 电搭接的设计应满足型号规定文件中闪电搭接、静电搭接、短路搭接的要求。

(7) 设备和管路接口应满足 FAR/CCAR 25.1438(a) 条款的要求，除非有特别定义，系统的验证压力应为工作压力的 1.5 倍，破坏压力应为工作压力的 3 倍；在验证压力下不应有损坏、失灵、永久变形和外部泄漏；在破坏压力下，应无外部泄漏，但不要求部件能正常工作。

(8) 对于可燃液体或蒸气可能渗漏而逸出的区域，设备和导管最高表面温度应不超过 204℃ (针对 JET A、JET A-1 和 3 号燃油)。

2. 安装布置要求

(1) 高温设备和导管应包裹绝热层，防止其对周围结构、系统部件和维修维护人员造成伤害，高温设备和导管距离其他系统部件或结构应不小于 25mm。

(2) 设备的电气接头和排气孔应向下倾斜，以防止凝结水积聚在其内部。

(3) 设备和导管的安装应具有稳固支撑，同周边结构及其他系统的间距应不小于 12.5mm。

(4) 作动设备和活动管路，在其可能的活动范围内，同周边结构及其他系统的间距应不小于 12.5mm。

(5) 高温管路内部应设计有柔性连接，使其吸收机载强度载荷和热变形载荷。

(6) 系统安装用的拉杆一般应具有 ±5mm 以上的可调量，以便于现场安装调节。

(7) 富氧气体排气管路应远离高温区域和电缆。

3. 设备和管路连接要求

(1) 设备和管路之间的接口应匹配一致，相互间的强度载荷应得到供应商正式确认。

(2) 管路的设计和安装，应尽量降低向设备传递的强度载荷。

(3) 仅依靠管路进行支撑的设备，应具有防止部件旋转的设计，一般可采用定位插针进行固定。

2.2.3 系统外部接口要求

防爆系统外部接口包括：气源系统接口、空调系统接口、防火系统接口、燃油系统接口、结构接口、电气接口和航电接口等，其具体要求如下。

1. 气源系统接口要求

防爆系统在规定的工作条件下从气源系统获取所需的增压空气作为制取富氮气的来源，其接口定义包括：引气流量、引气污染物种类及其含量、引气压力、引气温度、引气超温/超压的失效概率等主要参数。

由于引气污染物要求在各种飞机型号上具有较高的统一性，同时国内相关文献、资料较少论及，因此著者依据相关的工程经验进行了如下的简要总结。

需要注意的是：目前防爆系统用于进行加速寿命测试的污染物组成和浓度指标主要基于机舱空气污染物限制，它并不能完全代表系统在全寿命周期中可能遭遇的全部情况。

通常来自大气以及发动机产生的污染物可参考以下标准：

(1) AIR4766/2 Airborne Chemicals in Aircraft Cabins，飞机座舱内化学物质。

(2) AIR1539 Environmental Control System Contamination，环境控制系统污染。

(3) ARP4418 Procedure for Sampling and Measurement of Aircraft Propulsion Engine and APU Generated Contaminants in Bleed Air，航空器发动机和辅助动力产生的引气污染物取样和测量程序。

防爆系统可能接触到的污染物及其相关定义如下。

(1) 悬浮液体：悬浮在空气中的细小液体胶囊，这些是通过直接雾化润滑剂、液压流体或外部流体而形成的，或者也可以是上述流体蒸气冷凝形成的气溶胶。

(2) 颗粒污染物：悬浮在空气中的微小固体，可以由环境碎屑 (沙尘)、磨损碎屑 (金属和弹性材料) 以及流体降解产物 (含碳材料或烟灰) 组成。由于大多数空气传播的环境颗粒都在地面附近，因此在地面操作期间，可能将颗粒引入发动机和辅助动力系统 (APU)。

(3) 超细颗粒：电迁移直径小于 100nm 的颗粒 (参考 ARP4418)。

(4) 挥发性有机化合物 (volatile organic compound，VOC)：在室温下往往具有较高蒸气压的有机化合物，它们的高蒸气压源于低沸点。典型的 VOC 包括润滑剂、喷气燃料和维护期间可能使用的其他各种流体的热降解产物。

(5) 臭氧：氧气的同素异形体，其稳定性远低于地球大气中的氧气，且浓度很低。大气中臭氧含量最高处位于平流层，距离地面约 10~50km。在该层中，臭氧浓度约为 2~8ppm。众所周知，聚合物容易被臭氧氧化而断链，因此臭氧会影响空气分离器 (ASM) 的使用寿命和空气分离膜的性能。为了降低高空中臭氧对空气分离器的污染，系统设计中可以考虑在巡航的某些时间段关闭防爆系统。

(6) 水：可能是来自外部环境的自由水或者随温度变化而在系统管路内部形成的冷凝水。

(7) 酸性气体：包括环境污染气体 (NO_x，SO_x)、发动机润滑油降解副产物 (CO，CO_2) 以及臭氧去除催化剂可能产生的潜在气态污染物。

上述污染物会导致零部件的使用寿命降低，对系统的整体性能产生负面影响。

对于从发动机引气的防爆系统，在地面、爬升、巡航和下降期间，发动机和 APU 可能吸入大气中存在的颗粒物；如果不按照规范的程序进行压气机清洗，某些清洁剂和污染物也会残留在发动机引气中；如果发动机内有漏油现象，还将导致引气中的燃油蒸气对防爆系统造成污染。

根据 SAE ARP4418 A，发动机引气中各种潜在污染物种类和最大允许浓度见表 2.1。

表 2.1　引气中各种潜在污染物种类和最大允许浓度

序号	化合物名称	最大允许浓度	
		mg/m^3	ppm
1	乙醛	18	10
2	丙烯醛	0.5	0.2
3	苯	3.2	1.0
4	二氧化碳	3650	2000
5	一氧化碳	17.8	12
6	甲醛	1.0	0.8
7	丁酮	598.5	200
8	可吸入颗粒物	5.0	——
9	甲苯	153	40

为降低污染物对系统性能的影响，需要对热交换器、臭氧转换器、过滤器等部件进行定期维护，维护间隔一般需满足具体型号设计要求，典型部件更换清洗要求如表 2.2 所示。

表 2.2　典型部件更换清洗要求

序号	部件名称	更换清洗要求
1	热交换器	清洗周期不小于 12000fh（飞行时间）
2	臭氧转换器	清洗/更换周期不小于 6000fh
3	过滤器	更换周期不小于 6000fh

2. 空调系统接口要求

防爆系统按需从空调系统引入冲压空气对引气进行降温，接口定义包括：冲压空气流量、冲压空气总压恢复系数、冲压空气不足的失效概率、空调系统抑制防爆系统的逻辑和概率等主要参数。这些参数均需满足系统功能或性能要求。

3. 防火系统接口要求

如果在机载制氮系统上安装有防火过热探测系统支架,则应满足下列要求:

(1) 采用合适的连接方式,确保连接牢固、可靠。

(2) 在管路进行强度试验时,安装好相应的防火过热探测系统部件。

(3) 当系统发生高温气体泄漏时,防火过热探测系统应能及时探测到。

(4) 防火过热探测系统相应的泄漏量和报警温度应在接口文件中进行定义。

4. 燃油系统接口要求

燃油箱空间可以看作通气系统和防爆系统的接口,从通气系统引入的空气将显著增加燃油箱内混合气体的含氧量,为此,防爆系统中富氮气体分配子系统与通气系统耦合设计时应注意:

(1) 在飞机下降时,外界气体可能通过通气管路迅速进入燃油箱,导致油箱内氧浓度上升,应确保进入的空气在被惰化的燃油箱内分布均匀。

(2) 富氮气体入口应远离通气系统进排气口,防止飞机爬升时直接将富氮气体吸入通气油箱内。

(3) 通气系统应能够降低侧风情况下富氮气体的流失。

(4) 在各种情况下,富氮气体进入燃油箱后不能导致燃油箱压力超过通气系统设计要求。

(5) 在燃油箱加油时应抑制防爆系统工作,保证所有阀门关闭,防止燃油倒流。

5. 结构接口要求

1) 机体内部结构接口要求

防爆系统与结构专业的接口主要是设备和管路的安装、开孔及油箱内富氮气体分配系统管路的布置等,应满足下列要求:

(1) 设备和管路的安装应具有牢固的结构支撑,满足飞机的静/动强度要求。

(2) 设备和结构、设备和支架之间的安装应满足型号文件规定的电搭接要求。

(3) 位于燃油箱内的防爆系统设备和管路与支架之间的连接,应采用自锁螺母。

(4) 位于燃油箱干湿分离面的设备和管路,应进行湿安装和封包,并采用密封圈进行双向密封。

(5) 穿透燃油箱结构的设备和管路法兰,应设计有多重电搭接通路。

(6) 应在燃油箱展向梁和肋板之间设计足够的开口或开孔,以便于维修人员进出和促进富氮气体的均匀分配。

2) 机体外表面接口要求

(1) 防爆系统与大气相连的进排气口应设计有格栅或堵塞,以防止停机时鸟类或异物进入。

(2) 防爆系统的进排气口附近应在飞机蒙皮表面喷涂明显的标识标记，以表明其用途和可能导致的设备或人员危险。

(3) 飞机燃油箱的维修口盖附近应在飞机蒙皮表面喷涂明显的标识标记，以表明燃油箱内存在富氮气体，可能导致人员窒息。

(4) 对于需要频繁维修维护的设备和区域，应设计快卸面板，以提高可达性并降低维修时间。

(5) 防爆系统冲压进排气口的位置应能在规定的飞行姿态和飞行工况下，满足系统进排气量要求。特别要注意在侧滑角、滚转角、迎角大幅变化情况下，进排气口的压差变化。

(6) 空气分离器的富氧排气口应通过绝缘软管同飞机蒙皮电隔离，以防止闪电击中飞机造成空气分离膜被点燃。绝缘软管在 500V 直流电压下阻值不小于 $10k\Omega$，可采用 AS1503 系列软管，同时应防止绝缘软管因静电积累造成的点燃风险。

6. 电气接口要求

防爆系统用电需求应与飞机电源系统相匹配，主要包括：电源类型 (交流、直流)、电压、电流、功率等用电参数。电气接口应符合飞机型号的具体相关要求。

7. 航电接口要求

防爆系统与航电接口包含输入参数、输出参数和运行控制参数。

1) 输入参数

防爆系统通常需从航电系统获取飞行高度、飞行速度、大气压力、飞行阶段 (起飞、爬升、巡航、下降、着陆)、上游引气低压信号、上游引气超温信号、引气泄漏告警等主要输入参数。

2) 输出参数

通常防爆系统将提供给航电系统如下信息：

(1) 防爆系统工作状态信息，发送至航电告警系统，通常为 "防爆系统不工作/故障"。

(2) 防爆系统部件状态、故障信息，发送至航电健康管理系统，通常包括切断阀、温度传感器、压力传感器、控制器等设备的状态和命令信息以及富氮气体氧气浓度数值。

3) 运行控制参数

防爆系统一般设计成自动运行，无须飞行员控制，以降低飞行机组负担；系统可按需在地面或飞行中选择性工作，但须保证适航条款的相关性能要求及可靠

性要求；在惰化系统故障不工作的情况下，一般可以允许飞机有 60h 或 10d 的
MMEL 故障派遣时间 (以先到为准)。

2.2.4 性能要求

防爆系统性能要求包含：空气分离器性能、富氮气体分配均匀性、惰化用气
量、系统压力、气体温度等内容。

1. 空气分离器性能要求

在各飞行阶段，典型的空气分离子系统产生的富氮气体氧浓度应满足：
(1) 地面和爬升阶段，富氮气体氧浓度应不大于 10%。
(2) 在典型 39000ft (1ft=304.8mm) 巡航高度，富氮气体氧浓度应不大于 5%。
(3) 下降阶段，平均富氮气体氧浓度应不大于 12%。
(4) 空气分离器应在寿命期内保持上述性能。

2. 富氮气体分配要求

在进行富氮气体分配子系统设计时，应满足：
(1) 按不同飞行剖面燃油箱惰化要求匹配进入燃油箱的富氮气体流量和氧
浓度。
(2) 富氮气体排气喷嘴尺寸和位置设计应使富氮气体在燃油箱内能快速均匀
扩散。
(3) 气体分配管路设计应避免燃油倒流进入上游损坏空气分离器或其他设备。
(4) 应防止在防爆系统不工作期间，各油箱之间通过分配管路产生串油。

3. 惰化用气量要求

惰化用气量应满足防爆系统全飞行包线范围的需求，应考虑的因素包括：工
作前燃油箱内的氧浓度、飞机降落后的氧浓度、停机过夜导致的燃油箱氧浓度升
高、富氮气体浓度、油箱空余空间、惰化时间、通气系统对空气流动的耦合影响、
飞行包线、飞机过夜温差等。

4. 系统压力要求

设计防爆系统及部件时，应规定工作压力、验证压力和破坏压力。
(1) 系统验证压力应为工作压力的 1.5 倍，破坏压力应为工作压力的 3 倍。
(2) 从气源到空气分离器的气体管路压力范围一般为 30~60psig (1psi =
6894.76Pa = 0.00689MPa，g 表示表压，gauge)。
(3) 富氧气体管路的压力范围一般为 0~20psig。
(4) 冲压空气管路的压力范围一般为 0~2psig。

5. 气体温度要求

针对 JET A、JET A-1 和 3 号燃油，在任何情况下进入燃油箱的气体温度不能超过 204℃，防爆系统应具有高可靠性的超温切断功能，以阻止各种故障或异常情况下产生的高温气体进入燃油箱。

进入空气分离器的气体温度不应对其寿命造成影响，根据空气分离膜的材料不同，其适合的工作温度范围一般在 40~120℃，应根据空气分离器的工作特性选取合适的工作温度。

2.3　防爆系统构架设计

在充分理解与掌握防爆系统设计技术要求的基础上，开展防爆系统总体设计时，还需要充分研究与权衡防爆系统的设计构架。一般而言，防爆系统包含机载制氮子系统、富氮气体分配子系统、控制子系统、监测与显示子系统[4]。

2.3.1　机载制氮子系统架构设计

机载制氮子系统架构设计主要包含引气调节、冷却集成和空气分离等方式的构架选择。

1. 引气调节方式

引气气源一般有：发动机直接引气、发动机引气增压和座舱引气增压 3 种。

1) 发动机直接引气架构

当发动机可以为防爆系统提供高压气体作为气源时，防爆系统可直接采用发动机引气来制取富氮气体，如图 2.2 所示。

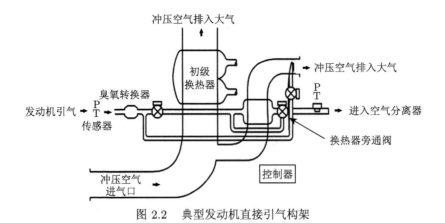

图 2.2　典型发动机直接引气构架

2) 发动机引气增压构架

当发动机引气压力不足时，可采用附加增压装置对发动机引气进行增压，增压后的气体可作为空气分离的气源。图 2.3 是附加增压装置的发动机引气构架图。

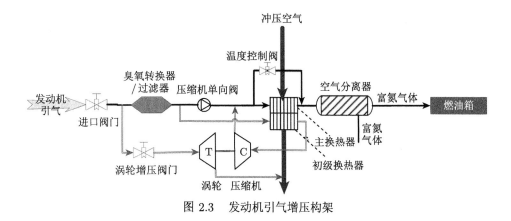

图 2.3 发动机引气增压构架

3) 座舱引气增压构架

当发动机无法为防爆系统提供经济的高压气源时，可以对座舱引气增压作为空气分离的气源，如图 2.4 所示。

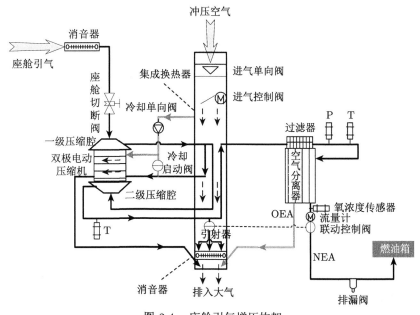

图 2.4 座舱引气增压构架

P：压力传感器，T：温度传感器

当使用涡轮增压器或者电动压缩机对气源进行增压时，应注意在相应管路上增加消音器以降低振动和噪声对客舱的影响。

2. 冷却集成方式

为了降低高温引气温度，一般采用冲压空气作为冷源，根据是否和环控系统共用换热器和冷风道，可以划分成以下 4 种构架形式。

1) 独立换热器 + 独立冷风道构架

防爆系统采用独立换热器 + 独立冷风道方式，能够有效保证防爆系统换热器和冷风道的独立性不受环控系统工作状态的影响，确保高温引气能够被稳定地降温，如图 2.5 所示。

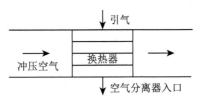

图 2.5　独立换热器 + 独立冷风道构架

2) 独立换热器 + 共用冷风道构架

防爆系统采用独立换热器且和环控系统共用冷风道构架如图 2.6 所示。该方案能够减少飞机的冷风道进排气口数量，同时换热器保持相对的独立性，在正常情况下防爆系统和环控系统的冷却功能互不影响；但在特殊条件下，环控系统和防爆系统冷风道可能会产生共模失效，如：因为冷风道的故障而不能冷却引气，使环控系统和防爆系统同时发生系统超温。

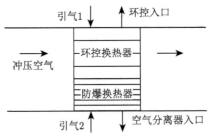

图 2.6　独立换热器 + 共用冷风道构架

3) 共用换热器 + 共用冷风道构架

防爆系统采用共用换热器/冷风道的构架如图 2.7 所示，能够最大限度地降低环控和防爆系统总重量，但是防爆系统和环控系统的用气量在不同飞行高度的变化规律不一样，且两系统的冷却温度要求也不一致，其匹配调节具有较大的复杂性；环控系统和防爆系统一方的气体泄漏、非正常关闭都会对另一方的冷却空气压力、流量和温度造成影响，失效模式也会互相关联。

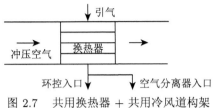

图 2.7 共用换热器 + 共用冷风道构架

4) 共用换热器 + 独立冷风道构架

防爆系统也可以和环控系统共用换热器，而采用独立的冷风道，但由于独立冷风道情况下共用换热器的经济收益不大，一般不推荐采取这种集成方式。

3. 空气分离方式

如果空气分离器采用多根膜组件，膜组件一般采用并联的方式，以确保空气分离器工作在相同的温度和压力下，能同时高效地产出富氮气体。并联式空气分离子系统构架如图 2.8 所示。

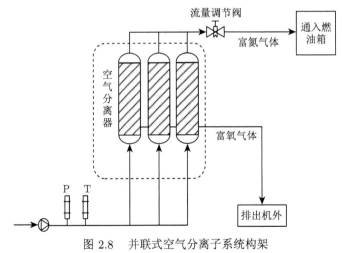

图 2.8 并联式空气分离子系统构架

在空气分离子系统设计时，应注意以下要求：

(1) 为了确保空气分离器的正常工作，需要去除引气中可能存在的臭氧、灰尘、水分子、油气等。

(2) 应在空气分离器入口前安装温度传感器、压力传感器以监控进入空气分离器的气体的状态。

(3) 应在空气分离器出口后安装氧浓度传感器，以监控空气分离器的性能。

(4) 空气分离系统应能根据飞行阶段对富氮气体氧浓度和流量进行调节，以达到最佳的惰化效果，节约气源消耗。

2.3.2　富氮气体分配子系统架构设计

一种典型的客机富氮气体分配子系统构架如图 2.9 所示，图中的灰色管路是通气系统管路，黑色管路是富氮气体分配子系统管路。富氮气体分配子系统架构设计中应注意以下几点：

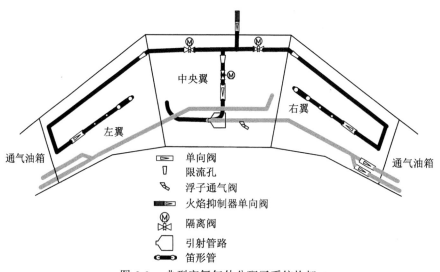

图 2.9　典型富氮气体分配子系统构架

1. 与开式燃油箱通气系统耦合

民机燃油通气系统一般均采用开式通气设计，即燃油箱始终和大气保持连通，以降低燃油箱内外的压差，减小油箱结构受力和重量。

(1) 在飞机爬升时，燃油箱内的气体会通过通气管路排出机外，以达到内外压力平衡，此时通气系统对燃油箱氧浓度的影响较小。

(2) 在飞机下降时，外界气体会通过通气管路迅速进入燃油箱，导致油箱内氧浓度上升，此时通气系统对燃油箱氧浓度的影响很大。

(3) 富氮气体排气口或笛形管应远离通气系统在油箱内的进排气口，防止飞机爬升时直接将富氮气体通过通气管路排出机外。

2. 与闭式燃油箱通气系统耦合

军机燃油箱通气系统一般采用闭式通气设计，为了防止燃油箱内外压差过大，通气燃油箱具备正压和负压的释压功能。当油箱内外压差超过设计值时，正压或负压释压阀打开，与外界进行气体交换，以保持燃油箱内外压力平衡。在闭式通气系统方式下设计富氮气体分配子系统时，除了和开式通气系统有同样的设计考虑外，还应注意：

(1) 如果防爆系统在巡航时保持工作，富氮气体将持续充入燃油箱内，随着工作时间的延长，燃油箱对外正压差能够达到设计上限，使得巡航阶段和地面的燃油箱压差减小，从而减少下降过程中充入燃油箱的空气总量，显著减少下降阶段燃油箱内氧浓度的上升。

(2) 如果防爆系统在巡航时保持一段时间的关闭，则可以减少飞机的引气和用电消耗，节约飞机能源。

(3) 闭式通气系统的复杂程度和部件数量要高于开式系统，系统失效模式分析也更加复杂。一般来说闭式通气将对燃油箱结构强度提出更高的要求，同时对通气系统提出更高的可靠性要求。

3. 防止燃油倒流

为防止惰化系统因故障不工作时燃油从富氮气体分配管路倒流进入上游设备，富氮气体分配子系统应满足：

(1) 富氮气体分配子系统管路应沿着机翼的上反角高点设置，以尽量减少燃油倒流进入管路的概率和流量。

(2) 富氮气体分配子系统管路应设计有单向阀，以防止燃油或燃油蒸气倒流进入机载制氮系统；为了降低燃油或燃油蒸气倒流发生的概率，通常至少需有两重防倒流单向止回设计。

4. 阻止火焰进入燃油箱

为了防止任何情况下油箱外的管路内的点火源串入燃油箱内 (包括闪电和故障情况下)，需要在进入燃油箱前的管路上安装火焰抑制器，有关火焰抑制器设计参见本书第 5 章。

5. 快速均匀分配

燃油箱内的富氮气体分配子系统设计应使得目标燃油箱各隔间的空余空间尽快达到均匀惰化状态。通过利用富氮气体作为动流，合理引射燃油箱内的空气，可以加速富氮气体和原有气体的混合。尤其可以在飞机下降阶段，有效降低大气进入燃油箱造成的局部氧浓度偏高的情况。

2.3.3 控制子系统架构设计

目前所有民用机型的防爆控制系统都是自动控制系统运行，无须机组人员进行相关操作，以减轻机组操作负担。若运行过程中出现相关故障，系统应自动关闭，并将故障记录在机载维护系统中。当系统发生气体超温、超压或设备异常等严重故障时，应自动关闭防爆系统，并切断电源。

1. 控制器

控制器可设计为独立式或 IMA 集成式，按型号实际需求进行权衡选择。独立式控制器架构简单，研发成本低，项目风险小，缺点是重量大；IMA 集成式控制器，研发成本高，软件研发复杂性高，项目风险较大，安全性分析复杂，优点是重量轻，减少了航线可更换单元数量，降低了运营成本。控制器应满足以下要求：

(1) 具有自检功能，能够测试硬件和软件是否存在故障和错误。

(2) 当上游引气压力和温度出现异常时，控制器应能命令防爆系统进入抑制状态，待引气的异常状态解除后，方可进行正常工作。

(3) 具有持续监控功能，能够探测系统超温、超压和设备故障等情况并及时处理与故障报告。

2. 控制阀

防爆系统中常用阀门包括进口隔离阀、流量控制阀、温度控制阀、温度隔离阀等。

(1) 为了确保防爆系统在气体超温超压情况下能够及时有效切断，防止超温超压的气体对燃油箱和飞机造成破坏，应设置多重切断阀，且切断阀的切断方式应互不相同，以保证不会产生共模失效。

(2) 按型号实际需求设置流量控制阀，以控制富氮气体的流量，使之适应飞行包线要求。常用的流量控制阀是双流量控制阀，设有高低两种流量通道，在起飞、爬升和巡航阶段使用小流量，在下降阶段使用中、大流量。

(3) 防爆系统阀门应具有断电关闭的安全设计。

2.3.4 监测与显示子系统架构设计

监测和显示子系统分为与航电系统集成和独立两种方式，具备温度、压力、氧气浓度等状态监测及防爆系统状态显示功能和故障报告显示功能。

1. 与航电系统集成式

新研飞机的防爆系统一般将监测和显示子系统集成到航电系统中，该集成方式的软硬件研发思路清晰，与飞机总体进度相适应。该集成方式的监测和显示子系统在驾驶舱机组告警系统 (crew alerting system，CAS) 显示相关信息，维护信息集成到中央维护系统，具体架构如图 2.10 所示。

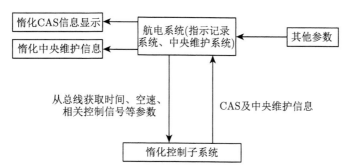

图 2.10　与航电系统集成式的监测与显示子系统架构

2. 独立式

在现役飞机基础上加装的防爆系统，可采用独立式监测与显示子系统，以减少对航电软硬件的更改，加快加装实施的进度。该方案的监测与显示子系统一般在主起舱显示相关信息，并设置相应控制按钮，以减少对其他系统的物理空间影响，具体的常用架构如图 2.11 所示。

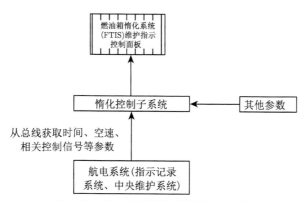

图 2.11　独立式监测与显示子系统架构

2.4　防爆系统性能计算

防爆系统性能计算可采用多种方法,作者基于自身的实际工程应用经验,推荐选用工程算法编程迭代、AMESim 仿真、FloMASTER 仿真、MATLAB/Simulink 二次开发等工具。

根据 AC 25.981-2A 要求[5]，防爆系统数据输出的采样频率不小于 1 次/min，性能计算分析结果至少应包含：随着飞行高度和飞行时间的变化，油箱的压力与温度数值；随着燃油量的变化，各油箱隔舱燃油体积与气相空间体积；热边的引气流量、压力、温度；冷边冲压空气流量、压力、温度；大气温度、压力；空气分离器的工作温度、压力及对应的流量模式；NEA 流量、浓度；OEA 流量、浓度；燃油箱内各隔舱的氧浓度等关键参数。

图 2.12 为防爆系统性能仿真计算原理图，它综合了飞行包线模型、热控制系统、过滤器模型、空气分离器模型、大气数据、管路压力和流动模型 (内含：OEA 排出模型和 NEA 分配模型)、油箱内油量模型、油箱内气压模型、燃油溶解氧溢出模型等。其中对系统性能计算起关键作用的是空气分离器模型、油箱内油量模型、油箱内气压模型。本节将基于系统设计的角度，就防爆系统性能设计计算中需考虑的若干问题进行简要介绍，而有关具体的系统设计计算方法可参见《飞机燃油箱惰化技术》[6]。

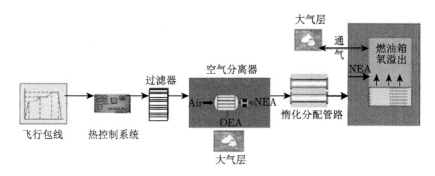

图 2.12　防爆系统性能仿真计算原理图

2.4.1　引气流量计算

1. 引气流量计算工况选择

防爆系统性能设计核心在于确定空气分离器性能、引气流量需求和油箱惰化效果等。无疑，引气流量需求和空气分离器性能息息相关，且与惰化油箱体积成正比，因此，应根据飞机惰化油箱体积、空气分离器工作特性及惰化系统性能要求来确定引气流量大小；空气分离器性能主要指在规定的工作压力、工作温度、出口背压、富氧排气口压力 (一般可简化为当地大气压力) 下产出的富氮气体流量和氧浓度数值，它可以简化为多维数组，一般通过试验获取；对一个确定的空气分离器而言，其工作压力取决于引气压力，而引气压力则由发动机/APU 和气源系统调控。

在进行引气流量计算时，应以从最高巡航高度下降为设计工况，同时以不同巡航高度的下降为校核工况，在图 2.13 中以计算工况 1~3 表示。民用飞机一般不要求应急下降时燃油箱始终保持惰化状态，而军用飞机则应按照其技战术设计工况要求来进行考虑。

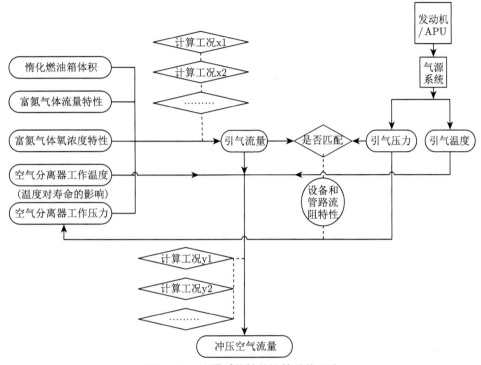

图 2.13　防爆系统性能计算总体思路

在进行引气流量计算时，需要考虑的因素包括不同航程的飞行包线、不同飞行阶段引气流量需求的计算工况；在求得引气流量值后，还需要根据具体设备和管路的阻力特性来验证引气压力与流量匹配与否，而引气流量确定的关键在于富氮气体流量的计算。

2. 富氮气体流量计算方法

对民用飞机而言，下降阶段的富氮气体流量需求最大，以 B737 和 A320 这样典型的金属燃油箱机型为例，在下降阶段中央翼燃油箱会保持常空，靠机翼存储燃油来对飞机机翼减载，因此可以按照中央翼燃油箱为空进行计算，富氮气体流量的计算条件和过程如下：

1) 下降率

在 FAA 发布的燃油箱可燃性评估方法用户手册 DOT/FAA/AR-05/8 文件中，规定了不管何种飞机，必须使用规定的下降率，即：在 4000ft 以上，飞机以

2500ft/min 的速率下降；在 4000ft 以下，飞机以 500ft/min 下降，直至落地。按照典型巡航高度 39000ft 下降为例，可以计算得到从 39000ft 到 4000ft 的下降时间 $t_1 = 14$min，从 4000ft 至落地的下降时间 $t_2 = 8$min，整个下降过程共计 22min。

2) 氧浓度初始和终止条件

按照 39000ft 下降初始阶段燃油箱的氧浓度数值假设体积分数 $a_0 = 5\%$ 计算，落地后的氧浓度数值按体积分数 $a_{amb} = 11\%$ 计算。

3) 下降过程中原有气体的体积变化

根据标准大气数据可以计算或查表得到巡航状态的压力、温度状态分别为 $P_0 = 19746$Pa，$T_0 = 216.65$K，落地后的压力、温度状态分别为 $P_{ground} = 101325$Pa，$T_{ground} = 288.15$K（根据燃油箱的热特性变化）。巡航初始阶段气相空间原有的氧气和氮气换算到地面状态，该部分气体的组成不变，R_0 为该部分混合气体的气体常数，假设被惰化的燃油箱的体积为 V_0，根据理想气体状态方程，高空和地面状态该部分气体状态可表示为

$$P_0 V_0 = m_0 R_0 T_0 \tag{2.1}$$

$$P_{ground} V_{ground} = m_0 R_0 T_{ground} \tag{2.2}$$

式 (2.1) 和式 (2.2) 相除，可以得到

$$V_{ground} = \frac{P_0 T_{ground}}{T_0 P_{ground}} V_0 \tag{2.3}$$

式 (2.3) 代入式 (2.2) 得到 $V_{ground} = 0.259 V_0$，即原有的气体在下降到地面后，体积缩减到 $0.259 V_0$。

4) 防爆系统充入燃油箱的气体

为了提高下降阶段防爆系统的性能，空气分离器一般采用双流量模式，以简单的双流量模式为例：

在 4000ft 以上，采用大流量模式，空气分离器的平均性能为 NEA2：质量流量为 $\dot{m}_1$，含氧质量百分比为 a_{m_1}。

在 4000ft 以下，采用小流量模式，空气分离器的平均性能为 NEA1：质量流量为 $\dot{m}_2$，含氧质量百分比为 a_{m_2}。

而 NEA1 和 NEA2 的工作特性需靠试验来获得相关数据，这里以表 2.3 中空气分离器的试验数据为基准，NEA1 和 NEA2 是指在下降阶段中的平均氧浓度。可假设实际设计的空气分离器流量为基础流量的 x 倍，而氧浓度保持不变，来计算某燃油箱在下降阶段的氧气含量。

在下降的 22min 内，可以计算出充入燃油箱内氧的总质量为

$$O_{FTIS} = (\dot{m}_1 t_1 a_{m_1} + \dot{m}_2 t_2 a_{m_2}) x \tag{2.4}$$

式中，t_1 和 t_2 分别表示 4000ft 以上和 4000ft 以下的时间。

同理，充入燃油箱内氮的总质量为

$$N_{\text{FTIS}} = [\dot{m}_1 t_1 (1 - a_{m_1}) + \dot{m}_2 t_2 (1 - a_{m_2})]x \tag{2.5}$$

根据理想气体状态方程分别计算惰化系统充入的氧气和氮气在地面大气压下占据的等效体积 V_{FTIS} 为

$$V_{\text{FTIS}} = \frac{O_{\text{FTIS}} R_{\text{O}} T_{\text{ground}}}{P_{\text{ground}}} + \frac{N_{\text{FTIS}} R_{\text{N}} T_{\text{ground}}}{P_{\text{ground}}} \tag{2.6}$$

充入的富氮气体总的氧体积分数为

$$a_{\text{FTIS}} = \frac{(\dot{m}_1 t_1 a_{m_1} + \dot{m}_2 t_2 a_{m_2})/32}{(\dot{m}_1 t_1 a_{m_1} + \dot{m}_2 t_2 a_{m_2})/32 + [\dot{m}_1 t_1 (1 - a_{m_1}) + \dot{m}_2 t_2 (1 - a_{m_2})]/28} \tag{2.7}$$

本算例中，可求得 $a_{\text{FTIS}} = 0.06545$。

5) 充入燃油箱的大气体积

在飞机着陆时，以燃油箱在地面的压力平衡进行计算，在整个过程中充入燃油箱的大气体积 V_{amb} 可以表达为

$$V_{\text{amb}} = V_0 - 0.259 V_0 - V_{\text{FTIS}} \tag{2.8}$$

6) 氧浓度平衡

因为把所有的体积都转换为落地后的大气压力下的等效体积，因此下降前燃油箱内原有的空气、防爆系统充入的富氮气体、充入大气的空气这三部分气体可以直接按照体积比进行加权计算，令

$$0.259 V_0 a_0 + V_{\text{FTIS}} a_{\text{FTIS}} + V_{\text{amb}} a_{\text{amb}} = V_0 a_{\text{ground}} \tag{2.9}$$

$$0.259 a_0 + (V_{\text{FTIS}}/V_0) a_{\text{FTIS}} + (1 - 0.259 - V_{\text{FTIS}}/V_0) a_{\text{amb}} = a_{\text{ground}} \tag{2.10}$$

根据本案例，代入数据可得

$$0.259 \times 5\% + (V_{\text{FTIS}}/V_0) \times 6.545\% + (1 - 0.259 - V_{\text{FTIS}}/V_0) \times 21\% = 11\% \tag{2.11}$$

可以求得充入惰化气体体积 $V_{\text{FTIS}} = 0.4051 V_0$，充入的大气体积 $V_{\text{amb}} = 0.3359 V_0$。

再将该结果代入式 (2.4)~ 式 (2.6) 中，即可求得未知数 x、O_{FTIS} 和 N_{FTIS}，随后可算得空气分离器在大小两种模式下富氮气体流量，再通过对应工况下的制氮效率反算出引气流量。

2.4.2 双流量模式比较

飞机下降阶段, 大气压力不断增大, 空气从通气管路进入燃油箱内, 会导致惰化油箱空余空间氧浓度的急剧上升, 考虑到空气分离器产生的富氮气体具有大流量/高氧浓度和小流量/低氧浓度特点, 可以在下降阶段通过提高富氮气体流量来降低外界空气倒灌量, 虽然此时富氮气体中氧浓度有所升高, 但始终低于大气中氧浓度, 大流量模式在快速下降阶段更加有利于燃油箱内氧浓度的降低, 这可借助于下面的实际算例来进行阐述。

某空气分离膜性能工况如表 2.3 所示, 在 44.7psia (绝对压力) 和 59.7psia 的工作压力下, 分别有大流量和小流量两种工作模式, 其大流量量值是小流量的 2~3 倍, 而下降阶段气源系统一般只能提供小压力引气。

表 2.3 某空气分离膜性能工况

序号	进口压力/psia	进口流量/(lb/min)	出口流量/(lb/min)	氧浓度质量百分比	备注
NEA1	44.7	2.5	0.526	0.039	小压力, 小流量
NEA2	44.7	3.55	1.476	0.096	小压力, 大流量
NEA3	59.7	3.8	0.795	0.0295	大压力, 小流量
NEA4	59.7	5.4	2.245	0.082	大压力, 大流量

注: 1lb/min = 0.45kg/min; psia 表示绝对压力。

假设飞机从 3.98×10^4 ft 高空在 20min 内匀速下降到地面, 分别采用不同的压力、流量组合, 得到空油箱的计算结果, 如图 2.14 所示。对比图中曲线可知: 下降阶段大流量状态下油箱的惰化效果要明显优于小流量状态, 大流量模式可导致飞机落地时油箱最终的氧浓度降低 4%~5%。

防爆系统在下降阶段采用大流量设计的方案以降低空气的吸入量, 如图 2.15 所示, 但其高低流量的比值需要根据系统特征来确定, 一般在 2~4 倍左右。

需注意的是: 空气分离膜的最佳工作温度因膜而异, 差别较大, 一般在 40~120℃ 范围内, 因此, 设计中可以考虑膜预热加温措施, 使得系统正常工作时分离膜处于其最佳工作温度区域。

假定飞机在从巡航高度下降到 4000ft 的过程中采用 NEA2 进行单隔舱惰化, 从 4000ft 到着陆的过程中采用 NEA1 进行惰化, 当试算的引气流量在 4000ft 高度 (亦即 14min 时) 能够确保燃油箱刚好位于 12% 以下, 保证燃油箱处于惰化状态时, 将该引气流量定义为标准引气流量, 图 2.16 中标准引气量上下三条曲线分别表示在标准引气量的基础上 -30%、-20%、-10% 和 +10%、+20%、+30% 的惰化效果。考虑到燃油箱内各隔舱的不平衡、空气分离器性能的衰减、飞行包线的不同, 实际的设计气量应在标准引气量的基础上上浮 20%~30%。

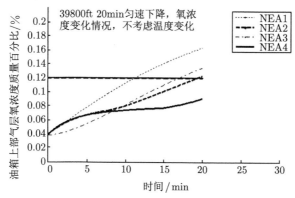

图 2.14   空油箱双流量模式惰化效果对比

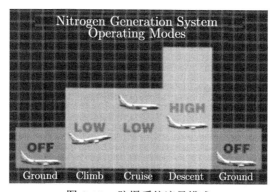

图 2.15   防爆系统流量模式

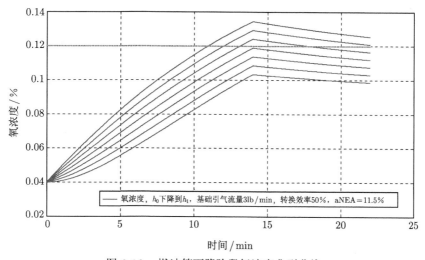

图 2.16   燃油箱下降阶段氧浓度典型曲线

2.4.3 冲压空气流量计算

冲压空气在换热器中对引气进行冷却,其流量大小取决于换热器的进出口参数,即热边流量、热边进口温度、热边出口温度、冷边进口温度 (当地大气温度) 和换热器的效率。在地面到飞机巡航高度之间,大气的密度不断降低,飞行的速度不断提高,冲压空气流量计算工况至少应考虑地面极热天工况和高空巡航工况两种,一般情况下地面极热天更为严酷,因此,在进行冲压空气流量计算时,应以地面极热天的低空飞行为设计工况,同时校核高空巡航工况下冲压空气流量是否满足要求,其计算方法同一般的热交换器计算方法类似,本书不做展开论述。

1. 冲压空气入口附面层参数计算

这里以典型的平飞状态下的机腹 NACA 进气口为例,对其入口处附面层计算进行展开。因为一般机腹的 $Re > 10^7$,此时可采用格兰维尔的经验公式[7] 计算速度边界层厚度,得到巡航时速度边界层厚度 δ_1:

$$\delta_1 = X \cdot 0.0598/[\lg(Re) - 3.170] \tag{2.12}$$

式中, X 为机头至 NACA 进气口处的特征长度, m。

动量边界层厚度计算公式为 $\delta_2 = 7\delta_1/72$。

自由流总压为

$$p_{\infty t} = p_\infty \left(1 + \frac{\gamma - 1}{2} Ma^2\right)^{\frac{\gamma}{\gamma - 1}} \tag{2.13}$$

式中, $p_{\infty t}$ 为无穷远处气流总压; p_∞ 为无穷远处气流静压; Ma 为自由流的马赫数; γ 为比热容比。

自由流和进口的总压可近似认为相等, $p_{1t} = p_{t0}$,进口处静压为

$$p_{1s} = p_\infty + C_{pi}(0.5\rho_\infty V_\infty^2) \tag{2.14}$$

式中, C_{pi} 为 NACA 进口处的静压恢复系数,特定飞行状态下的 C_{pi} 值由下文的 CFD 计算求得。

由于翼身整流罩区属于非密封增压区,NACA 口附近温度无明显梯度,NACA 口尺寸较短,可以近似假设为绝热流动。因此 NACA 进口处马赫数 Ma_1 可以由理想气体等熵变换[8] 过程计算得到,针对低速工况,一般 Ma_1 取值范围在 0.15~0.25 之间。

$$Ma_1 = \sqrt{\frac{2\left[\left(\frac{p_{1t}}{p_{1s}}\right)^{\frac{\gamma - 1}{\gamma}} - 1\right]}{\gamma - 1}} \tag{2.15}$$

式中: p_{1t} 为进口处空气总压; p_{1s} 为进口处空气静压。

2. NACA 口喉部气动参数

m_r 定义为捕获流量比，它是实际捕获空气流量和截面垂直来流时捕获流量 (最大捕获空气流量) 的比值。

$$m_{\mathrm{r}} = \frac{\text{实际捕获空气流量}}{\text{最大捕获空气流量}} = \frac{G}{\rho_\infty v_\infty A_2} \tag{2.16}$$

式中，A_2 表示 NACA 口喉部垂直于来流的截面积；G 为质量流量，kg/s。

喉部总压 $p_{2\mathrm{t}} = p_{1\mathrm{s}} + K_{\mathrm{rec}} \times (p_{1\mathrm{t}} - p_{1\mathrm{s}})$，其中 K_{rec} 为进口总压恢复系数，即动压转换为总压的效率。m_{r} 和 K_{rec} 的对应关系可通过试验或 CFD 仿真计算获取，某型 NACA 进气口的压力恢复系数和流量比的关系[9] 见图 2.17。本书将 $K_{\mathrm{rec}} = 0.709$、$m_{\mathrm{r}} = 0.30$ 分别作为总压恢复系数和流量比的初始设计点，在确定 NACA 口的具体尺寸后，可以校核 m_{r} 的偏差。

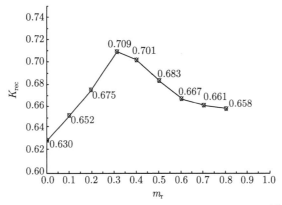

图 2.17　NACA 进口压力恢复系数和流量比的关系[9]

根据 NACA 提出的边界层算法[10]，MFP 表示需求流量大小的系数。

$$\mathrm{MFP} = \frac{G}{\rho_1 V_1 \delta_2^2} \tag{2.17}$$

根据文献 [10] 中的图 20，提取数据，转换为国际单位，拟合成公式 (2.18)，适用范围 MFP $\in (5, 150)$。

$$\mathrm{d}t = \frac{\delta_2}{0.832\mathrm{MFP}^{-0.4173}} \tag{2.18}$$

　　民用飞机进气口一般设计成埋入式 (齐平式) 以降低飞机阻力,同时排气角度一般设计成锐角,以利于机外高速气流的引射。

　　值得说明的是:飞机的进排气口压力受到飞行姿态影响,在进行冷边冲压空气流量计算时,必须要考虑到俯仰角、滚转角、侧滑角的变化,尤其在侧滑角过大时,机体的侧面会成为背风面,飞机压力场的变化很大;而在飞机失速状态下,速度降低导致冲压空气流量降低,而迎角增大,也导致进排气口的压差降低,进一步降低了冲压空气流量。因此在特殊工况下的冲压空气附面层和进排气压力计算不能通过工程方法求得,必须开展充分的流场计算分析和试验验证。

　　图 2.18 展示了一个设置在翼身整流罩区域的防爆系统进气口位置,靠近机腹和机翼的交界处,气体流动情况比较复杂。为了检查进气口附近流动参数的稳定性,同时为了获取 NACA 口位置处的压力值,进行相应条件下的进气口附近气动外形流场的 CFD 计算。图 2.19 和图 2.20 分别为近地飞行状态和巡航状态压力

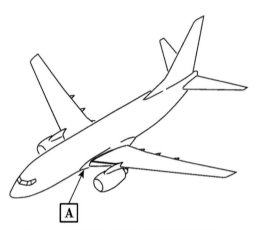

图 2.18　设置在机身和机腹附近的进气口

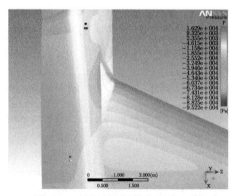

图 2.19　近地飞行状态压力云图

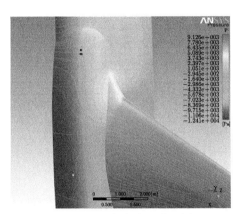

图 2.20　巡航状态压力云图

云图，其中，图上方集中在一起的 3 个圆点是 NACA 进气口的 3 个顶点，图下方的 2 个圆点表示管路排气口的位置。

当引气流量和冲压空气流量都完成计算后，需进行管路和设备的阻力特性计算，以确定管路和设备的直径，如果热边和冷边的压力、流量、阻力特性都能匹配，则表明系统和部件设计满足要求。

2.4.4　AMESim 计算模型示例

在厘清防爆系统性能计算各要素的基础上，可以采用自编程序的工程算法进行迭代计算，当然，也可以采用商用软件进行分析，如选择商用软件，根据我们的实践经验，推荐选用 AMESim 软件。

AMESim 软件可以进行半物理仿真，与 MATLAB/Simulink 相比，AMESim 的模型更加简便，能够直接仿真燃油箱内油量随姿态角的变化，在结合相关的空气分离器模型、油箱内燃油量模型、油箱内气压模型时更加方便，是一种值得推广的仿真方法，其建模和计算结果的相关示例见图 2.21 和图 2.22。

当飞机起飞后，系统开始工作，燃油箱不断充入富氮气体，燃油箱内氧气浓度逐渐降低。当飞机在下降阶段，随着外界环境压力增加，大量环境气体充入燃油箱，在该阶段通常采用大流量的方式惰化，可以将燃油箱内氧气浓度控制在 11% 以内。经过 8~12h 的停机后，燃油箱内的氧气浓度略有上升，但仍然能够保持在 12% 以下，能够为燃油箱提供全天候的保护。

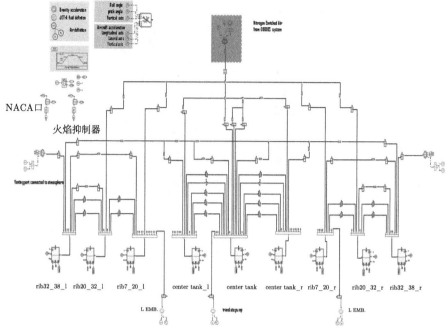

图 2.21　防爆系统 AMESim 仿真模型示例

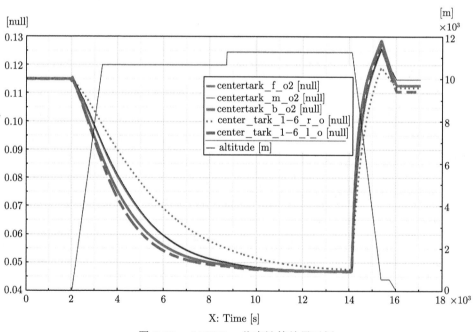

图 2.22　AMESim 仿真计算结果示例

2.5 系统台架试验与飞行试验

防爆系统设计完成并通过详细设计评审后，将进入全面试制和试验阶段，必须进行台架试验和飞行试验来验证自身及相关交联系统是否能匹配一致。

2.5.1 系统台架试验

台架试验将验证的项目包括：启动试验、功能检查、安全性试验、性能试验等。各试验科目的试验程序可参考如下。

1. 启动试验

根据下列步骤，确认防爆系统可以正常工作。

(1) 根据防爆系统的设计，设置电源、航电、气源、空调、燃油、防火等相关系统的交联信号，使其满足系统正常工作条件。

(2) 按需开启地面冷却系统，使其冷却能力达到设计要求，并持续提供冷却气体。

(3) 调节气源系统向防爆系统的供气压力，使其达到设计范围。

(4) 调节气源系统向防爆系统的供气温度，使其达到设计范围。

2. 功能检查

防爆系统正常启动后，保持正常工作 3～5min，按下列顺序进行功能检查。

(1) 确认引气调节功能是否正常。测量引气的温度和压力是否达到设计要求，测量空气分离器前的温度和压力是否达到设计要求。

(2) 确认空气分离功能是否正常。利用便携式测氧仪，测量空气分离器富氧气体排气口处氧浓度是否达到设计要求。

(3) 确认富氮气体分配功能是否正常。测量燃油箱内氧浓度的变化，检查燃油箱内氧浓度是否持续降低。

(4) 确认健康监控功能是否正常。按设计要求触发氧浓度传感器对富氮气体中氧浓度的检测，检查富氮气体氧浓度是否达到设计要求。

(5) 确认流量控制功能是否正常。按设计要求触发富氮气体流量模式的改变，确认相关流量控制阀的工作是否达到设计要求。

3. 安全性试验

为了确保防爆系统和燃油箱的安全，应进行系统安全性试验。

1) 机载制氮系统安全性试验

机载制氮系统安全性试验包括超温切断试验、超压切断试验、断电保护试验等。

(1) 超温切断试验：在防爆系统正常工作后，分别模拟系统任一温度传感器的数值超过设计范围，检查系统是否按要求在规定时间内关闭 (注意：试验包括所有的超温切断模式，如果该传感器有多个通道，则每一通道都应单独验证)。

(2) 超压切断试验：在系统正常工作后，分别触发系统任一压力传感器的数值高于或低于设计范围，检查系统是否按要求在规定时间内关闭。

(3) 断电保护试验：在系统正常工作后，分别断开任一切断阀的连接线，检查系统是否按要求在规定时间内关闭。

2) 富氮气体分配子系统安全性试验

富氮气体分配子系统安全性试验主要考查燃油是否会从气体分配管路倒灌进入上游设备和管路内。该试验应在防爆系统和高温引气模拟子系统都关闭后进行。

在被惰化的试验燃油箱内加满燃油 (或等效的安全流体)，操作试验台架模拟飞机大姿态的滚转和俯仰动作，每个方向上做到设计允许的最大值，重复 3~5 次后，检查是否有液体从气体分配管路倒流至上游设备或管路内。

4. 性能试验

性能试验由空气分离、引气调节和富氮气体分配三部分组成。

1) 空气分离性能试验

空气分离性能参数是富氮气体流量和氧浓度，这两个性能参数受到空气分离器进口温度、空气分离器进口压力、富氮气体流量、富氧气体出口压力等参数的影响。采用控制单一因素变化方法，检测空气分离器产出的富氮气体流量和氧浓度，步骤如下：

(1) 控制进口温度作为单一因素进行线性变化，按设计范围分别记录不同试验条件下，空气分离器产出的富氮气体流量和氧浓度与进口温度的关系。

(2) 控制进口压力作为单一因素进行线性变化，按设计范围分别记录不同试验条件下，记录空气分离器产出的富氮气体流量和氧浓度与进口压力的关系。

(3) 控制富氮气体流量作为单一因素进行变化，按设计范围分别记录不同试验条件下，记录空气分离器产出的富氮气体流量和氧浓度与富氮气体流量的关系。

(4) 控制富氧气体出口压力作为单一因素进行线性变化，按设计范围分别记录不同试验条件下，记录空气分离器产出的富氮气体流量和氧浓度与富氧气体出口压力的关系。

2) 引气调节性能试验

引气调节系统性能试验采用高温气体作为制取富氮气体的气源，需要断开油箱入口处的富氮气体分配管路，以防止高温气体进入燃油箱，并做好相关管路的密封工作，防止燃油倒流。在进行引气调节系统性能试验时，分别在不同的流量模式下，完成引气调节性能试验，步骤如下：

(1) 使防爆系统正常工作。

(2) 按需调节交联信号，使防爆系统工作在小/大流量模式下。

(3) 调节冲压空气温度和压力至该流量模式下最严酷工况。

(4) 调节引气温度和压力至该流量模式下最严酷工况。

(5) 记录换热器热边进出口温度、压力和流量。

(6) 记录换热器冷边进出口温度、压力和流量。

3) 富氮气体分配性能试验

富氮气体分配性能包含地面阶段、巡航阶段、下降阶段三个部分，试验相关主要流程如下：

(1) 地面阶段分配性能。

① 确认被惰化的燃油箱为空；

② 确认燃油箱内氧浓度为当地大气水平；

③ 使防爆系统正常工作；

④ 向试验燃油箱内通入设计浓度的富氮气体，富氮气体流量和燃油箱的缩比保持匹配；

⑤ 试验时间按照典型飞行剖面选取；持续记录燃油箱各隔舱的氧浓度变化。

(2) 巡航阶段分配性能。

① 确认被惰化燃油箱的燃油 (或等效的安全流体) 量配置符合特定巡航高度的实际情况，同时模拟各燃油箱油量消耗；

② 确认燃油箱内初始氧浓度属于设计范围；

③ 使防爆系统正常工作；

④ 向试验燃油箱内通入设计浓度的富氮气体，富氮气体流量和燃油箱的缩比保持一致；

⑤ 试验时间按照实际巡航时间选取，持续记录燃油箱各隔舱的氧浓度变化。

(3) 下降阶段分配性能。

① 确认被惰化的燃油箱为空；

② 确认燃油箱内初始氧浓度属于设计范围；

③ 使防爆系统正常工作，富氮气体通入燃油箱内；

④ 按照典型的下降阶段飞行剖面进行引气压力和温度设定；

⑤ 按照典型的下降阶段飞行剖面进行大气压力设定来控制燃油箱内气压和富氧气体排气口压力；

⑥ 按照典型的下降阶段飞行剖面进行流量模式设定，持续记录燃油箱各隔舱的氧浓度变化。

2.5.2　飞行验证试验

防爆系统应通过飞行状态下的试验验证，所采集的相关参数与实验室验证试验应保持一致；在飞行试验中，应保持以不低于 2500ft/min 的速率下降至 4000ft 高度，然后再以平均下降率不低于 500ft/min 的下降速率进场着陆 (特殊机型除外)[11]；在正常而规律的航线运营中，飞机落地后且防爆系统停止工作时，一般被惰化的燃油箱隔舱的氧浓度都应不高于 11%。

1. 测点布置

燃油箱内氧浓度测点的布置，应充分考虑燃油箱的结构和通气系统的设计，将测点布置在通气管路附近，以捕捉氧浓度变化最敏感的位置，同时也要布置在气体射流难以到达的角落，以全面监控整个燃油箱的氧浓度分布，以利于后期改进和优化富氮气体排气口的设计。氧浓度测试仪的吸气口必须布置在燃油箱内最高处，以减少燃油的浸没和倒流。

2. 燃油箱内氧浓度测量

以二氧化锆等固态电解质电池为基础的氧传感器主要用于测量各种气氛中氧含量，20 世纪 70 年代，德国 Bosch 公司成功地将二氧化锆氧传感器应用于 Volvo 汽车尾气排放控制系统，由氧传感器和三元催化转换器构成的闭环控制系统极大地减少了发动机产生的有害排放物，并很好地满足了汽车尾气排放法规要求。当氧化锆传感器被置于汽车发动机尾气环境中时，汽车尾气中的氧气和传感器参考空气中的氧气形成一个浓度差，在一定温度下氧气在铂电极上催化电离，氧离子穿透电解质层，形成渗透电压，再通过电压解算出氧浓度。为了获得快速而稳定的电压反馈，需要将氧化锆加热到 600℃ 以上[12]。

燃油箱内的气体富含燃油蒸气，JET A、3 号燃油蒸气的自燃点一般在 232℃ 左右，高温的氧化锆很可能点燃燃油蒸气，从而导致火焰逆流而上进入燃油箱。防爆系统一般在油箱外都安装有氧化锆氧浓度测试仪等来监控富氮气体的氧浓度，富氮气体本身就是不可燃的，所以不会产生危险，同时在整个飞行中该氧浓度传感器只测量一次，因此危险时间非常短。在防爆系统进行飞行试验的过程中，需要实时采集每个燃油箱内的氧浓度数据，飞行时间可长达 4~5h，每分钟每个燃油箱需要测量 1~4 次，如果采用氧化锆这种电加热的氧传感器，则将对燃油箱的安全造成严重威胁，因此氧化锆这一类氧传感器无法应用于燃油箱内氧浓度的测量。

国外 OXIGRAF 公司开发了一种基于激光原理的氧浓度测量设备，根据氧气分子对激光的吸收特性，通过计算气体对 760~765nm 的激光吸收率，计算出氧分子浓度。该设备已经成功地应用到 A320、B747 和 C919 防爆系统飞行试验中。

2.6 系统安全性评估与适航符合性方法

适航符合性与安全性评估的目的就是确认系统设计满足相关适航规章和安全性要求，主要包括 FAR-25[13]、CCAR-25[14] 和 CS-25[15]，适航与安全性评估的过程是系统安全性需求捕获、分配、确认、设计实现和验证的过程，是飞机研制过程中不可或缺的重要部分。

2.6.1 系统安全性评估

安全性评估工作贯穿整个飞机产品周期，其工作流程如图 2.23 所示。在概念设计阶段，就需要编制适用于飞机研制过程的安全性公共数据文件 (SCDD)，供各系统采用，随后防爆系统根据飞机级功能再进行自身的功能分解。

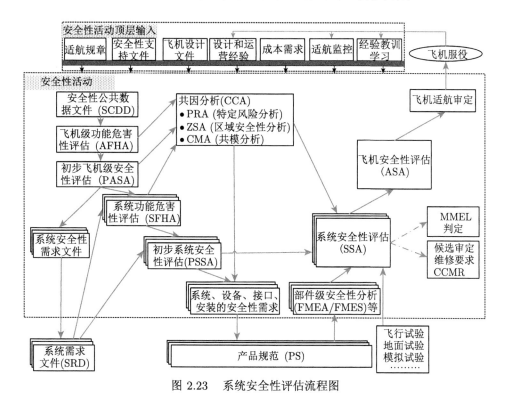

图 2.23   系统安全性评估流程图

防爆系统将从气源系统或座舱系统引入的气体进行调温、调压、过滤、臭氧转换等处理后，通过空气分离模块分离出富氮气体，富氮气体充入燃油箱气相空间，使油箱惰化，富氧气体排出机外，其包含以下主要功能。

(1) 引气温度调节：调节引气的压力、温度、臭氧浓度，以满足空气分离器的入口要求。

(2) 超温切断：在系统气体温度超过正常范围时，切断防爆系统，防止高温气体进入燃油箱，同时也防止设备损坏。

(3) 超压切断：在系统气体压力超过正常范围时，切断防爆系统，防止高压气体进入燃油箱，同时防止设备损坏。

(4) 空气分离：去除气体中的杂质、水分、污染物等，分离空气中的氧气和氮气，得到富氮气体和富氧气体，富氮气体通入燃油箱，富氧气体排出机外。

(5) 富氮气体分配：将富氮气体通入燃油箱内，使其在各目标油箱内快速均匀分布，使燃油箱内的氧浓度尽快降低到安全范围内。

(6) 防止燃油/燃油蒸气倒流：防止燃油箱内的燃油通过富氮气体分配管路倒流进入上游部件，以免造成部件损坏或火灾。

(7) 其他公共功能：包括记录飞机运营数据、确保维修和维护人员的安全、支持机载设备维护和软件升级、支持飞机构型控制等。

针对上述 (1)~(6) 的功能，开展功能危害性分析 (functional hazard assessment，FHA)，防爆系统 FHA 是一种自上而下的分析方法，确定功能和失效状态并评估其影响，评估主要包括以下内容。

(1) 确定与系统相关的所有功能 (包括内部功能和交互功能)。

(2) 识别系统功能的所有失效状态，考虑所有的单一和多重失效状态。

(3) 确定该失效状态出现时所处的工作状态或飞行阶段。

(4) 确定失效状态对飞机或人员的影响。

(5) 确定失效状态的影响等级，根据失效状态对飞机或人员的影响对其进行分类。

(6) 给出用于证明失效状态影响等级的支撑材料。

(7) 提出对安全性要求的符合性验证方法。

失效影响等级根据其对飞机及其乘员等的影响程度大小来确定。参考 AC 25.1309-1B[16]、AMC 25.1309、SAE ARP 4761 等有关文献，大型客机失效状态的影响等级分为五类，即灾难性的 (catastrophic)、危险的 (hazardous)、较大的 (major)、较小的 (minor) 和无安全影响的 (no safety effect)，各影响等级对飞机、机组、乘客的影响及概率要求如表 2.4 所示。

由系统级 FHA 确定的安全性准则 (各功能失效的概率要求) 能否满足要求，还必须通过进一步的安全性评估方法进行验证。对于 "无安全影响的" 和 "较小的" 失效状态，只需通过设计及安装评估说明该失效状态是较小的即可。对于 "较大的"、"危险的" 和 "灾难性的" 失效状态，则需要通过故障树进行定量的评估，来证明其满足要求。

表 2.4 失效状态各等级的影响及概率要求

分类	无安全影响的	较小的	较大的	危险的	灾难性的
对飞机的影响	对飞机运行能力和安全性没有影响	轻微降低飞机运行能力或安全裕度	较大降低飞机运行能力或安全裕度	极大降低飞机运行能力或安全裕度	妨碍飞机持续安全飞行或着陆
失效状态分类	V 类	IV 类	III 类	II 类	I 类
对飞行机组影响	没有影响	机组使用正常程序，轻微增加工作负荷	机组使用非正常程序，身体不舒适且较大地增加工作负荷	机组使用应急程序，并处于危险状态，工作负荷极大增加，完成任务的能力极大降低	致命的或丧失能力
对乘客和客舱机舱的影响	不方便	身体不舒适	身体极度不适，可能受伤	少部分乘客或客舱机组严重受伤或死亡	较多乘客或客舱机组死亡
定性概率要求	经常	不经常	微小	极微小	极不可能
定量概率要求 (每飞行小时)	无	10^{-3}	10^{-5}	10^{-7}	10^{-9}

对于简单的或者常规的系统，一般要进行故障模式及影响分析 (failure mode and effect analysis, FMEA)、定性的故障树分析 (fault tree analysis，FTA)、关联图分析 (dependence diagram analysis, DDA) 等方法进行验证；对于复杂系统，则要通过 FMEA、定量 FTA、DDA、马尔可夫分析 (Markov analysis，MA) 等方法进行验证，其中 FMEA 和定量 FTA 较为常用。

在初步设计阶段，系统安全性工程师将针对现有的初步设计方案和构架进行安全性评估，以系统的功能危害分析为基础 (表2.5)，形成初步的安全性评估 (PSSA) 报告，PSSA 报告中分配的安全性指标将在系统安全性评估 (SSA) 报告中进行验证，同时 SSA 报告也要纳入共因分析 (CCA)、故障模式及影响分析 (FMEA) 和试验验证的结果，成为对系统安全性的完整评估。

表 2.5 防爆系统功能危害分析 (SFHA) 表

序号	功能	失效状态	工作状态或飞行阶段	危险对飞机或人员的影响	影响等级	验证方法
1	温度调节	引气超温	ALL	飞机：引气被超温切断，防爆系统关闭 机组：无 乘客：无	较小的	FMEA
2	超温切断	高温气体进入燃油箱	ALL	飞机：可能引起飞机着火或爆炸 机组：无法控制飞机 乘客：可能导致大部分乘客死亡	灾难性的	FMEA FTA CCA

续表

序号	功能	失效状态	工作状态 或飞行阶段	危险对飞机或 人员的影响	影响等级	验证方法
3	压力控制	不可探测的高压 气体进入燃油箱	ALL	飞机：可能导致防爆系统部件损 坏，导致燃油箱轻微超压 机组：无 乘客：无	较小的	FMEA
4	空气分离	空气分离功能失效， 无法产生足够的富 氮气体进入燃油箱	ALL	飞机：可能降低飞机的安全裕度 机组：无 乘客：无	较小的	FMEA
5	阻止燃油或 燃油蒸气倒流	不能阻止燃油或 燃油蒸气倒流入 机载制氮系统高 温部件	ALL	飞机：可能使机载制氮系统管 路内产生火焰，可能引发火灾 机组：可能极难控制飞机 乘客：可能导致客舱着火爆炸	危险的	FMEA FTA CCA
6	富氮气体分配	富氮气体分配不 均匀	ALL	飞机：可能降低飞机的安全裕度 机组：无 乘客：无	较小的	FMEA

注：ALL 表示全部飞行阶段。

2.6.2   适航符合性方法

1. 燃油箱可燃性要求

通常空的且位于机身内的燃油箱 (条件缺一不可)，其可燃性应满足 CCAR 25.981 附录 M25.1(b) 暖天小于 3%FEET 的要求 (包括地面和爬升等)；除此之外，燃油箱可燃性要求为 FAFE (机队平均可燃暴露率) 小于 3%FEET，或者等效传统的非加热铝制金属机翼油箱的可燃性，取大者。

如果采用了降低可燃性措施 (FRM)，除了规定每一燃油箱的机队平均可燃暴露时间不得超过 CCAR25 部附录 N 定义的可燃性暴露评估时间 (FEET) 的 3%，且在这 3%当中，下列每段时间均不得超过 FEET 的 1.8%：

(1) FRM 工作，但燃油箱没有惰性化并且可燃。

(2) FRM 不工作，燃油箱可燃。

FRM 的验证、维修性、持续适航等要求应按 CCAR25 部附录 M25.2～ M25.5 的要求。

2. 燃油箱类型及可燃性标准

常见的燃油箱类型及其适用的可燃性标准可参考表 2.6。

表 2.6 不同燃油箱类型的可燃性适用标准

油箱类型			可燃性标准	
位置	功能	材料	25.981 (b)	M25.1 (b)
机身外油箱	主油箱	复材	适用	不适用
		传统铝制	适用	不适用
	非主油箱 (常空油箱)	复材	适用	不适用
		传统铝制	适用	不适用
机身内 (或部分机身内) 油箱	主油箱	复材	适用	不适用
		传统铝制	适用	不适用
	非主油箱 (常空油箱)	复材	适用	适用
		传统铝制	适用	适用

3. 可燃性适航要求流程

FAA 认可的 FAR 规定的燃油箱可燃性适航要求分析流程见图 2.24。

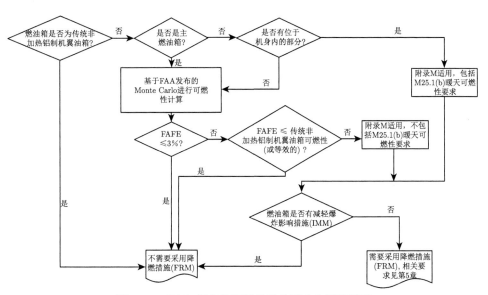

图 2.24 FAR 规定的可燃性适航要求分析流程图

对比 FAR25.981 条款可燃性要求,CS 25.981(b) 条款关于可燃性的要求有所不同。EASA 在燃油箱安全方面的观点较简单,认为大部分燃油箱爆炸事故是由于热量传递到燃油箱引起,因此 EASA 更注重通过限制向燃油箱传递热量而非借助 FRM(诸如加装惰化系统) 来解决问题。体现在条款要求上,EASA 对机身内燃油箱的可燃性要求和机身外一样，未如 FAA 针对机身内燃油箱提出特殊要求，故 EASA 给予工业方更大的发挥空间。

CS 25.981 条款燃油箱可燃性要求分析流程应按图 2.25 进行。

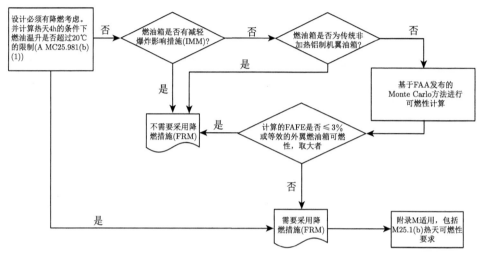

图 2.25　CS 25.981 条款燃油箱可燃性要求分析流程图

虽然 CS 25.981 条款针对不同类型的燃油箱可燃性要求相同，但若燃油箱采用了 FRM，就必须满足附录 M25.1(b) 严格的可燃性要求。而 FAR 25.981 条款的燃油箱可燃性要求和是否采用 FRM 没有直接关系，故相比 CS 25.981 条款的降低可燃性措施选择余地较小。

CS 25.981 对 FRM 也有规章要求，如可靠性、性能、维护、持续适航等方面，等同于 FAR 25.981 的条款符合性方法。一般防爆系统的符合性方法，可参考表 2.7，并根据具体情况酌情删减。

表 2.7　FAR 25.981 条款符合性方法参考表

型号			飞机燃油箱防爆审定计划											
规章	条款	ATA	符合性方法										验证说明	备注
			0	1	2	3	4	5	6	7	8	9		
FAR/CCAR 25	25.981(a)(1)	47		1									1. 设计说明：说明燃油箱和燃油箱系统在正常和故障以及各种故障组合的失效情况下，温度不会超过 400°F，离 JET A、3 号燃油自燃点留有 50°F 的余度	

型号			飞机燃油箱防爆审定计划											
规章	条款	ATA	符合性方法										验证说明	备注
			0	1	2	3	4	5	6	7	8	9		
FAR/CCAR 25	25.981 (a)(2)	47		1		3							1. 设计说明：说明防爆系统在正常和故障状态下温度不会超过 400°F。 3. 安全性分析：分析高温气体进入燃油箱的概率为极不可能	
FAR/CCAR 25	25.981 (a)(3)	47		1	2	3	4			7		9	1. 设计说明：说明单点失效、每个单点失效与每个没有表明为概率极小的潜在失效条件的组合或者所有没有表明为极不可能的失效组合不会导致防爆系统产生点火源。 2. 计算分析：分析防爆系统在各种正常、故障状态及故障状态组合不会导致油箱内出现点火源。 3. 安全性分析：分析各种可能导致点火源的故障及故障组合。 4. 防爆系统规划完成相关台架验证试验。 9. 部件试验：防爆系统的所有设备应完成 RTCA DO-160G 规定的防爆鉴定试验，表明不会产生点火源。同时需完成防爆系统安全性鉴定试验，表明高温气体不可能进入燃油箱内	

续表

型号			飞机燃油箱防爆审定计划												
规章	条款	ATA	符合性方法										验证说明	备注
			0	1	2	3	4	5	6	7	8	9		
FAR/CCAR 25	25.981(b)	47		1	2			5	6				9	1. 设计说明，说明防爆系统的方案，设计特征。 2. 分析说明，对于中央翼油箱，通过基于 FAA 发布的 DOT/FAA/AR- 05/8 Monte Carlo 计算程序，计算燃油箱可燃暴露率，满足附录 M 的要求。对于机翼金属油箱，通过分析说明其等效为传统非加热铝制机翼油箱，无须加装惰化系统即可满足条款要求。 5. 地面试验，通过机上地面试验检查燃油箱系统的惰性保持能力，采集燃油箱温度曲线，为燃油箱可燃性分析和 FRM 模型验证提供支持。 6. 飞行试验，采集不同飞行包线下，油箱内不同点的油温，为 Monte Carlo 分析的热参数提供验证支持。采集不同飞行包线下，油箱内氧气浓度，验证 Monte Carlo 分析所需要的 FRM 模型的准确性。 9. 部件试验，防爆系统的所有设备应完成 RTCA DO-160G 规定的鉴定试验，可通过试验或相似性分析来表明，表明在预期的地面和飞行环境下工作正常	
FAR/CCAR 25	25.981(c)	47		1										1. 设计说明：说明飞机未采用减轻点火源危害的措施（该条款一般不适用于现代民用飞机）	

续表

型号			飞机燃油箱防爆审定计划											
规章	条款	ATA	符合性方法										验证说明	备注
			0	1	2	3	4	5	6	7	8	9		
FAR/CCAR 25	25.981(d)	47		1	2	3				7			1.设计说明:编制持续适航报告说明初始适航所符合的燃油箱防爆特性会在持续适航阶段得以保持,同时需要说明为保持燃油箱防爆特性而建议进行的功能性检查、目击检查等。 2.计算分析:分析哪些点火源防护特性会随检查、时间等因素退化或损失。 3. 安全性分析:分析哪些情况会形成燃油箱点火源。 7. 机上检查:检查 CD-CCL 项目的维修可达性	

参 考 文 献

[1] SAE AEROSPACE. SAE ARP4754A Guidelines for Development of Civil Aircraft and Systems[S]. 2010.

[2] SAE AEROSPACE. SAE ARP4761 Guidelines and Methods for Conducting the Safety Assessment Process on Civil Airborne Systems and Equipment[S]. 1996.

[3] 刘卫华, 刘春阳, 薛勇. 油箱可燃性与适航符合性方法 [M]. 北京: 科学出版社, 2018.

[4] Aerospace and Defence Industries Association of Europe. S1000D-I9005-01000-00 International specification for technical publications using a common source database[S]. 2012.

[5] Summer S M. Fuel Tank Flammability Assessment Method User's Manual[R]. DOT/FAA/AR-05/8. Washington, DC, USA: Air Traffic Organization Operations Planning Office of Aviation Research and Development, 2008.

[6] 刘卫华, 冯诗愚. 飞机燃油箱惰化技术 [M]. 北京:科学出版社,2018.

[7] 陈懋章. 粘性流体力学基础 [M]. 北京:高等教育出版社, 2002.

[8] 钱翼稷. 空气动力学 [M]. 北京:北京航空航天大学出版社,2004.

[9] Jesus A B, Oliveira G L, Brodt C S. A Methodology for the Design of APU Air Inlets for Regional Commercial Aircraft[C]//41st Aerospace Sciences Meeting and Exhibit, 2003.

[10] Glibey R W. Drag and pressure recovery characteristics of auxiliary air inlets at subsonic speeds[R]. NACA RM-86002, 1993.

[11] AC 25.981-2A. Fuel Tank Flammability Reduction Means. Federal Aviation Administration [R]. Federal Aviation Administration,2008.

[12] 王杰. 车用氧传感器及空燃比测试仪研究 [D]. 武汉:华中科技大学, 2017.

[13]   Federal Aviation Administration. FAR25 Federal Aviation Regulation[R]. 2007.

[14]   中国民用航空局. 运输类飞机适航标准 CCAR-25-R4[R].2011.

[15]   European Aviation Safety Agency. CS-25 Certification Specifications for Large Aero-
       planes [R]. 2008.

[16]   FAA. AC 25. 1309-1B System Design and Analysis FAA Draft [Z]. FAA，1981.

第 3 章 臭氧转换器设计

尽管大气中的臭氧 90% 存在于平流层, 且平流层臭氧对于阻挡紫外线、保护地球生物和人类生存环境具有重要作用, 但是, 当飞机进入巡航高度时, 平流层臭氧将随着发动机引气而进入油箱防爆系统。具有极强氧化性的臭氧将对高分子机载空气分离膜造成损伤, 并严重影响空气分离膜使用寿命和运行效率, 使得油箱防爆系统过早失效。

受空间和重量限制, 防爆系统对机载臭氧转换器提出了十分苛刻的要求, 其不仅要有较高的处理强度、净化效率, 而且要有长的使用寿命, 而目前国产机载臭氧转换器尚处于实验室研制阶段, 工业产品尚未定型, 因此, 它亦成为油箱防爆系统亟须解决的关键技术之一。

本章将系统地总结我们在机载臭氧转换器研究方面已取得的成果, 以为该产品的工业化生产提供有益的指导。

3.1 臭氧及处理方法

臭氧 (O_3) 是由 3 个氧原子构成的氧气的同素异形体, 具有 C_{2v} 对称弯曲结构, 角度为 116.79°, O—O 键距离为 0.128nm, 其共振结构式如图 3.1 所示。

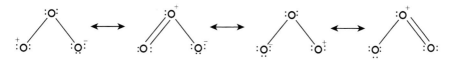

图 3.1 臭氧的共振结构式

臭氧具有极强的氧化能力, 其氧化性仅弱于氟、原子氧和羟基自由基; 它能与元素周期表中除贵金属、氟和惰性气体外的所有元素发生反应; 常温下臭氧是一种浅蓝色带有特殊腥味的气体, −112℃ 下冷凝为靛蓝色液体, −195℃ 时凝固为蓝紫色固体; 臭氧分子热力学不稳定, 易发生放热分解反应, 其标准反应焓为 −142kJ/mol, 标准反应自由能为 163kJ/mol[1]; 30℃ 下臭氧的半衰期为 3d, 250℃ 下半衰期缩短为 1.5s[2], 因此, 臭氧热分解时往往需要加热至 250℃ 以上, 而完全分解则需要 350℃ 以上。

$$O_3 \rightarrow 3/2O_2 \tag{3.1}$$

　　常用的臭氧净化技术方法有大气稀释法、药液吸收法、活性炭吸附法、热分解法、电磁波辐射分解法、光催化法和催化分解法等，具体详见表 3.1。

表 3.1　常用的臭氧净化技术

技术方法	原理	特点
大气稀释法	通过通风设备引入外界空气	设备成本较低，但受外界空气品质控制
药液吸收法	用硫代硫酸钠或亚硫酸钠溶液等吸收	存在废液处理的问题
活性炭吸附法	活性炭吸附作用	简单方便，但需要经常更换或再生
催化分解法	催化分解臭氧	分解率高、长期稳定，但成本较高
电磁波辐射分解法	采用紫外线或 $1200 \sim 1300nm$ 的近红外线照射臭氧，在光的激发下，臭氧先转化为单线态 O_2，然后再转化为基态 O_2	转化过程中能耗较高
热分解法	将气体加热到 $400℃$ 以上，通过热分解或燃烧发生氧化还原反应，除去臭氧	费用高，能耗大

　　活性炭吸附作为一种简单、低成本的脱除方法，常被用于低浓度 O_3 的脱除；但对于高浓度 O_3，活性炭吸附工艺散热量大，处理不当容易发生爆炸；此外，活性炭容易失活，需要不断再生或更换，且去除效率受湿度、气流、压力、臭氧浓度等因素影响，局限性较大。

　　热分解脱除臭氧需要将气体加热至 $400℃$ 左右，它对高浓度 O_3 有良好的脱除效果，但该方法仅适用于工业废气处理。

　　药液吸收使用的试剂主要是硫代硫酸钠或亚硫酸钠，这种方法的最大问题是废液难以处理。

　　由于油箱防爆系统中的臭氧转换，气体空速大、对臭氧转换器单位体积或单位质量处理能力要求高，需要满足高湿度条件下连续数千小时的臭氧高效转换，因此，常规的污染物催化净化方法亦无法满足其技术要求，机载臭氧转换器普遍采用了催化分解技术。

　　因反应条件温和、处理效率高、环境友好、安全、经济、稳定等优点，O_3 催化分解已成为当前研究热点，然而，O_3 的催化分解也存在众多挑战，如：臭氧分解催化剂筛选、臭氧分解机理研究、臭氧分解催化剂失活与再生、规整结构臭氧分解催化剂制备、臭氧转换器设计与集成等。

3.2　臭氧分解催化剂

　　按分类方式不同，非均相臭氧分解催化剂可分为不同类型，如图 3.2 所示[3]。如：按照活性组分不同可分为过渡金属氧化物催化剂和贵金属催化剂；按照催化剂结构不同可分为负载型催化剂和非负载型催化剂；按照催化剂构型可分成颗粒催化剂和整体蜂窝催化剂，其中，整体蜂窝催化剂又可以根据蜂窝载体材质的不同分为陶瓷基和金属蜂窝催化剂，等等。此外，随着材料合成和表征技术的发展，一些规整结构材料，如 MOFs、分子筛等催化剂亦在臭氧催化分解方面表现出优异性能。不同活性组分的臭氧分解机理不同，一般而言，臭氧将首先吸附在催化剂表面，然后再分解为氧分子和原子氧，残留的原子氧组分和另一个臭氧分子反应生成过氧或超氧物种和氧分子，吸附的过氧或超氧物种又分解成氧气分子，并从催化剂表面解吸。不同的活性组分上，反应的决速步骤不同，可以通过调变催化剂组成和结构来改变臭氧及中间态氧物种的吸附和反应性能，从而优化催化剂性能。

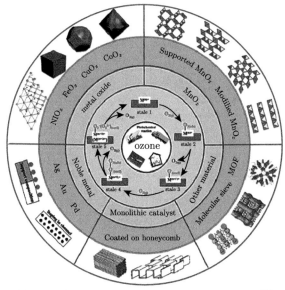

图 3.2　主要的气相臭氧分解催化剂及反应机理[3]

　　目前，臭氧分解催化剂面临的一个关键问题就是催化剂寿命有待进一步提升，特别是为满足油箱防爆系统臭氧转化的需要，不仅要解决高空速、高湿度情况下，臭氧催化剂的活性、稳定性和耐水性问题；同时，还需要规避燃油和其他挥发性有机化合物 (VOCs) 在催化剂表面的吸附沉积以及其与臭氧竞争吸附导致的催化剂性能衰减；此外，润滑油中 S、P 和 Si 的沉积也是导致催化剂活性降低的原因。

　　为了解决上述问题，人们已开展了大量的相关研究，如：通过催化剂活性组分以及制备条件优化，提高活性组分和载体的协同效应；结合催化剂催化脱除臭氧性能评价和微观结构表征，借助原位臭氧分解性能和动力学反应机理研究，以提升催化剂臭氧分解性能；考察真实工况下催化剂的稳定性，揭示催化剂失活机理，提出催化剂的再生方法，等等。具体可见图 3.3。

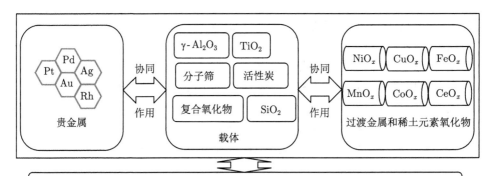

图 3.3 气相臭氧分解催化剂主要研究热点

3.2.1 贵金属臭氧分解催化剂

贵金属特殊的电子结构，使其具有优良的臭氧催化分解性能和耐水性能，目前研究较多的贵金属有 Ag、Pt、Pd、Au 和 Rh 等。

1. Ag 催化剂

Ag 原子的 d 轨道全充满，第一离子化能量是 731kJ/mol (7.58eV)，电负性为 1.9，比较难失去电子，因此，Ag 和反应物分子间的相互作用比较弱。研究表明：在重构的 Ag(111) 晶面上将形成新的氧物种，这些物种活性在一些氧化反应中比表面吸附的氧物种活性还要强。此外，和其他贵金属元素相比，Ag 的熔点 (961.93℃) 比 Au (1064.58℃)、Pd (1552℃) 和 Pt (1772℃) 低，因此在催化剂制备时需要规避 Ag 高温烧结问题。

Ag 的分散度以及颗粒尺寸都会影响 Ag 和载体的相互作用，从而影响其催化性能。目前，负载 Ag 催化剂的制备方法[4] 包括浸渍法、离子混合法、混合法、燃烧法、简单的固相反应法、超临界液体沉积法、后合成嫁接法、直接合成法、共沉淀和沉积沉淀法等。提高 Ag 催化剂臭氧分解活性的主要策略包括：① 高比表面、适中酸性和孔结构载体使用；② 优化的 Ag 担载量；③ 碱性金属改性；等等。

Kumar 等[5] 通过硝酸银等体积浸渍将 Ag 负载在 H-MCM-41-50、H-Beta-11 和 SiO₂ 载体上制得催化剂，并研究了该催化剂在室温下催化分解臭氧的性能，其结论是: 具有最高臭氧分解活性的是酸性中等的 5%(质量分数) Ag-H-MCM-41-50 (98%) 介孔分子筛催化剂, 其次是 5%Ag-SiO$_2$ (90%) 催化剂, 酸性最强的 5%Ag-H-Beta-11 催化剂则臭氧分解能力最低; Ag 的含量会影响臭氧分解性能, 5%Ag-H-MCM-41-50 比 2%Ag-H-MCM-41-50 具有更高的臭氧分解能力; 臭氧分子主要吸附在弱酸性位, 形成更多的含氧中间物种如臭氧离子 (O$_3^-$) 和氧离子 (O$^-$), 从而提高了臭氧的分解活性。

Ag 在催化剂表面可以两种形式存在: 孤立离子和团簇。在低负载量时, 以孤立 Ag 离子形式存在; 在高负载量时, 以团簇的形式存在。孤立的 Ag 离子具有更高催化活性, 因此, 在高含量时, 载体的比表面积更为重要。

Imamura 等[6] 研究了臭氧在银催化剂上的分解行为。金属氧化物催化剂的臭氧脱除活性随催化剂的表面积和表面氧量成算术级数增加, 在引入臭氧后, 金属氧化物导电性的变化说明表面形成了含有负电荷的氧组分。Ag 催化剂具有最高的催化活性, Ag 表面氧组分的反应活性高于在 Co、Ni、Fe 和 Mn 等过渡金属氧化物表面。

Nikolov 等[7] 分别通过湿式浸渍和离子交换法制得 Ag/SiO$_2$ 和 Ag/斜发沸石催化剂, 研究发现: Ag 催化剂比 Co、Ni、Fe、Mn、Ce、Cu、Pb、Bi、Sn、Mo 和 V 具有更高的催化臭氧分解活性; 而且 Ag 在 SiO$_2$ 表面以 Ag^0 的形式存在, 其有优良的臭氧分解性能; 而 Ag/斜发沸石催化剂上 Ag 会进入分子筛孔道内, 其活性低于 Ag^0; 但在 Ag/SiO$_2$ 催化剂上, 新鲜催化剂中的 Ag 以 Ag^0 的形式存在, 臭氧氧化后, 存在的 Ag^0 很容易被氧化为 Ag$_2$O$_3$ 和 AgO 而失活, 尽管进入分子筛骨架的 Ag$^+$ 具有较低的催化臭氧分解能力, 但 Ag/斜发沸石催化剂的稳定性比较好。

Naydenov 等[8] 研究发现: Ag/SiO$_2$ 催化剂在 $-40\sim25°C$ 温度范围内, 反应级数是一级, 反应的活化能为 65kJ/mol, 指前因子是 $5.0\times10^{14}\mathrm{s}^{-1}$; 而且 Ag 的化学价态会随着反应的发生而变化, 从初始的 Ag^0 被氧化为 Ag$_2$O$_3$ 和 AgO。

Li 等[3] 基于反应后 Ag 价态变化, 提出如下臭氧催化分解机理:

$$O_3 + nAg^0 \rightarrow O^-Ag_n^+ + O_2 \tag{3.2}$$

$$O^-Ag_n^+ \rightarrow Ag_2O \tag{3.3}$$

$$O_3 + Ag_2O \rightarrow 2AgO + O_2 \tag{3.4}$$

$$2AgO + O_3 \rightarrow Ag_2O + 2O_2 \tag{3.5}$$

$$2AgO + O_3 \rightarrow Ag_2O(O_x) + 2O_2 \tag{3.6}$$

$$Ag_2O(O_x) + O_3 \rightarrow 2AgO + (1 + x/2)O_2 \tag{3.7}$$

臭氧分解过程中，不同价态 Ag 平衡受到反应温度和臭氧浓度的影响，表 3.2 示出臭氧在不同负载 Ag 催化剂上的分解性能。

表 3.2　臭氧在不同负载 Ag 催化剂上的分解性能比较

催化剂	制备方法	O_3 浓度/ppm	反应温度/°C	空速	相对湿度 RH/%	反应时间/h	O_3 转化率/%	反应速率/(10^{-6}mol·L^{-1}·min^{-1})
5Ag-H-MCM-41-50	IMP	4390	23	133000h^{-1}	无水	6	94	—
Ag/珍珠岩	SP	21000	—	12000h^{-1}	无水	3	75	68.61
Ag/Al$_2$O$_3$	IMP	20000	—	6L·g^{-1}·h^{-1}	无水	3	95	89.29
Ag/CL	IE	20000	—	6L·g^{-1}·h^{-1}	无水	3	85	78.95
Ag/珍珠岩	IMP	24000	25	6L·g^{-1}·h^{-1}	无水	2	20	21.43
Ag/SiO$_2$	IMP	4390	23	133333h^{-1}	无水	120	90	—
5%Ag-H-Beta-11	IMP	4390	0	133333h^{-1}	无水	0.25	45	—
Ag$_2$O	沉淀	3000	0	9000h^{-1}	无水	—	79.5	—

2. Au 基催化剂

由于 Au 比较难氧化，因而长期以来一直被视为不活泼的金属，然而，1987 年和 1989 年 Haruta[9] 研究发现：当 Au 的颗粒尺寸较小时，由于表面缺陷位的增多，Au 的表面吸附和反应性能会提升；尺寸小于 5nm 的超细 Au 颗粒，尤其是负载在金属氧化物表面时，具有高的氧化反应活性，以低温 CO 氧化为例，Au/Fe$_2$O$_3$ 催化剂在 -80°C 仍表现出较高的 CO 催化氧化活性。

自 Haruta 的研究被报道后，Au 催化剂受到了人们的广泛关注，相关研究呈指数增长。Au 催化剂在部分领域表现出比 Pt 系贵金属催化剂更优的性能，如 CO、CO$_2$ 加氢反应，碳氢化合物加氢和选择氧化，烯烃环氧化，NO$_x$ 催化还原、水汽变换反应、VOCs 催化氧化、CO 氧化以及 CO 选择氧化等。负载 Au 催化剂的 O$_3$ 分解性能也被研究报道，从表 3.3 可以看出，Au 基催化剂比 Ag$_2$O/γ-Al$_2$O$_3$ 和过渡金属催化剂具有更高的催化活性[10]。

张博等[11] 采用浸渍法和溶胶负载法，制备了活性炭载金 (Au/AC) 催化剂用于催化分解臭氧，在室温、相对湿度 45%，空速 96000h^{-1}，臭氧初始浓度为 50mg/m^3 条件下，60h 后溶胶负载法制备的催化剂转化率保持在 94% 以上，而浸渍法得到的催化剂，转化率降到 85%。

催化剂的制备条件如前驱体、pH、焙烧温度、干燥方式等[12-14] 直接影响 Au 的粒径分布和表面结构，这些都影响着催化剂的性能，此外，载体的预处理和催化剂后处理方式与条件都会影响臭氧分解性能。

张竞杰等[15] 研究发现，经硝酸和硼氢化钠预处理的活性炭 (AC) 载体，再进行 Au 负载制成的 Au/AC 催化剂，在经 H$_2$ 还原后，催化剂在常温、RH 为 60%、臭氧浓度为 21ppm、空速为 60000h^{-1} 时，反应 16h 内，可使臭氧转化率维持在 100%；反应 100h 后，臭氧的去除率仍保持在 97% 以上。

表 3.3　臭氧在负载 Au 催化剂上的分解性能比较

催化剂	制备方法	O$_3$ 浓度/ppm	反应温度	质量空速/h^{-1}	相对湿度 RH/%	反应时间/h	O$_3$ 转化率/%
Au/NiO	共沉淀	3000	0°C	10000	0	>15	95[a]
Au/Fe$_2$O$_3$	共沉淀	3000	0°C	10000	0	>15	98[a]
Au/AC	溶胶法	23.33	常温	96000	45	60	94
Au/AC	浸渍法	23.33	常温	96000	45	60	85
Au/AC	浸渍法	21.00	常温	60000	60	16	100
						100	97

注：a 新鲜催化剂。

3. Pd 基催化剂

Pd 催化剂和其他催化剂 (Pt、Pd/Ni 和 Ni) 相比，不仅具有最高的臭氧分解活性，而且具有强的耐水性[16]。

Hoke 等[17] 将 Pd 负载到 Al$_2$O$_3$ 上制成 Pd/Al$_2$O$_3$ 催化剂，再将 Pd/Al$_2$O$_3$ 涂覆到汽车散热片上，用于除去气体中的臭氧。在空速 630000h^{-1}、反应温度为 23°C、臭氧初始浓度为 0.25ppm、0.6% 的 H$_2$O 条件下，臭氧转化率为 56%；在 Al$_2$O$_3$ 载体上负载助剂 Mn 后，制成 Pd/Mn/Al$_2$O$_3$ 催化剂，转化率升高到 64%。而且不同载体负载的 Pd 催化剂的臭氧分解活性随反应时间的增加都会出现不同程度降低，见表 3.4。

Ren 等[18] 和 Yu 等[19] 通过溶胶凝胶法制备了 MnO$_x$/Al$_2$O$_3$ 载体，载体在不同温度下焙烧后，负载 Pd 得到 Pd-MnO$_x$/Al$_2$O$_3$，再将该催化剂涂覆到蜂窝陶瓷基体上，在空速 580000h^{-1}、臭氧初始浓度 0.6ppm、反应温度 16~90°C 条件下，该催化剂的臭氧转化率为 100%；催化活性与 MnO$_x$ 的晶体结构、表面 Mn 价态等条件有关，并且浸渍法制得的 Pd-MnO$_x$/Al$_2$O$_3$ 催化剂，Pd、MnO$_x$ 的浸渍顺序会影响催化活性、还原性，以及催化剂的织构和表面电子性质，从而影响催化剂的臭氧分解性能；Pd-MnO$_x$/Al$_2$O$_3$ 与含有相同量活性组分机械混合的 Pd/Al$_2$O$_3$ 和 MnO$_x$/Al$_2$O$_3$ 相比较具有明显优势，说明活性组分 Pd 和 MnO$_x$ 之间存在协同作用。

Ren 等[20] 考察了载体对 Pd-MnO$_x$ 催化剂催化脱除臭氧性能的影响，发现 La-Al$_2$O$_3$ 或 SiO$_2$ 载体上臭氧脱除活性最好，14°C 时臭氧转化率为 82%，完全转化温度为 36℃，γ-Al$_2$O$_3$ 载体次之，Zr-Al$_2$O$_3$ 载体较差；催化剂臭氧分解活性与催化剂氧化还原能力完全吻合；PdO-CeO$_2$/ZSM-5 催化剂，在反应的初始阶段臭氧转化率达 92%，3h 后，臭氧转化率降低到 69%，但是吹扫 24h 后，催化活性几乎完全恢复。

表 3.4　不同负载 Pd 催化剂上的臭氧分解性能比较

催化剂	贵金属担载量/(g/L)	初始 O$_3$ 转化率/%	反应一定时间后臭氧转化率/%	载体的比表面积/(m^2/g)
8%Pd/5%Mn/γ-Al$_2$O$_3^a$	109.84	60	55 (45min 后)	300
8%Pd/5%Mn/θ-Al$_2$O$_3^a$	115.95	64	60 (45min 后)	58
8%Pd/θ-Al$_2$O$_3^a$	115.95	56	44 (45min 后)	58
8%Pd/γ-Al$_2$O$_3$(E-160)^a	134.25	61	57 (45min 后)	180
4.6%Pd/CeO$_2^a$	121.44	59	58 (45min 后)	120
8%Pd/BETA 分子筛 (脱铝)^a	115.95	38	32 (45min 后)	430 (硅铝比 = 250)
5%Pd/C^a	30.51	63	61 (45min 后)	850
8%Pd/DT-51 TiO$_2^a$	109.84	29	20 (45min 后)	110
1.6%Pd/MnO$_x$+1.6%Pd/γ-Al$_2$O$_3^b$	12.20	~100		100
1.6%Pd/MnO$_x$/γ-Al$_2$O$_3^b$	12.20	~95		133
1.6%Pd/γ-Al$_2$O$_3^b$	12.20	70		—
PdMn/SiO$_2$-Al$_2$O$_3^c$		~88.3%	90 (40℃，80h 后)	~100
Pd-MnO$_x$/La-Al$_2$O$_3^d$	15.26	60 (14℃)	100 (66℃，45min 后)	156
Pd-MnO$_x$/SiO$_2^d$	15.26	60 (14℃)	100 (78℃，45min 后)	232
Pd-MnO$_x$/Zr-Al$_2$O$_3^d$	15.26	50 (14℃)	100 (88℃，45min 后)	244
Pd-MnO$_x$/γ-Al$_2$O$_3^d$	15.26	40 (14℃)	100 (80℃，45min 后)	216
Pd-Co-MnO$_x$-Al^e	6.10	100	100 (6h 后) 100 (40h 后)	26.5
Pt-Co-MnO$_x$-Al^e	6.10	40	38 (6h 后)	—
Ag-Co-MnO$_x$-Al^e	6.10	50	48 (6h 后)	—
Co-MnO$_x$-Al^e	109.84	80	60 (6h 后)	—
Pd/Rh^f	20.14/101.91	100 (25℃)	100 (50min 后)	—
Pt/Rh^f	20.14/101.91	60 (25℃)	18 (50min 后)	—

催化剂评价条件：

a 臭氧浓度 0.25ppm，RH = 20%；气体体积空速 = 630000h^{-1}；反应温度：23℃；

b 臭氧浓度 0.6ppm，RH = 85%~90%；气体体积空速 = 450000h^{-1}；反应温度：23℃；

c 臭氧浓度 0.6ppm，RH = 55%~65%；气体体积空速 = 635000h^{-1}；反应温度：26~40℃；

d 臭氧浓度 0.6ppm，RH = 85%~90%；气体体积空速 = 580000h^{-1}；反应温度：14~112℃；

e 臭氧浓度 1500ppm，RH = 60%；催化剂质量空速 = 480000mLg$^{-1}\cdot$h^{-1}；反应温度：25℃；

f 臭氧浓度 588ppm，RH = 0%；气体体积空速 = 15000h^{-1}；反应温度：25℃。

　　Co-MnO$_x$-Al 催化剂中掺入 Pd 后，其活性、稳定性和耐水性能显著提升[21]，Pd 的掺杂促进和稳定 0.1Pd-Co-MnO$_x$/Al$_2$O$_3$/Al-fiber 催化剂中与低价 Mn 相关的氧空穴，显著弱化了水的吸附，但是该催化剂的比表面积较小。

　　Wu 等[22] 将 Pd 负载在具有较大比表面积的活性炭纤维上制得 Pd/活性炭纤维催化剂，由于吸附、化学反应和催化的协同作用，其具有优良的催化性能，在温度高于 90℃ 时，对臭氧具有高的净化效率。在臭氧浓度 37ppm、150℃ 工况下，反应 80h 后，臭氧转化效率仍在 98% 以上，催化剂能够满足飞行 5000h 的要求。

商用 Pt/Rh 和 Pd/Rh 整体蜂窝催化剂相比较，室温下后者具有更高的催化臭氧分解活性[23]。

4. Pt 基催化剂

在消除内外扩散后，液相臭氧催化分解的一些结论也可以应用于气相臭氧的催化分解。Lin[24] 研究发现：在液相中臭氧的自分解可以忽略，催化剂表面臭氧分解的平均反应速率如表 3.5 所示。

表 3.5　催化剂上液相臭氧分解的平均反应速率

催化剂	液相臭氧分解的平均反应速率/$(mg \cdot min^{-1} \cdot mol^{-1})$
Pt/Al_2O_3	900
Pd/Al_2O_3	851.2
Ag/Al_2O_3	841.39
Rh/Al_2O_3	493.92
Ru/Al_2O_3	484.8
Ir/Al_2O_3	475
Ni/Al_2O_3	187.84
Cd/Al_2O_3	175
Mn/Al_2O_3	140
Fe/Al_2O_3	95
Cu/Al_2O_3	80
Zn/Al_2O_3	50
Zr/Al_2O_3	20
Co/Al_2O_3	10
Mo/Al_2O_3, Ti/Al_2O_3 和 Au/Al_2O_3	<10

注：催化剂评价条件为 1.5g 催化剂；水的流速为 $0.175mL \cdot min^{-1}$；反应温度为 293K。

可以看出，在 Al_2O_3 催化剂表面，负载催化剂的臭氧分解催化活性满足如下顺序：Pt > Pd > Ag > Rh ≈ Ru ≈ Ir > Ni > Cd > Mn > Fe > Cu > Zn ≈ Zr。Co、Y、Mo、Ti 和 Au 在反应条件下基本没有活性。

研究发现：单位摩尔氧原子金属 (贵金属或过渡金属) 氧化物的形成热和其负载在 Al_2O_3 表面分解臭氧的平均反应速率基本一致。此外，分析对比不同载体上催化剂分解臭氧的性能 (表 3.6)，在催化剂上贵金属含量都为 5%(质量分数) 时，不同载体负载催化剂分解臭氧的性能具有如下顺序：SiO_2>SiO_2-Al_2O_3>Al_2O_3>TiO_2。催化剂的比表面积会影响活性组分在催化剂表面的分散，另外，载体和活性组分间的协同效应也是影响催化性能的重要因素；由于 H_2O 在 SiO_2 载体上的吸附最弱，因此，在液相臭氧分解过程中，SiO_2 负载催化剂具有最优的性能，上述研究结论也为提高气相臭氧催化氧化过程催化剂的耐水性提供了思路。

表 3.6　典型臭氧分解催化剂性能比较

催化剂	单位质量催化剂平均反应速率/($mg \cdot min^{-1} \cdot g^{-1}$)	单位摩尔金属的平均反应速率/($mg \cdot min^{-1} \cdot mol^{-1}$)
Ru/SiO_2	0.18	363.6
$Ru/SiO_2\text{-}Al_2O_3$	0.24	484.8
Ru/Al_2O_3	0.24	484.8
Ru/TiO_2	0.07	141.4
Rh/SiO_2	0.49	1008.42
$Rh/SiO_2\text{-}Al_2O_3$	0.27	555.66
Rh/Al_2O_3	0.24	493.92
Rh/TiO_2	0.20	411.6
Pd/SiO_2	0.77	1638.56
$Pd/SiO_2\text{-}Al_2O_3$	0.53	1127.84
Pd/Al_2O_3	0.40	851.20
Pd/TiO_2	0.36	766.08
Ag/SiO_2	0.56	1208.14
$Ag/SiO_2\text{-}Al_2O_3$	0.14	302.03
Ag/Al_2O_3	0.39	841.39
Ag/TiO_2	0.28	604.07
Pt/SiO_2	0.48	1638.56
$Pt/SiO_2\text{-}Al_2O_3$	0.07	1127.84
Pt/Al_2O_3	0.24	851.20
Pt/TiO_2	0.26	2907.56
Ni/SiO_2	0.22	258.28
$Ni/SiO_2\text{-}Al_2O_3$	0.07	82.17
Ni/Al_2O_3	0.16	187.84
Ni/TiO_2	0.09	105.66

注：催化剂评价条件为 1.5g 催化剂；水的流速为 $0.175mL \cdot min^{-1}$；反应温度为 293K。

3.2.2　过渡金属氧化物催化剂

1. 负载型过渡金属氧化物催化剂

过渡金属氧化物储量丰富、廉价易得，且具有良好的氧化还原性能，被广泛用于臭氧催化分解研究。早期有文献 [25] 研究了多种金属及金属氧化物的臭氧分解活性，发现：同等质量金属及金属氧化物的催化分解臭氧活性：$Cu < Cu_2O <$ CuO，$Ag < Ag_2O < AgO$，$Ni < Ni_2O_3$，$Fe < Fe_2O_3$，金属氧化物的催化臭氧分解性能均高于其对应的金属。Mehandjiev 等[25] 将多种金属氧化物负载到 $\gamma\text{-}Al_2O_3$ 上，制成了负载型金属氧化物催化剂，并评价其臭氧分解活性，发现臭氧转化率：MnO_2 (42%) $> Co_3O_4$ (39%) $> NiO$ (35%) $> Fe_2O_3$ (24%) $> AgO$ (21%) $>$ Cr_2O_3 (18%) $> CuO$ (5%)，总体来看，p 型金属氧化物的催化活性高于 n 型金属氧化物，其中，MnO_2 的催化活性最好。催化活性可能与催化剂还原性有关，因为低温还原性越强的催化剂，催化臭氧分解性能越好。

Radhakrishnan 等[26] 通过浸渍法合成 Mn/Al_2O_3、Mn/SiO_2、Mn/TiO_2 和 Mn/ZrO_2 4 种催化剂，研究发现，不同载体具有不同的臭氧分解活性，EXAFS (扩散 X 射线吸收精细结构) 结果表明，载体种类对 Mn 的配位环境有很大影响，直接影响了催化剂的臭氧分解性能，如图 3.4 所示。

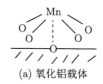

(a) 氧化铝载体

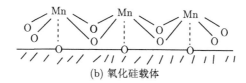

(b) 氧化硅载体

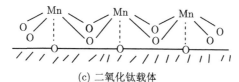

(c) 二氧化钛载体

图 3.4 不同载体上锰氧化物活性中心的结构[26]

Gong 等[27] 通过原位合成了 Cu_2O/还原石墨烯催化剂，该催化剂能够在室温下实现臭氧的完全转换，即使在相对湿度 RH 约为 90% 时，连续反应 10h 后，臭氧的转化率仍维持在 96% 以上。

Foor 等[28] 以 Co_3O_4 为活性组分涂覆到金属蜂窝基体上用于除去臭氧，将 Co_3O_4 与 Al_2O_3 按照一定比例混合制成浆料后涂覆到基体上制成涂覆型 (wash-coated) 催化剂；通过浸渍法将 Co 负载到 Al_2O_3 上，将 Co/Al_2O_3 涂覆到基体上，制成浸渍型 (impregnated) 催化剂。通过性能评价，发现涂覆型催化剂的臭氧分解性能优于浸渍型催化剂，电感耦合等离子体 (ICP) 表征结果显示，涂覆型催化剂 Co 含量高于浸渍型催化剂，能够提供更多活性位点。

镍氧化物是典型的 p 型半导体，具有优良的臭氧分解性能。将其通过浸渍法负载在 Al_2O_3 表面制得的催化剂由于 $NiAl_2O_4$ 的生成，臭氧分解性能有所提高。此外，不同的制备方法也会影响催化剂性能，通过氧化–沉淀法制得的铝负载氧化镍催化剂，在 0℃ 时具有优良的臭氧分解活性和稳定性，是由于在合成过程中形成了高活性的 $Ni^{4+}O(OH)_2$，其具有高的活性氧和氧移动性。通过柠檬酸溶胶–凝胶法可合成具有高活性和耐水性能的 Ni/NiO 纳米结构催化剂，催化剂活性高是由于金属 Ni 和 NiO 的协同作用，它有助于电子传输和高湿度工况下水的脱附[29]。此外，Ni 还可以和其他过渡金属元素形成复合氧化物，提高其催化臭氧分解性能。通过共沉淀法制得的 Ni-Cu-Al 催化剂，其活性、稳定性和机械强度会受镍含量影响。$NiO-CuO-Ag_2O-Al_2O_3$ 固溶体具有最优的 Ni^{2+}/Ni^{3+} 比例，提高了 O_3 分子在催化剂表面的吸附能力和催化剂的低温还原能力。

　　负载型催化剂活性组分的体系较为复杂，这给判定影响臭氧催化性能的关键因素带来了困难，不利于臭氧分解机理的深入研究，且负载型催化剂的活性组分载量有限，因此近些年来关于非负载型催化剂的研究更为普遍。

　　2. 非负载型过渡金属氧化物催化剂

　　Gong 等[30,31] 通过液相还原法合成了不同形貌的 Cu_2O (立方体、八面体和截角八面体)，研究发现，暴露 (100) 晶面的立方体 Cu_2O 催化臭氧分解性能最好。这与中间阴离子氧物种和催化剂表面的电子转移有关 (图 3.5)，表明纳米结构的表面形貌和化学组成在催化臭氧分解过程中起着重要作用。

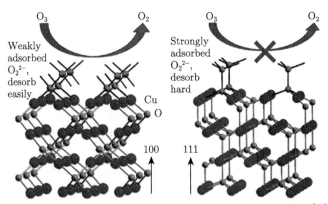

图 3.5　Cu_2O 的 (100) 和 (111) 晶面上臭氧分解过程示意图[31]

　　金属氧化物的纳米结构也会影响臭氧催化分解性能。采用溶液还原法制得的层状纳米结构的 $Cu_2O-CuO-Cu(OH)_2$[30]，室温下连续运行 30h 后，仍具有 100% 的臭氧分解效率 (O_3 浓度为 20ppm)。此外，该纳米结构的催化剂还显示出较好的耐水性能，连续反应 16h (RH = 90%) 后，臭氧转化率仍高于 80%。

　　为满足工业生产要求，Gong 等[32] 研制了高臭氧分解率、高回收率的超细铜过渡金属氧化物臭氧分解催化剂, 制得的超细 Cu_2O 在 25℃ 时具有高的臭氧分解效率 (O_3 浓度为 3000ppm), 即使在相对湿度 90% 下反应 8h 后, 臭氧转化效率仍高于 95%。将该超细 Cu_2O 颗粒涂覆在整体蜂窝催化剂上, 在 $GHSV = 8000h^{-1}$反应 10h 后, 干气下臭氧净化效率高于 99%; 在相对湿度为 90% 时, 臭氧净化效率高于 97%。

Mehandjiev 等[25] 研究发现: $α$-Fe_2O_3 催化剂具有高的臭氧分解活性, 但随着反应的进行, 臭氧分解活性逐渐下降; 同时, 研究还表明水蒸气的存在对反应几乎没有影响。

介孔磁铁矿是一种潜在的臭氧分解材料, 由于其丰富的介孔结构, 能够强化质量传递; 再者, 表面丰富的不饱和铁活性位和孤立 FeO_x 有助于臭氧催化分解组分解。但是, 双组分二元铁氧化物很少应用于臭氧分解过程, 人们通常将 Fe 作为一种助剂加入其他过渡金属氧化物中形成复合金属氧化物以提高臭氧分解性能。

研究发现: 钙钛矿型催化剂 $LaFeO_3$ 具有高的臭氧催化分解性能和抗湿性[33]。在 RH = 0% 和 90% 时, $LaFeO_3$ 催化剂具有比 Fe_2O_3 更高的臭氧分解活性, 而且在 $LaFeO_3$ 中掺杂 5% 的 Ni 替代 Fe 后, 其耐水性能会显著提高, 在浓度为 $O_3$1000ppm、相对湿度大于 90% 时, 室温下反应 4h 后转化率高于 90%。H_2O 程序升温脱附结果表明, 水的脱附温度从 Fe_2O_3 的 180~480℃, 降低到 $LaFeO_3$ 和$LaFe_{0.95}Ni_{0.05}O_3$ 的 100℃ 以下。更为重要的是, 原位 Raman 光谱技术臭氧反应过程中, 在高相对湿度下, Fe_2O_3 会发生形变, 中间物种 O_2^{2-} 在催化剂表面累积, 导致催化剂活性的降低; 然而, 钙钛矿结构既不会发生形变, 亦不会导致 O_2^{2-} 物种富集[34]。

此外, 含铁的 MOFs(MIL-100) 材料具有优异的臭氧分解性能, 其在室温、RH= 45%、$GHSV = 190000h^{-1}$ 时, 反应 100h 后, 臭氧转化效率仍维持在 100%, 该材料是目前已报道的多孔或金属催化剂中臭氧分解性能最优的[35]。

3. 锰氧化物催化剂

锰 (Mn) 原子外层电子构型为 $3d^5 4s^2$, 它具有多种稳定价态, 可以形成一系列氧化物 (Mn_5O_8、MnO_2、Mn_2O_3、Mn_3O_4、MnO)。所有锰氧化物基本结构单元都是 MnO_6 八面体, 其中锰原子位于八面体中心, 采用六角形密填充或立方密堆填充, 6 个氧原子位于每个顶点。

MnO_x 由于其价格低廉、资源丰富、环境友好、结构多样、制备简便等特点, 在催化领域得到了广泛应用, 在臭氧催化分解反应中, MnO_x 是最常见的活性成分, 根据催化剂的结构形式可以分为 MnO_x 负载催化剂和非负载型 MnO_x 催化剂。

影响催化性能的因素很多, 对于 MnO_x 负载催化剂而言, 载体、锰前驱体、负载量都会影响活性组分 MnO_x 的电子结构, 从而影响催化剂的 O_3 分解性能;

而非负载型 MnO_x 催化剂，合成方式、预处理条件以及掺杂的过渡金属元素等都会影响其性能。

载体会影响氧中间物种到催化剂活性位电荷传输的便捷性。通过研究 MnO_x/TiO_2 和 MnO_x/ZrO_2 催化分解臭氧的动力学行为发现，MnO_x/ZrO_2 上臭氧分解反应的级数是 0.98，而 MnO_x/TiO_2 上臭氧分解反应级数是 0.85，吸附活化能前者是 $6kJ·mol^{-1}$，后者是 $7kJ·mol^{-1}$，而脱附活化能分别为 $62kJ·mol^{-1}$ 和 $44kJ·mol^{-1}$，进一步验证了中间物种的解吸是反应的决速步骤[36]；即使同一种 TiO_2，不同的制备方法也会影响催化剂的微观结构，TiO_2 表面 O/Ti 原子比越高，越有利于 Mn^{3+} 的存在，从而提高催化剂的臭氧分解活性[37]。此外，不同的反应气氛也会影响催化剂的反应行为，Al_2O_3 负载 MnO_x 催化剂具有高的臭氧分解活性，但在含水工况下，和水配位的 Mn 活性位容易被氧化为高价态的氧化锰，从而导致催化剂失活[38]。

活性炭 (AC) 因比表面积大、吸附能力强，常被用作臭氧分解催化剂的载体，而且其表面不同的含氧官能团有助于促进臭氧分解，在负载过程中适中的活性组分含量和丰富的多孔结构是具有高臭氧分解活性的前提，对于 MnO_x/AC 催化剂，Mn 含量会影响催化剂形貌、价态和负载 MnO_x 晶相。当 MnO_x 理论载量在 0.44%～1.1%时，AC 表面负载的 MnO_x 以多孔苔藓状 β-MnOOH 形式存在，锰的氧化价态在 +2.9～+3.1 之间；当 MnO_x 理论载量为 5.5%～11%时，多孔苔藓状形貌断裂，绝大多数 MnO_x 以致密的 δ-MnO_2 球状结构存在，锰的价态在 +3.7～+3.8 之间。

多孔苔藓状结构及 Mn 含量相对较高的 1.1%MnO_x/AC 催化剂活性最好。活性炭的高比表面积有助于活性组分的高分散分布，同时载体的电子传导性能也会影响臭氧分解性能，碳纳米管 (CNTs) 的高电子传导性能够促进电子从活性位 MnO_x 到臭氧的传输，从而加速过氧物种的脱附，因此，CNTs 负载的无定形 MnO_2 和 Mn_3O_4 都具有优异的臭氧分解性能[39]。锰氧化物前驱体以及金属氧化物的价态也会影响其臭氧分解性能，以高锰酸钾为前驱体制得的 MnO_x/AC 催化剂的性能优于以乙酸锰或硝酸锰前驱体制得的催化剂[40]。在惰性气氛下焙烧活性炭负载乙酸锰，制得 MnO_x/AC，MnO_x 中以低价态的 MnO 为主，提高了催化剂的氧化还原性能、电子传输能力和稳定性[41]。

为了消除载体的影响，揭示锰氧化物催化分解臭氧的内在机理，在非负载型锰氧化物催化剂研究方面，人们亦开展了大量的研究工作，相关研究重点是如何提高催化剂表面的氧缺陷浓度。常见的在金属氧化物中引入或调变氧缺陷的方法有以下几种。

(1) 在不同气氛下对催化剂进行预处理。在贫氧条件下，高温处理金属氧化物，氧分子会从金属氧化物结构中脱离出来，从而形成氧缺陷。Zhu 等[42] 通过真空热处理，在 α-MnO$_2$ 表面引入氧缺陷，通过 O$_2$-TPD (氧气程序升温脱附) 和 XPS (X 射线光电子能谱) 表征发现催化剂表面氧缺陷含量增加，引入氧缺陷后，在室温、相对湿度 30% 条件下，当臭氧入口浓度为 20ppm，质量空速为 540L·g^{-1}·h^{-1} 时，催化剂 12h 的转化率由 48% 提高到 97%。

Wei 等[43] 通过电化学沉积法将 MnO$_2$ 沉积到不锈钢片上，制成 MnO$_2$/SS，用作非水体系锂-氧电池的正极材料，发现 MnO$_2$/SS 在真空条件下，150℃ 处理 12h 得到的 MnO$_{2-x}$/SS 稳定性更好。

在还原气氛下，还原性物质 H$_2$、CO 或者 NaBH$_4$ 等会与金属氧化物晶格中的氧发生反应，从而产生氧缺陷。Sun 等[44] 将 OMS−2 通过 NaBH$_4$ 还原一定时间，表面引入适量的氧缺陷，使其催化二甲醚分解的活性显著提高；Lv 等[45] 通过氢气热处理过程使 BiPO$_4$ 表面产生氧缺陷，调节其能带间隙，增强其在 300∼800nm 波长范围内的吸光强度，通过调节氢气处理温度和时间控制 BiPO$_4$ 产生氧缺陷的浓度；Zhai 等[46] 通过两步法合成 H-MnO$_2$ 纳米线，通过电化学沉积法将 MnO$_2$ 沉积到活性炭纤维上，得到 MnO$_2$ NRs (二氧化锰纳米棒)，再将 MnO$_2$ NRs 在 H$_2$ 气氛 (30cm^3/min)，50∼650℃ 下焙烧 3h，得到的 H-MnO$_2$ NRs 导电性和电容性均较大幅度提升。

(2) MnO$_2$ 晶相影响。MnO$_2$ 晶相主要有 α、β、γ、δ 和 λ，不同晶相 MnO$_2$ 具有不同的催化分解臭氧性能，α-MnO$_2$ 具有最高的臭氧分解活性 [47]；δ-MnO$_2$ 是一种层状锰氧化物——水钠锰矿 (birnessite) 型 MnO$_2$，具有层状二维结构 (图 3.6)，其层间富含大量水和阳离子 (H$^+$、K$^+$、Na$^+$、Ca^{2+}、Ba^{2+} 等)，3 种 Mn 元素价态 (+2、+3、+4)、可控层间距及丰富的电化学活性位点赋予了 δ-MnO$_2$ 多样的理化性质[48]，使其广泛应用于催化领域[48-50]。

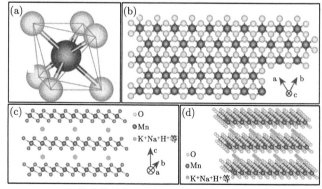

图 3.6   δ-MnO$_2$ 的晶体结构 (a) MnO$_6$ 八面体；(b) 水钠锰矿沿 001 晶面结构示意图；(c) 水钠锰矿沿 011 晶面结构示意图；(d) 水钠锰矿立体示意图

(3) 隐钾锰矿型二氧化锰。隐钾锰矿型 (OMS-2) 二氧化锰是由具有 2×2 共享边 MnO_6 八面体键构成的一维隧道结构，通道尺寸为 4.6Å×4.6Å，如图 3.7 所示。Mn 以 Mn^{2+}、Mn^{3+} 和 Mn^{4+} 的形式存在于八面体中，同时还存在少量的残留 K^+ 和水来稳定隧道结构，结构中丰富的 Mn^{3+} 能够减弱 Mn—O 键，从而形成更多的活性氧物种，该结构的二氧化锰通常借助于 Mn^{2+} 的前驱体盐和高锰酸钾通过水热法制得。二价锰 (Mn^{2+}) 的前驱体会影响 OMS-2 的性质，如晶体结构、表面积以及氧化还原性能；乙酸锰为前驱体制得 OMS-2-Ac 能够避免 MnO_2 的团聚，具有小的颗粒尺寸和丰富的表面 Mn^{3+}[51]。

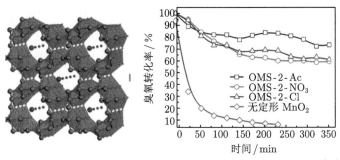

图 3.7　隐钾锰矿型 (OMS-2) 二氧化锰结构及其臭氧分解性能[51]

(4) 杂原子掺杂。杂原子的掺杂往往伴随氧缺陷的产生，这是一种相对简单且常见的氧缺陷产生方式[52-54]。通过掺杂 Ag 制备的 $Ag-MnO_x$ 催化剂有望作为一种多功能催化剂实际应用，Deng 等[55] 通过水热法合成 $Ag-MnO_x$，Ag 进入 MnO_x 孔道结构中，在 $Ag-MnO_x$ 中引入氧缺陷，$Ag-MnO_x$ 在空速 $90000mL·g^{-1}·h^{-1}$ 条件下，216℃ 时甲苯的转化率达到 90%；常温下，空速 $90000mL·g^{-1}·h^{-1}$，相对湿度 60%条件下反应 6h，臭氧转化率仍然维持在 90%以上，如图 3.8 所示。

Xu 等[56] 将 Co_3O_4 与 $NaH_2PO_2·H_2O$ 按一定比例混合，在氩气气氛下焙烧，$NaH_2PO_2·H_2O$ 分解生成 PH_3，P 掺入 Co_3O_4 中生成 $Co_3O_{4-x}P_y$，通过调节 Co_3O_4 与 $NaH_2PO_2·H_2O$ 的质量比，可以在催化剂表面引入不同浓度的氧缺陷，适量的氧缺陷可以提高催化剂的析氧反应 (OER) 催化性能。

锰氧化物由于多变的价态和离子可交换性，表面具有丰富的氧缺陷，而为了进一步丰富其表面氧缺陷或实现 $Mn^{x+} + M^{y+} \longleftrightarrow Mn^{(x-1)+} + M^{(y+1)+}$ 的氧化还原循环，提高活性氧物种的脱附性能，可对其进行金属掺杂。研究发现：Ce 掺杂的 $\gamma-MnO_2$ 催化分解臭氧的性能高于 Co 掺杂[57]。

制备过程中表面残留的硫酸根和羟基都会影响催化剂的耐水性能，残留的硫酸根会降低臭氧在催化剂表面的吸附和活化[58]；表面存在的羟基会和臭氧发生反应，形成水分子，从而导致水在催化剂表面的聚集而失活[59]。为了减小表面硫酸根的影响，需要将催化材料洗涤到中性；而为了减少表面羟基的影响，需要对催化剂进行焙烧。同样，稀土 Ce 的掺杂量也会影响催化性能，通过均相沉淀制得的 $CeMn_{10}O_x$ 催化剂具有最高催化分解臭氧性能，其催化分解臭氧的活性比 $\alpha\text{-}Mn_2O_3$ 高 2.5 倍。

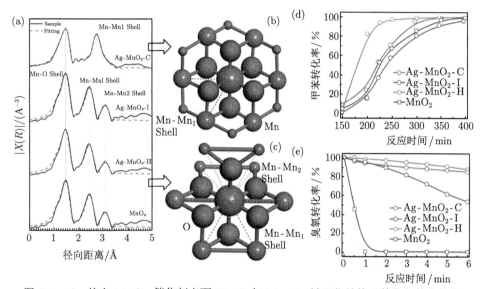

图 3.8　Ag 掺杂 MnO_x 催化剂表面 Mn-O 与 Mn-Mn 键配位结构及催化剂催化性能
(a) $Ag\text{-}MnO_x$ 催化剂的 EXAFS 的 K 边图谱；(b) $\alpha\text{-}Mn_2O_3$ 的理想局部结构模型；
(c) $\alpha\text{-}Mn_2O_3$ 的理想局部结构模型；(d) 不同 $Ag\text{-}MnO_x$ 催化剂催化 C_6H_6 氧化性能；
(e) 不同 $Ag\text{-}MnO_x$ 催化剂的臭氧分解性能，相对湿度为 60%[55]

Fe 的掺杂也能调变 MnO_2 的臭氧分解性能，Fe^{3+} 的加入提高了 MnO_2 的比表面积、丰富了表面氧缺陷；而且反应决速步骤过氧物种的脱附也能被加速，从而提高其催化臭氧分解性能[60]；同样，掺杂金属离子的前驱体由于成核过程中在不同晶面上的选择吸附，影响了 Mn-Fe 复合氧化物性能，以硝酸铁为前驱体的 $MnFe_{0.5}O_x\text{-}Fe(NO_3)_3$ 催化剂具有最高的催化活性[61]；过渡金属 Ni^{2+} 由于具有较大的离子半径 (0.72Å)(Mn^{4+} 的离子半径为 0.6Å)，Ni^{2+} 很难完全取代 Mn^{4+}，因此，$MnNi_{0.09}$ 具有低的结晶度、丰富的缺陷[62]。

OMS-2 具有较强的离子交换特性，不同过渡金属离子的掺杂可以选择性替代不同的骨架元素，过渡金属 Co^{3+} 和 Fe^{3+} 可以替代 OMS-2 中的 Mn^{3+}；而 Ce^{4+} 会替代 OMS-2 隧道中的 K^+ 和骨架中的 Mn^{4+}。离子交换位和掺杂金属离子半径的差异，改变了金属掺杂 OMS-2 (M-OMS-2) 的形貌。表面的 Mn^{3+} 和氧缺陷是主要的活性位点，因此，Ce^{4+} 交换得到的 Ce-OMS-2 催化剂具有更高的催化活性[63]，如图 3.9 所示。密度泛函理论 (DFT) 计算表明，MnO_2 催化剂中存在两种形式的氧空穴，sp^3 杂化的氧空穴 (Mn—O sp^3 键长为 0.192nm) 有利于反应物的吸附和产物的脱附；而 sp^2 杂化的氧空穴 (Mn—O sp^2 键长为 0.188nm) 更易于吸附氧物种，从而导致臭氧分解性能下降[58]。Mn—O sp^3 由于具有低的键能，在 NH$_3$-SCR 反应中同样具有高的吸附和活化 NH$_3$ 的性能。相对 Mn^{4+}，低价金属离子如 Fe^{3+}、Co^{3+}、Ni^{2+}，在合成过程中会置换 Mn^{3+}；Ce^{4+} 会置换 Mn^{4+}，而高价金属离子如 V^{5+}、Nb^{5+} 和 W^{6+} 掺杂，还会改变催化剂表面路易斯 (Lewis) 酸性，适量高价金属 V(2％质量分数) 的掺杂 V-OMS-2 能够丰富表面路易斯 (Lewis) 酸性位，有助于维持催化剂的氧化还原能力。

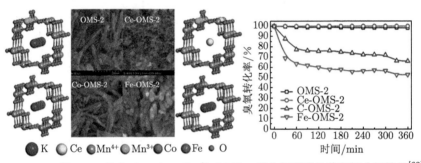

图 3.9   掺杂 Ce、Co、Fe 的 OMS-2 催化剂形貌及其臭氧分解性能[63]

W^{6+} 也被用于进行 α-MnO$_2$ 的掺杂改性，研究发现，随着 W/Mn 比例 (0.012～0.12) 的增加，纳米棒状的 α-MnO$_2$ 逐渐转变为低结晶度、具有更多氧缺陷位的纳米颗粒，当 W/Mn 比为 0.06 时，制得的催化剂具有最高的比表面积、表面氧缺陷和酸性位，因此，其臭氧分解性能最优[64]。Nb^{5+} 掺杂 OMS-2 催化剂亦具有类似的催化氧化行为[65]。

在三组分复合金属氧化物 Ce$_{0.04}$(Fe-Mn)$_{0.96}$O$_2$ 中，少量 Ce 的掺杂会部分替代 Fe 而进入 MnO$_2$ 晶格，形成 Fe$_2$O$_3$，这种结构上的变化会导致晶格变形，从而增大氧缺陷，因此，无论是干气还是含水工况下，臭氧的催化分解性能均得到提升[66]。

4. 商用霍加拉特剂

1920 年，Bray、Lamb 和 Frazer 发现了 Cu、Mn、Ag 和 Co 的复合氧化物，把它定义为霍加拉特剂 (CuMnO$_x$)。霍加拉特剂的组成结构不固定，可分为二元和四元，二元一般由摩尔比为 2:3 的 CuO 和 MnO$_2$ 组成，四元由 CuO、MnO$_2$、Co$_2$O$_3$ 和 Ag$_2$O 组成。

可以通过共沉淀、溶胶凝胶、热分解等多种方法来合成霍加拉特剂。其中共沉淀法可制得具有较高 CO 氧化活性的 CuMnO$_x$ 霍加拉特剂。合成过程中，焙烧温度、pH、合成温度和 Cu/Mn 比例都会显著影响催化剂的活性，此外，Ag 和 Ce 等元素的掺杂为催化剂提供了额外的活性位点和氧缺陷。$CuMnO_x$ 在含氧气氛下处理会制得 $CuMn_2O_4$ 尖晶石，在无氧气氛下处理，可以导致复合氧化物发生分相并被还原为金属 Cu 和 Mn 氧化物，如图 3.10 所示[67]。

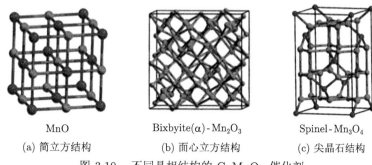

MnO   Bixbyite(α)-Mn_2O_3 Spinel-Mn_3O_4

(a) 简立方结构   (b) 面心立方结构   (c) 尖晶石结构

图 3.10   不同晶相结构的 $CuMnO_x$ 催化剂

通过溶胶–凝胶法制备 Cu、Mn 比例为 1:4 的铜锰复合催化剂具有优异的催化活性。共沉淀法合成一系列不同比例的铜锰催化剂中，Cu、Mn 比例为 1:2 时，催化剂活性最好。采用还原法制备铜锰催化剂，当 Cu:Mn 比例为 1:9 时，催化剂具有良好的活性。

1923 年，Jones 和 Taylor 研究了该体系催化剂性能，通过 XRD 表征，说明 Cu^{2+} 替代尖晶石结构八面体中的 Mn^{3+}，Cu^{2+} 和 Mn^{3+} 都具有高的 Jahn-Teller 稳定化能，Cu^{2+} 的掺杂会导致立方对称结构产生较大形变。研究发现，当 Cu/Mn 的摩尔比为 0.5 时，具有最高的 Mn^{3+}/Mn^{4+} 比，此时催化剂具有最高的 CO 氧化活性。

霍加拉特剂的催化稳定性主要依赖于该氧化还原对，与 Cu、Mn 的价态无关。在低温下，立方尖晶石相 $CuMnO_x$ 催化剂中含有大量的杂相，仅当过量 Cu 存在时 ($x = 0.05$)，立方相 $Cu_{1-x}Mn_{2-x}O_4$ 才开始形成，说明四面体 Cu^{2+} 和八面体的 Mn^{4+} 在铜锰尖晶石中具有最稳定的结构。

在霍加拉特剂中，Cu 和 Mn 离子以最稳定形式存在，缺少形变。随着 Mn^{4+} 在晶格中的增加，O^{2-} 能够形成 3 个 p 键轨道，并且和 3 个相邻的 Mn^{3+}/Mn^{4+} 离子重叠，或形成 sp^3 杂化轨道 (如 Cu_2O)，在 Cu_2O 中 Cu—O 以共价键形式存在。Cu—O 和 Mn—O 介于共价半径和部分离子半径之间。Cu 在 $CuMn_2O_4$ 中的电离态与在 $CuCr_2O_4$、$CuFe_2O_4$ 等其他不同晶系化合物不同，其以 Cu^{2+} 形式存在。后两者中的 Cr 和 Fe 以三价离子形式存在，而在 $CuMn_2O_4$ 中，Mn 以 Mn^{4+} 的形式存在。金属离子的加入，显著改变了催化剂的本征活性、比表面积和稳定性。

　　霍加拉特剂中过渡金属的氧化态研究也具有一定的挑战性，CuO 表面的氧化反应遵循晶格氧参与的氧化还原机理，而表面具有丰富的氧缺陷的 Mn_2O_3 有利于催化剂的还原。

　　对霍加拉特剂中电子传输过程的剖析，有助于阐明其活化、反应、失活和再生过程。首先，占据 OH 位的 Cu^{2+}，在得到 Mn^{3+} 的电子后迁移；随着温度升高，Mn^{3+} 的 3d 轨道的电子会被激发到 4s 传导能级，它具有球面对称结构，可与 Cu^{2+} 阳离子上的 4s 轨道重叠，如图 3.11 所示。

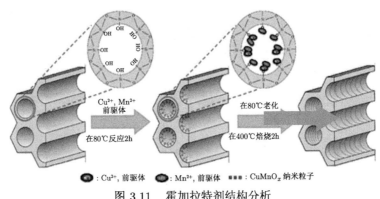

图 3.11　霍加拉特剂结构分析

　　在氧化还原过程中，电子从 Mn^{3+} 转移到 O_2，同时电子从氧转移到相邻的八面体 Cu^{2+} 离子，Cu 和 Mn 离子可能出现在四面体位置，而 Cu^+、Mn^{3+} 和 Mn^{4+} 更可能占据八面体位置。

　　霍加拉特剂的催化活性能够通过其他助剂如 Au、Ag、Ce、Co 等的掺杂来调变，通常掺杂量低于 10%，其催化活性依赖于金属离子浓度和其在晶格中的分布。对于 Mn 基催化剂，四价 Mn 具有更高的催化活性，但是其在高温下不稳定，Cu 的掺杂能够提高它的催化活性和稳定性。无定形 MnO_2 的存在有助于增大 Cu 原子和 MnO_2 的接触面积，从而提高霍加拉特剂活性。尖晶石结构的 $CuMn_2O_4$ 中，在一个晶胞中含有一个以上过渡金属离子，阳离子的分布和价态介于四面体亚晶格 (A 位点) 和八面体亚晶格 (B 位点) 之间。Cu^+ 会占据 $CuMn_2O_4$ 尖晶石结构中的八面体位置，具有高的外层原子弛豫能。而 $CuMnO_x$ 催化剂中，锰氧化物能够吸附活化氧，并且 Cu 的加入能够提高催化活性和稳定性。

　　尽管霍加拉特剂已成功应用于 CO 和臭氧催化脱除领域，但其耐水性差的问题亟须解决，人们尝试通过优化制备工艺、过渡金属掺杂、贵金属掺杂来提高其耐水性，如 Liu[68] 制备了一系列具有典型霍加拉特剂组成成分的催化剂，部分 Mn 元素被 Sn 取代的 $CuMnO_x$ 催化剂，其耐水性和活性均有明显提高。掺入 Sn 后，催化剂形态随着更多颗粒内介孔的形成而改变，催化剂具有更高的比表面积，同

时 SnO_2 的加入可以显著抑制 H_2O 分子在催化剂表面的吸附,从而提高催化剂在低温下的耐水性。

3.2.3 分子筛臭氧分解催化剂

分子筛和相关的微孔材料可以作为有效的非均相催化剂和吸附剂,其催化和分离性能也可以通过组成的改变来调节,主要的改性方法如离子交换,阳离子交换可以平衡分子筛骨架的电荷。通过离子交换补偿阳离子时,尺寸和电荷的差异将导致分子筛表面路易斯酸性位差异,臭氧作为一种路易斯碱,弱的路易斯酸性位是臭氧吸附的活性位点,被吸附的臭氧在强酸性的路易斯酸性位上分解,产生原子氧,如图 3.12 所示[69]。

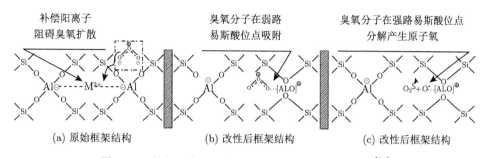

图 3.12 补偿阳离子对臭氧和分子筛相互作用的影响[69]

臭氧和表面酸性位相互作用是由于它的共振结构。在臭氧分子的一个氧原子上具有高的电子密度,从而导致臭氧具有较强的碱性和表面酸性位具有强的亲和性,因此,分子筛表面形成的路易斯酸是主要的臭氧分解活性位,通过 NH_4^+ 交换来取代天然沸石中的阳离子,交换的 NH_4^+ 越多,分子筛表面酸性越强,分解臭氧的活性越高。

分子筛的硅铝比也将影响臭氧分解性能。Brodu 等[70] 研究了 3 种不同硅铝比 (SAR = 78、300 和 1200) 的 ZSM-5 分子筛催化分解臭氧性能。3 种分子筛具有相同的比表面积和微孔结构,且表面有两种路易斯酸性位存在,分别由骨架外的 Al 组分和电子 Al 缺陷提供,低硅分子筛具有更优的臭氧分解性能,验证了分子筛表面酸性位对臭氧分解的重要性;Fau Y 型高硅分子筛,其臭氧的分解活性可能是脱铝过程形成的硅羟基官能团所致,但对于高硅分子筛,臭氧在其表面以吸附为主,这同样验证了分子筛表面酸性的重要性[71]。

在 0.15g 分子筛上,75mL/min,9000ppm 臭氧入口浓度,20°C 下,对 Co 改性的天然沸石 (Co-Z) 和天然沸石 (NZ) 的臭氧分解性能进行比较,研究发现:在 260min 后,天然沸石催化剂进出口臭氧浓度相同;而在 Co-Z 上,出口臭氧转化率能够一直保持在 63%,说明 Co-Z 催化剂上形成了新的活性位。原位表征研究表明，天然沸石和 Co-Z 碱性的臭氧分子在强的路易斯酸性位上吸附、分解，形成的分解副产物会和分子筛表面的—OH 形成氢键；在 Co-Z 催化剂上，臭氧分子和 Co 离子 (路易斯酸性位) 相互作用；在 Co-Z 强的路易斯酸性位上，臭氧发生分解。由此可见，过渡金属掺杂形成的新的路易斯酸性位在臭氧分解过程中具有重要的作用[72]。

关于金属改性分子筛臭氧分解性能的研究目前还存在一定的歧义，如 Kumar 等[5] 研究发现硝酸银等体积浸渍的 H-MCM-41-50、H-Beta-11 和 SiO$_2$ 催化剂室温下催化分解臭氧的性能具有如下的顺序：5%Ag-H-MCM-41-50 > 5%Ag-SiO$_2$ > 5%Ag-H-Beta-11。而 5%Ag-H-Beta-11 具有最高的表面酸性，但其活性却低于具有中等酸性的 5%Ag-H-MCM-41-50，这可能与改性金属的臭氧分解活性和分子筛表面酸性分解臭氧活性间的相对大小有关，因此，关于含杂原子 (改性或负载) 分子筛的臭氧分解性能和具体的反应机理有必要开展进一步的研究。

3.3　臭氧分解机理

3.3.1　单一组分臭氧分解机理

1977 年，Golodets[73] 提出臭氧在催化剂表面的分解机理为：臭氧分子吸附解离为 1 个自由氧分子和 1 个吸附态的活性氧原子，然后，氧原子再与另一个臭氧分子反应生成一个氧分子和一个吸附态的过氧物种，如下式所示：

$$O_3 + * \rightarrow O^* + O_2 \tag{3.8}$$

$$O_3 + O^* \rightarrow O_2 + O_2^* \tag{3.9}$$

式中，* 代表催化活性位点。温度较高时，过氧物种 O$_2^*$ 脱附形成一个氧分子，催化活性位点被释放 O*。

$$O_2^* \rightarrow O_2 + 2* \tag{3.10}$$

Imamura 等[6] 研究 AgO 催化臭氧分解时表面的变化，通过电子顺磁共振波谱 (EPR) 检测到了 O$_2^-$ 的生成，由于 O$_2^-$ 不能一步生成，推测其前体为氧原子 (O)、氧离子 (O$^-$) 或臭氧离子 (O$_3^-$)。Naydenov 等[74] 通过 TPD 检测到 CeO$_2$ 催化分解臭氧的过程中表面有两种氧物种存在，通过 EPR 分析，发现其中一种为臭氧离子 (O$_3^-$)，另一种则不能确认。

早期关于臭氧分解过程吸附离子的研究多用电子顺磁共振谱分析，但 O$_2^{2-}$ 和 O^{2-} 是抗磁材料，不具有顺磁活性；且自旋耦合，氧化物的顺磁信号峰太宽，辨识度低；原位 EPR 表征困难等原因使得这种方法有一定的局限性。随着激光拉曼光谱的发展，拉曼光谱开始被应用于催化领域。

1998 年, Li 等[75,76] 研究 O_3 在 Mn/Al_2O_3 上的分解过程, 通过原位拉曼光谱检测到 $884cm^{-1}$ 处有特征峰出现。同位素标记和模拟计算证实该峰为 O_2^* 峰, 他们推测臭氧分解机理为: 臭氧分子首先吸附解离为一个自由氧分子和一个吸附态的氧原子, 然后氧原子与另一个臭氧分子反应生成一个氧分子和一个吸附态的过氧物种, 最后过氧物种脱附形成一个氧分子, 如式 (3.8)、式 (3.9) 和式 (3.10) 所示。通过考察过氧物种的稳态动力学和瞬态动力学, 验证了上述机理的正确性。由于臭氧具有强氧化性, 因此臭氧吸附解离的过程活化能小 (6.2kJ/mol), 而过氧物种脱附的活化能较大 (69kJ/mol), 过氧物种脱附为反应的决速步。

Imamura 等[6] 研究了不同金属氧化物的臭氧分解性能, 通过霍尔效应测量催化剂的电导率, 发现随着臭氧的分解, 催化剂表面的电导率发生变化, 如表 3.7 所示。其中一些金属氧化物催化剂如 Ag_2O、NiO、Co_3O_4 等 p 型半导体, 电导率随臭氧分解而增加, 而 n 型半导体 CeO_2、V_2O_5 等, 随着臭氧分解电导率降低或者基本不变。结合上述臭氧分解机理, 臭氧吸附解离的过程是臭氧分子从催化剂取走电子, 在表面形成带负电荷的吸附氧物种的过程, 这一过程使得 p 型半导体金属氧化物催化剂内空穴增多, 导电率增加, 而 n 型半导体金属氧化物催化剂中自由电子减少, 从而导电率降低。而对于反应式 (3.10) 是催化剂表面 O_2^* 脱附变成 O_2 的过程, 这一过程中电子由吸附氧物种向催化剂转移, p 型半导体金属氧化物催化剂是价带中的空穴导电, 而 n 型则是电子导电, 一般而言, n 型半导体金属氧化物催化剂的导带能级比 p 型的价带能级高, 因此对于该反应, p 型半导体金属氧化物催化剂比 n 型更容易接受电子, 有利于反应的快速进行。

表 3.7   不同金属氧化物的臭氧分解性能以及引入臭氧后催化剂表面的电导率变化

催化剂	半导体类型 [a]	0℃ 下 O_3 分解率 [b]/%	电导率变化 [c]
Ag_2O	p	79.5	5800
NiO	p	78.1	6000
Fe_2O_3	n	37.3	ca.1
Co_3O_4	p	29.4	100
CeO_2	n	13.0	ca.1
Mn_2O_3	p	4.9	5
CuO	i	3.0	1200
Pd_2O_3		3.1	ca.1
Bi_2O_3		1.0	ca.1
SnO_2	n	0	ca.1
MoO_3	n	0	ca.1
V_2O_5	n	0	0.05
$SiO_2^{[d]}$		0	

a. n, n 型; p, p 型; i, 固有的; b. 加入臭氧后 10min; c. 相对初始电导率; d. 石英砂。

虽然臭氧分解机理已被提出，但是关于活性位点仍缺乏系统性的研究。由于金属氧化物大多为半导体，而半导体的能带结构比较清楚，因此前期研究大多引用能带理论来描述半导体催化剂和反应分子间的电子传递能力。但是能带结构是从催化剂的体相和整个表面电荷出发，而催化反应更重要的是催化剂表面的原子与反应物分子相互作用形成的化学键的性质，这种化学键与稳定分子内部的化学键存在着本质的不同，因此将半导体催化剂的整体性质，和表面局部原子与反应分子间的化学键性质结合起来研究将更为全面。

Lian 等[61] 通过不同 Fe 前驱体合成 $MnFe_{0.5}O_x$，发现以 $FeCl_3$ 为前驱体合成的催化剂表面积最大，且表面含有丰富的 Mn^{2+} 和 Mn^{3+}，催化性能最好；Wang 等[35] 考察 Mn/TiO_2 的性能，使用不同的 TiO_2 载体，当载体 TiO_2 表面的 O/Ti 原子比高时，表面 Mn^{3+} 含量高，催化分解臭氧的性能好；Wang 等[51] 通过水热法合成 $\alpha\text{-}MnO_2$，研究不同 Mn 前驱体对其催化分解臭氧活性的影响，发现以 $MnAc_2$ 为前驱体制备的 $\alpha\text{-}MnO_2$ 在高湿度条件下，催化臭氧分解活性优于以 $Mn(NO_3)_2$ 和 $MnCl_2$ 为前驱体制备的催化剂，影响催化活性的关键因素为其表面丰富的 Mn^{3+} 含量。文献报道，催化剂中 Mn 的价态确实对臭氧分解性能有影响，且大多研究表明高的表面低价态 Mn 含量，具有高的催化性能。一般地，金属氧化物表面都或多或少存在氧缺陷，为了维持电荷平衡，当表面出现氧缺陷时，金属离子价态降低，因此通过表征金属离子价态可以定性定量分析表面氧缺陷含量。Jia 等[47] 通过水热法合成了不同晶型的 MnO_2，发现 $\alpha\text{-}MnO_2$ 比表面积大，表面 Mn 价态低，表面氧空位含量高，因此臭氧分解性能最好。

Li 等[77] 通过 DFT+U 计算和实验相结合研究发现，在 $\beta\text{-}MnO_2$ 的 (110) 晶面上引入氧缺陷，会改变 MnO_2 的电子结构和氧气的吸附性质，如图 3.13 (a) 所示，MnO_2 的能带间隙为 0.267eV，但是在该表面引入氧缺陷后，MnO_2 的价带下方出现了新的能级 (图 3.13(b) 中红色线所示)，使得其费米能级降低，能带间隙变窄，电子更容易进入导带，有利于提高催化剂的导电性。而且，表面引入氧缺陷后，催化剂对 O_2 的吸附性质也发生变化，如图 3.14 所示，桥式吸附的 O_2 中，O—O 键由 1.356Å 增大到 1.358Å，O—O 键变长，有利于 O_2 的解离。这些性质都对 MnO_2 的催化性能有着很大影响。

Zhu 等[42] 通过 DFT 计算不同气体分子在 $\alpha\text{-}MnO_2(110)$ 晶面上的吸附能，发现在 $\alpha\text{-}MnO_2$ 的完美 (110) 晶面和氧缺陷位的臭氧吸附能分别为 −0.4448eV 和 −3.3595eV，而氧气分子的吸附能分别为 −0.7129eV 和 −0.6946eV，说明氧缺陷位有利于臭氧吸附和氧气脱附，为锰氧化物臭氧分解的活性位点是表面氧缺陷位提供了直接的证据 (图 3.15)，而且水分子在缺陷位上的吸附能较低，说明缺陷位的引入也有利于提高催化剂的耐水性能。

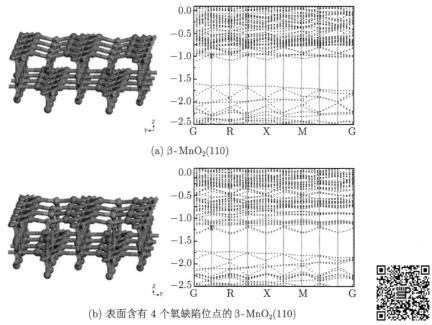

(a) β-MnO$_2$(110)

(b) 表面含有 4 个氧缺陷位点的 β-MnO$_2$(110)

图 3.13　β-MnO$_2$(110) 晶面的几何结构 (左) 和能带结构 (右)[77]

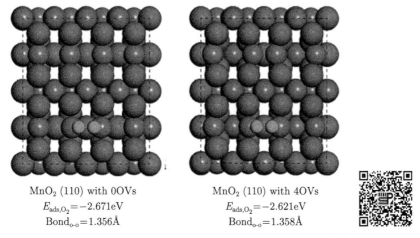

MnO$_2$ (110) with 0OVs
$E_{ads,O_2} = -2.671eV$
Bond$_{o-o} = 1.356$Å

MnO$_2$ (110) with 4OVs
$E_{ads,O_2} = -2.621eV$
Bond$_{o-o} = 1.358$Å

图 3.14　β-MnO$_2$ (110) 晶面上 O$_2$ 吸附的结构图[77]

紫色球为 MnO$_2$ 中的 Mn 原子, 红色球为 MnO$_2$ 中的 O 原子, 而绿色球为 O$_2$ 中的氧原子

　　氧缺陷是过渡金属氧化物中一种重要的缺陷形式, 它会导致周围的原子偏离平衡位置, 发生晶格畸变, 改变其电子结构, 最后以各种形式在带隙中产生局部能级, 导致价带和导带位置改变, 从而影响其光学性质和导电性质等。在催化过程中, 活性位点的电子结构改变, 导致气体分子在活性位点上的吸能性能改变, 从

而调节其催化性能。由于引入氧缺陷可能调节金属氧化物的物理化学性能，优化其催化性能，因此关于氧缺陷的研究受到越来越多的关注。

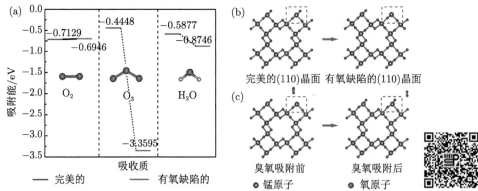

图 3.15 不同气体分子在 α-MnO$_2$(110) 晶面上吸脱附过程的 DFT 计算 (a) O$_2$，O$_3$ 和 H$_2$O 在完美或者有氧缺陷的 α-MnO$_2$(110) 晶面上的吸附能；(b) 氧缺陷的形成过程；(c) 臭氧的吸附过程

3.3.2 臭氧分解动力学

臭氧分解效率与氧空穴形成的难易程度有关，而过氧物种脱附、氧空穴的形成是反应的决速步骤。

研究表明，式 (3.8) 反应的速率 R_1 为

$$R_1 = k_1 P_{O_3} \theta^* \tag{3.11}$$

式中，θ^* 为能够和臭氧反应的总活性位点的分率。

式 (3.9) 的反应速率 R_2 为

$$R_2 = k_2 P_{O_3} \theta_O \tag{3.12}$$

式中，θ_O 为 O* 的分率。

式 (3.10) 中过氧物种 O$_2^*$ 的分解速率 R_3 为

$$R_3 = k_3 P_{O_3} \theta_{O_2} \tag{3.13}$$

式中，θ_{O_2} 为 O$_2^*$ 吸附位所占的比例，其中，$\theta^* + \theta_O + \theta_{O_2} = 1$。

在稳态时，$R_1 = R_2 = R_3$。

臭氧分解的速率为

$$\frac{\mathrm{d}P_{O_3}}{\mathrm{d}t} = -2P_{O_3} \frac{k_1 k_2 k_3}{k_3 (k_1 + k_2) + k_1 k_2 P_{O_3}} \tag{3.14}$$

假设 $A = 2k_1k_2k_3; B = k_1 \cdot k_2; C = k_3(k_1 + k_2)$。上式可以转变为

$$\left(B + \frac{C}{P_{O_3}}\right) \cdot dP_{O_3} = -A dt \tag{3.15}$$

所以臭氧的分解速率为[79]

$$-r_{O_3} = -\left(\frac{A}{BP_{O_3} + C}\right) P_{O_3} \tag{3.16}$$

在氧气分压为 0.21~0.5bar，温度为 313K，臭氧浓度为 4ppm，800mL·s^{-1} 时，$MnO_2/\gamma\text{-}Al_2O_3$ 催化剂上臭氧分解反应氧气的级数是零级；水的体积含量为 0~0.04 时，水的反应级数也是零级；臭氧分解的动力学表达式为

$$-r_{O_3} = kP_{O_3}^{0.68} P_{O_2}^0 P_{H_2O}^0 \tag{3.17}$$

臭氧的反应级数为 2/3，可能是由于臭氧含有 3 个等价的吸附氧原子，而吸附的氧原子组合形成臭氧是反应的决速步骤；吸附态的过氧物种由于会和载体存在电荷相互作用；从而具有部分阴离子特征，p 型半导体金属氧化物如 MnO_2 能够稳定，导致过氧物种不能快速脱附[80]。

3.4　臭氧分解催化剂失活

实际应用中，臭氧分解催化剂最大的挑战就是失活。催化剂失活除与催化剂本身性质有关外，也与应用工况，如湿度、杂质沉积等因素有关，不同应用环境造成失活的原因不同。

3.4.1　水分子导致催化剂失活

大量研究表明，反应气体中的水汽增加会导致催化剂催化臭氧分解活性降低，缩短催化剂寿命。然而，水分子的存在是不可避免的，因此提高催化剂的耐水性非常必要。

Wu 等[16] 研究臭氧在 Pt/Ni 表面的反应，当原料气湿度增加时，催化剂的活性降低，但是湿度降低后催化剂活性恢复，这是由于水分子与 Pt/Ni 表面发生物理吸附，以这种方式吸附的水分子能够在室温下脱附。但是 Zhao 等[81] 通过原位 DRIFT 表征发现，当 O_3 和 H_2O 同时存在时，MnO_x 表面有羟基出现，说明水分子与 MnO_x 发生化学吸附或反应，由于羟基与催化剂表面的作用力强，不易脱附，可能会造成催化剂不可逆失活。

水分子与催化剂表面作用方式不同对催化剂的抑制作用也不相同，这种相互作用与催化剂的结构有关。Liu 等[59] 将 $MnCO_3$ 在不同温度下焙烧，得到一系列

的催化剂，通过原位 DRIFT 表征发现，尽管所有催化剂在 ∼3400cm^{-1} 处出现物理吸附水分子的峰，∼3577cm^{-1} 出现化学吸附的水分子，但不同催化剂表面性质不同，化学吸附水分子的量也不同，300℃ 焙烧催化剂表面化学吸附水最少，耐水性最强。

　　常见的提高催化剂耐水性的途径有杂原子掺杂和负载贵金属。Ma 等[63] 通过水热法将 Ce 掺杂到 OMS-2 (锰钾矿八面体分子筛) 中合成 Ce-OMS-2，在室温和相对湿度 90% 的条件下，当臭氧入口浓度为 40ppm、空速为 600000h^{-1} 时，6h 内 Ce-OMS-2 的臭氧转化率保持在 90% 左右，而 OMS-2 的臭氧转化率仅为75%。OMS-2 的基本结构单元为 [MnO$_6$] 八面体，[MnO$_6$] 通过共边或共顶点，形成2×2 的一维隧道结构，如图 3.16 所示。K$^+$ 离子位于孔道结构中支撑孔道结构并且平衡骨架，不同价态的 Mn^{4+} 和 Mn^{3+} 共存导致电荷不平衡促进反应物和过渡金属间的电子传输，提高了臭氧分解活性。Ce-OMS-2 中半径较小的 Ce^{3+}(1.14Å)部分取代半径较大的 K$^+$(1.65Å)，导致 OMS-2 隧道结构扭曲。通过 EXAFS 和XPS 表征，发现 Ce-OMS-2 具有较低的 Mn—Mn 键配位数，表面 Mn^{3+} 的含量高，能够提供更多的活性位点，从而提高其在高湿度条件下的臭氧分解性能，与添加贵金属相比，价格上具有优势。

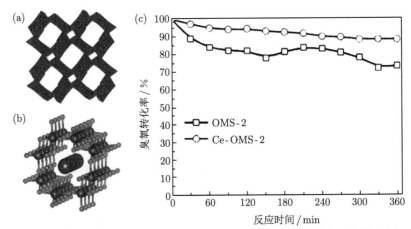

图 3.16　OMS-2 晶体结构及其臭氧分解性能 (a) OMS-2 的晶体结构示意图；(b) K$^+$ 在OMS-2 孔道结构示意图；(c) RH = 90% 时，OMS-2 及 Ce-OMS-2 的催化活性

　　水分子对催化剂的抑制作用分为可逆失活和不可逆失活。可逆失活是由水分子的物理吸附造成的，以这种方式吸附的水分子能够在常温下脱附；而不可逆失活是由水分子的化学吸附造成的，水分子在催化剂表面解离形成表面羟基，由于羟基与催化剂的作用力强，因此以这种形式吸附的水分子较难脱附。催化剂的结构影响水分子的吸附形式，但是其构效关系尚不明确，因此关于改善催化剂耐水

性能方面还缺乏系统性的研究。

3.4.2 杂原子沉积导致催化剂失活

杂原子沉积是造成催化剂失活的另一重要原因。杂原子由前端操作单元产生,当臭氧分解催化剂应用于飞机上,一般被安装在臭氧转换器中,空气进入装置前需经过发动机压缩机增压,其可能夹带发动机中的润滑油和防冻液等,经过臭氧转换器时沉积在催化剂表面,包覆活性组分或者堵孔,导致臭氧不能与活性组分接触,从而降低催化剂转化率,缩短催化剂寿命,如图 3.17 所示。为解决这一问题,Hamilton 公司[82-84] 从反应器设计入手,设计了带有旁路的臭氧转换器 (图 3.18(a))。当飞机在地面上或者巡航高度低时,气体通过旁路;而巡航高度比较高、外界大气中臭氧浓度升高时,气体通过催化剂层,通过缩短催化剂上气体的通过量来延长催化剂的寿命。RSA Engineered Products 公司[85] 设计了串联结构臭氧催化转换器 (图 3.18(c)),污染物主要沉积在第一个臭氧转换器内壳层上,而后续串联转换器内的催化剂不被污染,保持较高的催化活性,但是这种反应器体积较大,在飞机有限的空间内使用受限。BASF 公司[86] 设计了多层催化剂 (图 3.18(b)),在活性组分 Pd

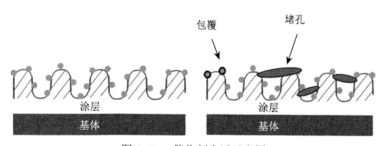

图 3.17　催化剂失活示意图

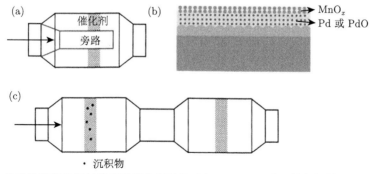

图 3.18　典型的商用臭氧转换器及催化剂结构 (a) Hamilton 公司的臭氧转化器;(b) BASF 公司的整体催化剂涂层;(c) RSA Engineered Products 公司的臭氧转化器

涂层的上层又涂覆了一层 7~15μm 的氧化锰涂层，用作保护层，避免 Pd 中毒，目前商用的 Deoxo™ 臭氧转换器就采用这一技术，现已安装在多种型号的商用客机上，如：B737、B747、B757、B767、A300~A320 系列等。

3.4.3　催化剂本征失活

催化剂在实际应用中除了受外部条件影响而失活外，本身亦存在失活的问题。Jia 等[47] 研究 MnO_2 晶体结构对其臭氧分解性能的影响，如图 3.19 所示。通过原位拉曼光谱表征发现，α-MnO_2、β-MnO_2 和 γ-MnO_2 3 种晶型的 MnO_2 催化剂在催化臭氧分解过程中均在 $835cm^{-1}$ 处出现一个新的信号峰，该峰归属为过氧物种 O_2^*，同时在 $1658cm^{-1}$ 处出现倍频峰，随着反应温度升高，过氧物种 O_2^* 的信号峰强度减弱，这表明升温有助于过氧物种 O_2^* 的分解，且 MnO_2 的晶型不同，分解速率不同，α-MnO_2 表面的过氧物种信号峰随着温度上升减弱最快，因此 α-MnO_2 的催化活性最好。进一步通过水热法合成不同形貌的 α-MnO_2，发现纳米纤维状的 α-MnO_2 催化活性最好，纳米棒状的 α-MnO_2 次之，纳米管状的 α-MnO_2 最差。通过拉曼光谱研究不同形貌的 α-MnO_2 的臭氧分解过程，如图 3.20 所示[89]，不同催化剂中间产物的出峰位置不同，纳米纤维状的 α-MnO_2 在 $836cm^{-1}$ 处出现信号峰，而纳米管状的 α-MnO_2 中间产物的峰却出现在 $876cm^{-1}$ 处，纳米棒状的 α-MnO_2 在两处均有信号峰，$836cm^{-1}$ 处的峰归属为孤立状态的 O_2^*，$876cm^{-1}$ 处的峰是由于 O_2^* 发生聚集造成的，而 O_2^* 存在形式直接影响催化剂的催化性能。α-MnO_2 形貌不同，暴露晶面不同，纳米纤维状的 α-MnO_2 主要暴露 (211) 晶面，根据 DFT 计算，(211) 晶面的不饱和配位的 Mn 有利于氧空穴的形成，该晶面的氧缺陷有利于 O_2^* 均匀分布。Zhu 等[42,88] 通过 K^+ 交

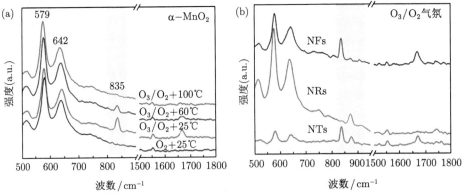

图 3.19　MnO_2 催化剂表面臭氧分解的原位拉曼表征 (a) 不同温度下，α-MnO_2 与 O_2 和 O_2/O_3 反应的原位拉曼光谱图[47]；(b) 三种形貌 MnO_2 催化剂 (纳米线、纳米管和纳米棒) 在室温下与 O_2/O_3 反应的原位拉曼光谱图[88]

换在 MnO_2 中引入氧缺陷，提高其催化臭氧分解稳定性，通过 FT-IR 表征，发现臭氧分解过程中，催化剂在 $1380cm^{-1}$ 处出现信号峰，该峰归属为过氧物种 O_2^*。随着反应时间的延长，催化剂的转化率下降，该信号峰增强，说明随着 O_2^* 在催化剂表面的积累，催化剂失活，将失活的 MnO_2 在氩气气氛下，400℃ 焙烧 2h，$1380cm^{-1}$ 处的信号峰消失，此时催化剂的活性恢复，说明 O_2^* 的积累导致 MnO_2 催化剂的失活。

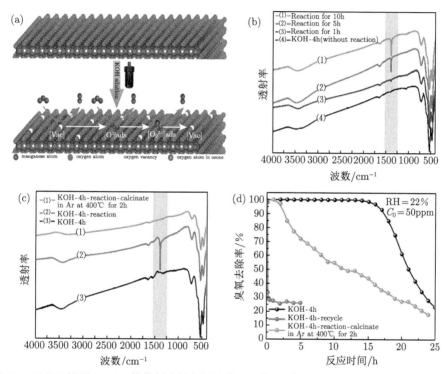

图 3.20　KOH 处理 MnO_2 催化剂分解臭氧性能 (a) 富 K 离子 MnO_2 催化剂上臭氧分解过程示意图；(b) KOH 处理 4h 得到的催化剂在不同反应时间内的 FT-IR 图谱；(c) KOH 处理 4h 得到的催化剂在反应前、反应后和高温再生后的 FT-IR 图谱；(d)KOH 处理 4h 得到的催化剂以及高温再生后的催化剂的臭氧催化分解性能

在 MnO_x 催化臭氧分解的过程中，催化剂表面有 O_2^* 形成，由于 O_2^* 脱附速率较慢，占据活性位点，因而催化活性位点数量减少，从而降低催化剂的催化活性，这是目前比较公认的催化剂失活的机理。而 MnO_x 的晶型、形貌及杂原子掺入等都会影响中间产物 O_2^* 的吸附状态和分解速率，但是目前关于该方面的研究还比较匮乏，无法为提高锰氧化物催化剂的稳定性提供有力依据，因此，关于锰氧化物催化臭氧分解的失活还需要进一步的研究。

3.5　规整结构臭氧分解催化剂制备技术

所谓规整结构催化剂是指其具有一定规则结构，通过对催化剂几何形状的优化，降低催化床层阻力降，并且具有较低的界面传质阻力和良好的机械稳定性及热稳定性。

以结构催化剂取代传统的颗粒催化剂应用于多相催化化学反应体系是催化剂工程科学中的一个重要方向，在各种类型结构催化剂中，蜂窝状陶瓷和金属整体构型催化剂具有代表性，并且得到广泛的应用。

3.5.1　规整结构臭氧分解催化剂的制备

臭氧分解催化材料可以通过滚球、挤条、压片等方式制成球形、条状或其他异型结构，也可以通过将载体或活性组分涂覆在骨架载体蜂窝陶瓷、蜂窝金属或碳纤维、陶瓷纤维表面制得，由于防爆系统中对臭氧催化转换器体积有严格限定，且气体线速度高 (10~40m/s)，这就要求催化剂床层阻力降足够低才能满足实际应用需求，因此，需要采用规整结构的臭氧分解催化剂。

如图 3.21 所示，Gu[89] 等比较了几种不同构型的臭氧分解催化剂的传质、传热、反应行为，结果表明：尽管颗粒催化剂具有高的表面线速度和质量传递系数，但是单位压降下臭氧的净化效率偏低，而且床层阻力相对较大，限制了其在该领域的应用。因此，整体结构蜂窝载体或金属纤维载体是更优的臭氧分解催化剂载体。

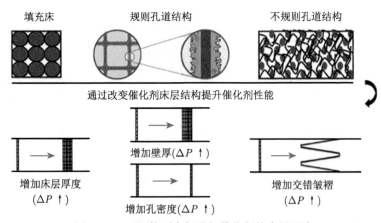

图 3.21　不同构型臭氧分解催化剂的床层压降

整体蜂窝构型的陶瓷基体和金属基体本身是惰性的，不具备催化活性，主要作为骨架载体使用，常规的方法是采用浸渍法 (impregnation) 将活性组分直接负载在规则孔道内壁表面,或者采用涂覆法 (washcoat) 在规则孔道内壁上形成催化剂涂层。由于整体构型的陶瓷基体和金属基体的比表面积非常小,如果直接采用浸渍法,负载特定含量的活性组分,其分散度势必较低,难以满足催化剂性能要求,因此需要在陶瓷基体或金属基体的内壁表面首先沉积一层载体材料,然后再负载活性组分。需要注意的是,在某些催化剂体系中,完全可以将载体、助剂和活性组分物理混合后同时沉积在陶瓷基体或金属基体的内壁表面得到最终的整体结构催化剂。

将载体材料或活性组分材料负载到具有规则结构的陶瓷基体或金属基体内壁表面的方法较多,如溶胶-凝胶法、胶体浸渍法、浆料涂覆法、沉积沉淀法等。基于催化剂的放大制备和实际应用的角度考虑,浆料涂覆法比较适合,并且应用最为广泛。如图 3.22 所示,在基体规则孔道内壁上沉积一层具有高催化活性的催化剂,反应物料以层流的形式流过并完成化学反应,由于催化剂涂层比较薄,所以内扩散阻力很小,并且压力降比常规的颗粒固定床反应器要低 2~3 个数量级。

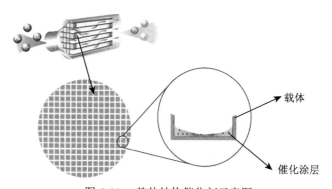

载体

催化涂层

图 3.22　整体结构催化剂示意图

浆料涂覆法的制备过程为:首先将催化剂载体和 (或) 活性组分、分散剂、黏结剂等混合制成具有合适黏度与流动性的浆料,然后采用真空法或重力法将浆料充满蜂窝陶瓷基体或金属基体的规则孔道中,利用毛细作用使浆料吸入载体的多孔结构,再用压缩空气吹除多余浆料,最后干燥、焙烧使浆料附着在载体上。得到的催化剂有效催化层分布在基体表面,反应物扩散到活性位点的距离短,可满足低浓度、大流通量的催化脱除需要。

在特定催化剂组分配伍前提下,采用浸涂法制得的陶瓷基体或金属基体整体结构催化剂,涂层和基体之间的结合力强弱、催化剂高温稳定性及机械稳定性强弱、涂层均一性等,均取决于基体性质、浆料性质和制备工艺的影响,三者相互关联,相辅相成。

3.5.2　浆料制备工艺影响因素

稳定的金属氧化物浆料是高性能催化剂制备的前提,采用浆料涂覆法制备规整结构催化剂,浆料性质会显著影响催化剂涂层机械强度和催化性能,影响浆料性质的主要参数包括固相粒子的性质、固含量、溶剂及添加剂、黏度、pH 和 Zeta 电位等。

1. 浆料制备方法

典型的浆料制备方法包括:① 高速分散法,将各种原料的前驱体在水或有机溶剂中高速搅拌分散,达到混合均匀的目的,得到目标浆料;② 机械球磨法,将各种原料的前驱体、水或者有机溶剂置于一定容积的球磨罐中进行机械球磨,控制球磨条件,得到目标浆料。由于高速分散法不能调变浆料中固相粒子的尺寸,而机械球磨法可通过调节球磨参数来控制浆料中的固相粒子尺寸,因此得到了更广泛的应用。

机械球磨法可以调控的参数包括磨罐容积、磨球配比、转速和时间等。球磨料装填体积通常为磨罐容积的 45%~75%,并且保证球磨料的上液面高于磨球;随着转速的增加和时间的延长,浆料中的固相粒径逐渐变小,但颗粒尺寸基本在微米级别。在采用机械球磨法制备氧化铝浆料时,研究发现:在干料/水 =0.224g/g、干料/HNO_3=3.55g/mmol 时,分别球磨 6h、12h、18h 和 40h 得到 4 种不同的浆料,随着球磨时间的增加,浆料中固相粒子尺寸分布变窄,粒度减小。其中:球磨 6h 和 12h 的浆料表现出相似的粒径分布,主要分布在 0.7~3.2μm,d_{90}(粒径小于它的颗粒占 90%) 为 2.2μm;球磨 18h 和 40h 的浆料同样表现出相似的粒径分布,主要集中在 0.3~2.4μm,d_{90} 为 1.7μm。

在采用机械球磨法制备浆料的过程中,要充分考虑固含量、pH、黏度、固相粒径尺寸等参数之间的相互影响和变化趋势,并且需要在具体制备过程中进行反复调整优化;同时,结合固体氧化物性质、骨架载体表面性质及微观结构来实现涂层负载量、均匀度以及机械强度的精准调控。

2. 固相粒子的性质和含量

浆料稳定与否直接影响结构催化剂的制备工艺和涂层质量,而浆料的稳定性依赖于固相粒子的化学性质和结构性质。涂层负载量,作为整体构型臭氧分解催化剂制备过程中的一个重要指标,其影响因素很多,浆料的固相粒子含量就是最重要的因素之一。当浆料黏度一定时,固含量越高,载体涂层单次负载量越高;但高的固含量会导致浆料的表观黏度变大,而浆料的黏度需要控制在一定的范围内,才能满足结构催化剂的涂覆制备要求。浆料的表观黏度是其流变性质的宏观体现,除了固含量之外,也受固体粒子与溶剂性质影响。

固相粒子尺寸会影响浆料的流变性质。研究表明[90]：随着固相粒子粒径减小，溶液的黏度增大；在固含量恒定且无其他有机溶剂影响的前提下，固相粒子粒径减小，粒子数目增加，颗粒之间的相互作用逐渐增强；随着粒子数目的增多，粒子的总表面积增大，水合作用的影响使得固相粒子的有效体积明显大于真实体积，从而导致浆料的表观黏度增大。

浆料黏度直接影响结构催化剂的制备工艺和涂层质量。黏度较低时，浆料不易在陶瓷基体或金属基体上附着，单次涂覆上载量较低，需要多次涂覆才能满足催化剂涂层目标负载量要求，增加了制备工艺，不利于催化剂的规模化制备；当浆料黏度过高时，尽管涂层单次涂覆上载量较高，但不利于浆料在结构催化剂规则孔道内的均匀负载，引起涂层质量变差，牢固度降低，极易出现涂层龟裂或剥离脱落现象。

浆料中固相粒径不仅影响浆料的黏度，而且对结构催化剂涂层的牢固度有着很大影响。Tsesekou 等[91]将含有不同粒径 γ-Al_2O_3 的浆料涂覆到堇青石蜂窝陶瓷基体上，经干燥焙烧后得到结构催化剂涂层样品，采用热冲击实验检测催化剂涂层的机械稳定性。结果表明：浆料中 γ-Al_2O_3 的粒径越大，涂层的脱落率越高，催化剂的机械稳定性越差。

3. 溶剂的性质

为了获得均匀稳定的金属氧化物涂层，需要制备出稳定的具有合适黏度的浆料。而浆料本质上是一个悬浊液体系，作为分散相，溶剂的表面张力和黏度在某种程度上决定了浆料的流动性和分散稳定性。在某些体系中为了得到稳定性更佳的浆料，或者针对某些特殊需求，会使用有机溶剂，如醇类、醚类或酯类物质。有机物作为溶剂通常具有更好的分散性，固相粒子的分散遵循极性相容原则，当固相粒子表面的极性接近分散溶剂的极性时，分散性更佳，当固相粒子在分散溶剂中的润湿性越好，分散量越大。

固体颗粒在溶剂中的分散性除了受颗粒之间的相互作用影响外，还与溶剂的性质有关。工业上最常用的溶剂是水，固体颗粒分散在水中，固-液界面由于电荷转移会产生 Zeta 电位，使得颗粒之间产生静电斥力。浆料体系的稳定性取决于颗粒之间的范德瓦耳斯力和静电斥力的大小，Zeta 电位越大，颗粒之间的静电斥力越大，从而浆料体系越稳定。浆料 pH 的改变会引起固体颗粒表面电荷密度的改变，从而改变 Zeta 电位，因此 pH 是影响水溶剂浆料体系稳定性的重要参数之一。在以水为溶剂的 ZrO_2 浆料中[92]，当 pH 在 5~8 之间时，浆料的 Zeta 电位较低，颗粒之间的排斥力小于引力，部分小颗粒开始聚集成较大的颗粒，随着大颗粒的增加，流动阻力变大，浆料的黏度升高；而当 pH 在 10~11 之间时，浆料 Zeta 电位较高，颗粒之间排斥力大于吸引力，小颗粒能够充分分散，流动阻力小，所以浆料的黏度降低。在以水为溶剂的 Al_2O_3 浆料中 [93]，研究 Zeta 电位与 pH 的关系发现，浆料的等电点为 8.2，当 pH≤5 时，Al_2O_3 分散较为稳定。实际上纯的 γ-Al_2O_3 浆料的 pH 为 5.0～9.0，并且浆料的稳定性较差，易沉降；在不加有机添加剂时，当 pH≤5 或者 pH≥9.0 时，Zeta 电位较高，浆料中固相粒子分散相对较稳定，沉降稍缓。调节 pH，究其本质是通过静电稳定机制即调节浆料中固相粒子表面电荷分布，进而改变浆料的分散稳定性，通常需要在强酸或者强碱环境下操作。为了在较为温和的条件下获得稳定的浆料体系，需要引入适合的有机分散剂。

在以水为溶剂的 γ-Al_2O_3 浆料体系中，采用硝酸调节 pH 时，随着酸浓度的变化，浆料黏度发生明显的变化。在此过程中，浆料中存在溶胶作用和胶凝作用。胶凝作用是指溶胶转变成凝胶的过程，伴随放热，但热效应极小，同时引起浆料流动性和稳定性的变化。浆料中沉淀物、絮凝物或凝胶重新分散成胶体颗粒，并转变成溶胶的过程称为胶溶作用。当酸浓度处于恰当范围内时，发生胶溶作用，浆料黏度逐渐降低，并且表现为准牛顿流体，黏度不随剪切力的增大而变化；当酸浓度过高或者过低时，则浆料转变为非牛顿流体，或假塑性流体，黏度变大，并且出现 "剪切变稀" 的现象；当浆料静置时，黏度逐渐增大，直至出现胶凝现象，当浆料搅拌分散时，黏度逐渐降低，此种情形下，浆料无法满足催化剂制备要求。

4. 浆料中的有机助剂

如前所述，浆料的稳定性对催化剂制备非常关键，为了获得均匀且牢固的涂层，需要制备出稳定的具有合适黏度的浆料，然而本质为悬浊液体系的浆料很难保持稳定，需要向其中添加适合的有机助剂来维持稳定。根据用途不同，有机助剂可分为分散剂、黏结剂、造孔剂等。

分散剂通过与浆料中固相粒子表面发生相互作用，改变固相粒子的表面性质，抑制固相粒子的团聚效应，减缓沉降速率，使其均匀地分散在溶剂介质中，改善浆料的流变性质，从而达到稳定浆料的作用。

根据分散机制不同，分散剂一般分为两类：离子型分散剂和非离子型分散剂。离子型分散剂主要通过增加颗粒表面的电荷量，提高其 Zeta 电位，增大颗粒之间的静电排斥力，从而使颗粒在介质中均匀分散，常见的有柠檬酸、聚乙烯醇 (PVA)、六偏磷酸钠等；非离子型分散剂一般为高分子聚合物，其锚固基团吸附在颗粒表面，溶剂化的分子链在介质中充分伸展，在固相粒子表面形成一定厚度的包裹层，使颗粒之间的距离增大，范德瓦耳斯力减小，阻止颗粒团聚和沉降，起到稳定分散的作用，常见的有聚乙二醇 (PEG)、有机硅烷类、丙烯酸类等物质。

在实际应用中需要根据体系的特点选择适当的分散剂，例如，在以水为溶剂的 Al_2O_3 浆料中，可以选择水溶性的聚醚改性聚二甲基硅氧烷，以有效改善浆料的稳定性和流变性。

3.5.3 陶瓷基体整体构型臭氧分解催化剂

陶瓷基体整体构型臭氧分解催化剂一般由载体及催化活性组分构成，陶瓷基体主要包括董青石 (cordierite, $2MgO \cdot 2Al_2O_3 \cdot 5SiO_2$) 和莫来石 (mullite, $3Al_2O_3 \cdot 2SiO_2$)，董青石因具有较高的机械强度和较低的热膨胀系数而得到广泛应用。

浆料涂覆法是最常用的结构催化剂制备方法，基本过程为：将浆料均匀负载沉积到董青石基体表面上，采用压缩空气吹去孔道中多余的浆料，再经干燥、焙烧处理后得到陶瓷基体整体构型臭氧分解催化剂。需要指出的是，如果浆料中不含有催化剂活性组分，只作为载体使用，首先可采用浆料涂覆法制备陶瓷基体载体涂层样品，然后采用浸渍法将活性组分负载到载体涂层样品上，经干燥焙烧得到陶瓷基体整体构型臭氧分解催化剂。

本节将以具有优良臭氧分解性能的钴锰复合金属氧化物 ($CoMnO_x$) 为活性组分，采用浆料涂覆法制备整体构型臭氧分解催化剂，讨论催化剂制备工艺的影响因素，包括浆料制备、浆料性质调节、焙烧温度等因素对催化剂催化性能和机械稳定性的影响。

1. $CoMnO_x$ 涂层浆料制备

采用机械球磨法制备涂层浆料，在球磨罐中按一定比例投入 $CoMnO_x$、γ-Al_2O_3、乙酸、铝溶胶和分散剂，球磨若干小时后得到 $CoMnO_x$ 浆料；采用超声振荡法检测催化剂涂层的机械强度，将催化剂样品称重后放入去离子水中，在 250W 和 53kHz 条件下持续超声 1h，取出样品后于 120℃ 干燥 4h，称重，载体涂层脱落率计算如式 (3.18) 所示：

$$脱落率 (\%) = \frac{M_前 - M_后}{M_前 - M} \times 100\% \tag{3.18}$$

式中，M 代表董青石载体的质量；$M_前$ 代表超声处理前董青石基体和涂层的总质量；$M_后$ 代表超声处理后董青石基体和涂层的总质量。

我们曾考察球磨时间分别为 1h、2h、4h 和 8h 时，浆料中固相粒子的粒径变化。随着球磨时间的增加，颗粒粒径逐渐减小，d_{90} 从 6.0μm 分别减小到 5.2μm、3.2μm 和 2.6μm；随着固体粒径的减小，浆料黏度逐渐增大，与球磨时间相对应的 4 种浆料的黏度分别为 20mPa·s、22mPa·s、44mPa·s 和 120mPa·s。采用 4 种浆料制备的催化剂样品超声测试结果显示，随着球磨时间从 1h 延长到 2h、4h 和 8h，相对应的催化剂涂层脱落率分别为 5.28%、2.5%、5.30% 和

8.6%，即在其他条件不变的前提下，浆料黏度和固相粒径共同影响了涂层的牢固度。

为了考察 pH 对浆料流变性及整体催化剂机械稳定性的影响，以球磨时间 2h 为基准，$CoMnO_x$、γ-Al_2O_3、铝溶胶和分散剂量不变，调节乙酸的添加量制得 3 种浆料，3 种浆料中乙酸添加量依次升高，制得浆料的 pH 分别为 5.9、3.5 和 2.5，对应的 Zeta 电位分别为 23.2mV、34.8mV 和 33.5mV。采用 3 种浆料分别制备整体结构催化剂，采用超声振荡法测得的各催化剂样品涂层脱落率分别为 28.4%、5.3%和 5.2%。有研究表明 [94]，当浆料的 Zeta 电位 $\geqslant$30mV 时，固体颗粒之间的斥力较大，不易团聚，浆料能够稳定存在。说明 pH 为 5.9 的浆料中固体颗粒可能发生了团聚，导致浆料稳定性不好，因此涂层质量差。当 pH 继续降低到 3.5 和 2.5，Zeta 电位均处于一个比较高的值，浆料也能保持稳定，对应催化剂样品涂层的脱落率明显下降。因此，可选择 2.5~4.0 作为浆料的 pH 参考范围。

2. 分散剂对涂层的影响

采用机械球磨法制备涂层浆料，在球磨罐中按一定比例投入 $CoMnO_x$、γ-Al_2O_3、乙酸、铝溶胶和分散剂，球磨时间为 2h，调节 pH 为 3.0。

选用聚乙二醇 (PEG2000) 为分散剂，通过调节 PEG2000 添加量来考察其对催化剂涂层质量的影响。PEG2000 是一种非离子型高分子聚合物，通过吸附在固体颗粒表面，形成包裹层，造成空间位阻，阻止颗粒团聚，达到稳定浆料的目的。研究结果表明，当浆料中 PEG2000 含量分别为 1%、3%、6%和 9%时，对应的催化剂涂层的脱落率分别为 3.5%、2.5%、1.6%和 9.3%。选用聚醚改性聚二甲基硅氧烷共聚体 (BYK-333) 作为分散剂，通过调节 BYK-333 的添加量来考察其对催化剂涂层质量的影响。研究结果显示，当浆料中 BYK-333 含量分别为 0.1%、0.3%、0.8%和 1.5%时，对应的浆料黏度分别为 32mPa·s、27mPa·s、55mPa·s 和 197mPa·s，催化剂涂层的脱落率分别为 3.6%、1.9%、4.8%和 8.5%。

上述结果表明，添加适量分散剂能在一定程度上提高催化剂涂层的牢固度，其主要原因是：① PEG2000 利用空间位阻稳定机理稳定浆料，通过与固体颗粒表面发生相互作用，阻止颗粒团聚，从而降低浆料黏度，提高固体颗粒的分散度。可以通过调节 PEG2000 的用量使其效果达到最佳，当 PEG2000 用量太少时，分散剂在固体颗粒表面形成的吸附层太薄，无法起到空间位阻的作用，但是当分散剂用量过多时，只有一部分分散剂吸附在固体颗粒表面形成稳定的吸附层，余下的分散剂存在于浆料的分散介质中，介质中的分散剂可能会与固体颗粒表面的分散剂发生交联反应，使得固体颗粒沉降，反而不利于浆料的稳定。② 在干燥过程中，分散剂易于挥发，并且随着干燥温度的升高，可能会发生分解反应，使得涂层表面和内部收缩应力出现显著的差异，导致涂层出现裂纹，在焙烧过程中，PEG2000 与空气中的氧气发生反应，生成 CO_2 和 H_2O，发生造孔作用，适当的分散剂可以在涂层造孔，增大涂层的比表面积，提高其传质效率，有利于催化反应，但是随着分散剂用量增加，涂层中形成孔的量增加，使涂层内的结合力减弱，同样不利于提高催化剂涂层的机械稳定性。

3. 臭氧分解催化剂性能考察

在体积空速 $60000h^{-1}$、臭氧入口浓度 15ppm 和反应温度 90℃ 的条件下，考察 $CoMnO_x/Al_2O_3/monolith$ 整体催化剂的臭氧催化分解性能。如图 3.23 所示，反应 33d 后，催化剂的臭氧转化率仍然保持在 99.8％以上。将反应温度降到 80℃ 后，反应 17d 后，催化剂转化率保持在 99％左右，基本满足实际应用要求。

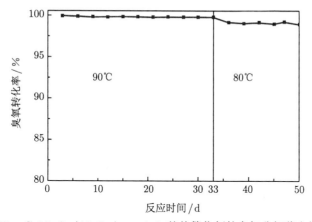

图 3.23　$CoMnO_x/Al_2O_3/monolith$ 整体催化剂的臭氧分解稳定性曲线

3.5.4　金属基体整体构型臭氧分解催化剂

1. 金属基体在催化剂中的应用

相对于陶瓷基体整体结构催化剂，金属基体整体结构催化剂具有热容小、传热效率高、强度大、抗机械冲击能力强、开孔率高、阻力降低等优点，在涉及吸、放热的催化反应体系中得到广泛的应用；但金属基体比表面积小，难以满足活性组分的高分散要求，因此需要在金属基体表面上负载载体涂层。载体涂层在金属基体上负载的牢固度直接影响金属基体壁载催化剂的催化活性和长期稳定性，是金属基体壁载催化剂能否满足实际应用需求所必须解决的关键技术问题。

常见的适用于金属基体壁载催化剂的载体有 Al_2O_3、TiO_2 和 SiO_2 等，其中以 Al_2O_3 应用最为广泛。与陶瓷基体相比，金属基体与无机氧化物涂层之间的结合力较差，其主要原因在于：① 金属基体表面平滑，不具备陶瓷载体的多孔结构，无法提供更多的 "有效锚定点" 与无机氧化物紧密结合；② 金属基体与无机涂层的物化性质差异较大，尤其是热膨胀系数不同，导致在干燥、焙烧等热处理过程中涂层容易剥落。

对金属基体进行表面预处理是提高载体涂层与金属基体之间结合强度的有效方法。金属基体表面预处理的目的在于通过特定技术手段增加金属基体表面粗糙度，或在金属基体表面负载一层无机金属氧化物作为金属基体和载体 (或催化剂) 涂层之间的链接层，进而提高金属基体与载体 (或催化剂) 涂层的结合力。常用的表面预处理方法包括高温氧化处理、表面磷化、电弧喷涂、等离子喷涂、阳极氧化法和电泳沉积等，其中应用最广泛的是阳极氧化法和高温处理法。

2. 金属基体表面预处理

1) 高温处理

如前所述，虽然可将催化剂活性组分直接负载到金属基体上，然而金属基体的比表面积极小，它难以保证催化剂活性组分的高分散性和稳定存在，因此需要催化剂载体层，但载体层也同样存在无法保证能够牢固地负载在金属基体光滑表面上的问题。

FeCrAl 合金的一个优良特性就是其所含的 Al 元素可以部分迁移至金属基体表面，形成氧化铝保护层使合金不被氧化，但此保护层太薄，且粗糙度不高，并未达到作为催化剂载体的性质要求，尽管如此，氧化铝保护层仍具有重要作用，可为催化剂载体涂层提供有效的 "锚定点"，有利于无机氧化物涂层的牢固负载，且氧化铝表面粗糙度越高，发挥的作用就越大。

提高保护层厚度和表面粗糙度行之有效的方法就是在高温条件下对 FeCrAl 合金进行处理。金属处于特定高温氧化环境下发生氧化反应时，反应速率往往取决于生成氧化物的物化性质，其中高的焙烧温度从热力学上促进了氧化反应的发生，而金属或合金中存在的缺陷决定了氧化层的生成速率。合金通常具有择优氧化特性，即合金中最活泼的部分优先发生氧化，在 800～1200℃ 区间，氧化铝的分解压力远低于铁和铬的氧化物，并且 Al 唯一的热力学稳定固体氧化物是 Al_2O_3，因此，在 FeCrAl 合金中 Al 和 O 最具亲和力，Al 将优先氧化。随着温度升高和时间延长，Al 不断被消耗迁移至合金表面形成氧化物保护层，合金中 Al 的浓度和活性下降，合金界面平衡氧分压逐渐升高，直至合金中的 Cr 和 Fe 开始发生氧化反应。合金表面生成的氧化物层逐渐增厚，氧化速率逐渐减慢，直至连续致密地覆盖在合金表面，使合金不与氧接触。之后氧化层的增长将不受化学反应速率的影响，而是受电子在氧化层中的扩散控制；温度越高，上述氧化过程越容易进行。

图 3.24 给出了 FeCrAl 合金在空气氛围中 950℃ 焙烧不同时间的表面形貌。焙烧 5h(图 3.24(a))，不规则分布的晶须就已经基本覆盖合金表面；随着焙烧时间的延长，晶须逐渐长大，呈杂乱无章排列；当焙烧 10h 和 16h(图 3.24(b) 和 3.24(c)) 时，合金样品表面的晶须碎片最大已超过 1μm，此时表面粗糙度较大，已经满足载体或催化剂涂层的涂覆制备要求；当延长焙烧时间至 24h，如图 3.24(d) 所示，合金表面氧化铝晶须发生明显的烧结，晶须尺寸变小，且厚度降低，此时已不再适合载体或催化剂涂层的涂覆制备。需要指出的是，有关该方面的研究成果主要出现在专利中，公开报道的论文资料比较少，结合相关文献和专利研究结果，对 FeCrAl 合金的高温氧化预处理条件为：空气中 850~1100℃ 焙烧 0.5~48h，温度越高，焙烧时间越短，反之亦然。

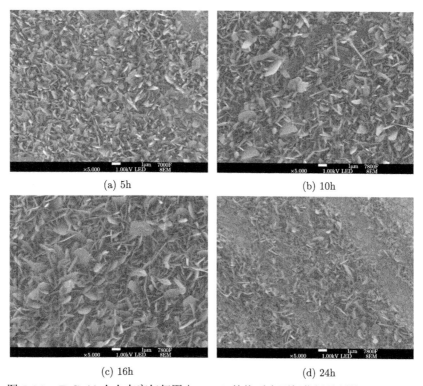

(a) 5h   (b) 10h

(c) 16h   (d) 24h

图 3.24 FeCrAl 合金在空气氛围中 950℃ 焙烧后表面氧化铝晶须的 SEM 照片

2) 阳极氧化处理

铝阳极氧化得到的氧化铝层主要有两种类型：多孔型氧化层和致密无孔层。多孔型氧化层具有以下特点：氧化铝厚度可控，可作为催化剂的载体；孔结构参数可控，适应不同催化剂体系要求；氧化铝层机械强度优良，适用于载体涂层的涂覆制备等。

多孔型氧化层由两部分组成，其中一部分是较薄的致密阻挡层，阻挡层与金属铝基底相连接，在阻挡层基础上相对较厚的多孔层由紧密排列的相互平行的纳米孔结构组成，每个圆柱形的纳米孔与其周围的氧化物区域构成一个六边形的 "细胞"，与金属表面垂直排列，在特定的电化学条件下，氧化铝 "细胞" 自组织成六边形的紧密排列，形成蜂窝状结构，通过调节阳极氧化实验参数可实现多孔氧化铝的孔直径和孔密度的调整制备，常规调节范围区间分别为 5~500nm 和 50~1050 个/cm^2。

除了氧化铝外，铁基合金同样可以进行阳极氧化处理，如 304、316 等不锈钢薄板，以及 FeCrAl 合金薄板。铁基薄板在进行阳极氧化处理之前需进行预处理，方法包括有机溶剂超声洗和电化学抛光等。通过有机溶剂超声洗工序可将铁基薄板表面的油污等杂质清除干净；通过电化学抛光工序能够去除铁基薄板表面形成的原始氧化膜，得到更为平整的表面状态，进而保障阳极氧化处理后表面氧化膜的规整程度。

阳极氧化时间、电流密度、电解质浓度和温度等技术参数影响阳极氧化层的结构性质，如：孔直径与排布、孔隙密度、比表面积和厚度等。图 3.25 示出 FeCrAl 合金在不同条件下进行阳极氧化处理后得到的氧化物层 SEM 照片。FeCrAl 合金样品分别在丙酮和乙醇中进行超声清洗，室温下超声清洗 15min 后进行表面抛光处理，配制电化学抛光液，抛光液中各组分的质量比为：磷酸 (85%)：硫酸 (98%)：铬酐：甘油：水为 11：36：10：25：18；抛光条件为：温度 40~80℃，电流密度 10~30A/dm^2，时间 1~5min；阳极氧化处理过程条件为：高氯酸体积浓度 1%、氟化钠浓度 0.5mol/L、电压 40~80V、温度 2℃、时间 50min、水洗、干燥。在阳极氧化过程中，主要涉及氧化层生成和氧化层再溶解，较长的氧化时间和较高的电流密度会加速氧化层生成，较高的电解质浓度和温度则会促进氧化层溶解，通过调整实验参数，分别制得孔径为 34nm(图 3.25(a))、61nm(图 3.25(b)) 和 98nm(图 3.25(c)) 的通孔型阳极氧化多孔不锈钢薄膜。

需要指出的是，尽管阳极氧化技术相对比较成熟，完全可以处理 FeCrAl 合金，但体积较大的整体构型 FeCrAl 金属蜂窝基体的阳极氧化处理仍具有很大的技术挑战。

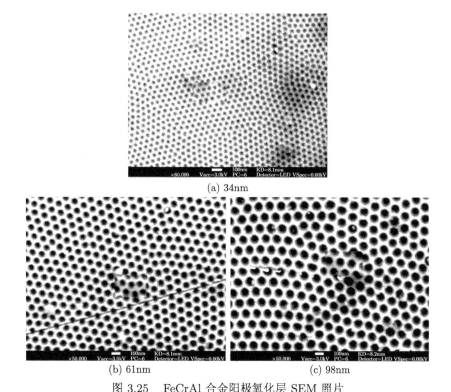

(a) 34nm

(b) 61nm　　　　　　　　　　　(c) 98nm

图 3.25　FeCrAl 合金阳极氧化层 SEM 照片

3. 金属基体臭氧分解催化剂制备

1) 制备工艺选择

金属基体氧化物载体涂层制备方法包括溶液浸渍法、悬浮液涂覆法、溶胶-凝胶法、原位沉积沉淀法、电化学沉积法、化学气相沉积法和物理气相沉积法等，需根据使用条件和应用范围进行制备方法选择，防爆系统臭氧转换器安装在发动机引气管路中，其安装环境使得催化剂在保证高效臭氧分解前提下，必须具备较强的耐热冲击性能和耐机械振动性能，即要求催化剂涂层在金属基体上具有高的机械稳定性，由此，适合采用悬浮液沉积或浆料涂覆法。

金属基体整体构型催化剂与陶瓷基蜂窝催化剂相比具有更多的优势，如更薄的壁厚、更大的开孔率、更强的机械强度和抗震性能、更小的热容和更大的传热系数等，但是金属基体壁载催化剂的制备工艺具有较大的难度和技术挑战。其根本原因在于：陶瓷基体与无机金属氧化物载体涂层理化性质相近，而金属基体与无机金属氧化物载体涂层的理化性质差异很大，尤其是热膨胀系数相差一个数量级以上，导致在载体涂层的干燥和焙烧等热处理工艺过程中，极易发生涂层开裂和剥落；陶瓷蜂窝基体表面粗糙，并且有大量的微米级孔隙存在，能够为涂层浆料提供大量有效"锚定点", 进而提高涂层的牢固度, 而金属基体表面相对比较光滑, 无法提供有效的"锚定点", 使得涂层浆料在干燥过程中出现裂纹, 进而导致涂层牢固度明显下降。

要解决上述问题, 需要选择恰当的制备工艺, 对此, 我们提出了图 3.26 所示的制备工艺流程。采用高温氧化处理方法, 在整体构型的 FeCrAl 合金表面生成一层无规则排布的氧化铝晶须, 在氧化铝晶须表面涂覆金属氧化物, 经过烘干和焙烧处理, 得到成型催化剂样品 (图 3.26(a)); 当催化剂活性组分与载体混合制成涂层浆料, 直接进行涂层负载 (图 3.26(b))。图 3.26(a) 和 (b) 这两种工艺流程的选择取决于浆料制备的具体情况。

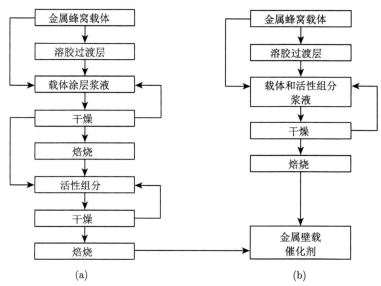

图 3.26   FeCrAl 整体构型催化剂制备流程示意图

2) 过渡涂层

过渡涂层前驱体主要有溶胶和浆料两种形式, 其中以溶胶为主要选择, 因为溶胶中固相粒子粒径在 20~120nm 范围内, 而浆料中固相粒子的粒径分布范围较大。常用的溶胶主要有铝溶胶、硅溶胶、锆溶胶、铈溶胶等。依据制备工艺的不同, 这些溶胶可以单独使用, 也可以两种或两种以上混合使用。需要注意的是, 每一种溶胶均有其 pH 稳定区间, 所以在混合使用过程中一定要注意调节混合胶体的 pH。

作为过渡涂层前驱体, 铝溶胶应用最为广泛, 其中涉及的关键技术包括: ① 溶胶制备工艺、性质参数调控优化 (黏度、固含量、pH、稳定性、流动性、触变性等); ② 过渡涂层制备工艺 (涂覆方法、干燥及焙烧工艺等)。

常规的铝溶胶粒径在 10～100nm 范围内，制备工艺简单，但应用于 FeCrAl 金属基体过渡层负载的溶胶则要求较高。为了简化金属壁载催化剂制备工艺，过渡涂层采用单次涂覆为佳，因此要求铝溶胶固含量在 15% 以上，否则过渡涂层负载量不足，需要多次负载才能达到要求。在实际制备过程中，过渡涂层的单次上载量主要取决于溶胶黏度和固含量，黏度越大、固含量越高，单次负载量越大，然而高黏度会导致过渡涂层质量变差，甚至出现涂层裂纹现象，固含量过高则难以保持溶胶的稳定性。制备固含量高的溶胶涉及的技术难点在于兼顾固含量高、黏度低和稳定性好等指标参数，解决问题的关键在于溶胶制备过程中各种有机添加剂的选择。

3) 制备条件优化

由于金属蜂窝基体与无机金属氧化物载体涂层的理化性质差异很大，尤其是热膨胀系数相差一个数量级，因而在载体涂层的干燥和焙烧等热处理工艺过程中，极易发生涂层开裂和剥落，无论是过渡涂层还是催化剂涂层均面临同样的问题。解决问题的关键一是在于过渡涂层前驱体溶胶和催化剂涂层浆料的优化制备；二是在于如何从催化剂制备工艺参数优化入手，在实际制备过程中，同时考虑二者的相互影响，及时调整。

以氧化铝作为金属基体的载体涂层时，存在"临界开裂厚度"，此"临界开裂厚度"值与涂层材料、浆料性质、干燥和焙烧条件都有关系。当氧化铝涂层负载量较大时，涂层厚度值增加，增大了涂层的开裂概率。不恰当的载体浆料涂覆工艺同样会导致载体涂层在金属基体表面分布不均，局部涂层过厚，进而引起涂层的裂纹现象发生。

在金属壁载催化剂制备过程中，干燥和焙烧过程均对涂层质量产生重要影响，不恰当的干燥工艺极易引起载体涂层出现裂纹、针孔、脱落等问题。干燥过程涂层开裂的原因主要在于：一方面，涂层外表面在恒速干燥过程中首先会发生较大的体积收缩，使得涂层由外向内出现较大的收缩应力，引起涂层内部和涂层表面收缩率出现较大差异，这种应力梯度导致的非均匀收缩就是涂层出现开裂的直接原因；另一方面，涂层内部固体粒子不规则堆积造成孔径尺寸分布不均，干燥过程中液体首先从最大的毛细管中排出，大小孔之间的毛细压力存在差异，导致孔壁变形引起开裂，此种现象在粒径尺寸 1μm 以下的浆料涂层干燥过程中体现得尤为明显。由上述分析可知，在金属蜂窝基体上负载较高含量载体涂层时，想要保证载体涂层光滑、无裂纹，就必须要制备出性能适宜的涂层浆料，并且需要优化出恰当的制备工艺参数，这实际上对金属壁载催化剂和涂层浆料的制备工艺均提出了很大的技术挑战。

无论是过渡层浆料还是催化剂涂层浆料，均含有溶胶成分，其干燥过程可采用毛细管作用解释：干燥时，水分最初在毛细管作用下向涂层表面移动，并维持表面湿润；由于蒸气压较大，大孔中的水分总是先减少，大孔中没有水分时，较小孔中可能仍有水分，若此时采用较高温度下的迅速干燥，会导致涂层固相颗粒强度降低，产生裂缝。所以采用合理的升温干燥程序及干燥温度，并且延长干燥时间，可在一定程度上减少涂层裂纹的产生概率。

有机添加剂的合理使用是关键，通过在涂层浆料中引入有机添加剂，调变涂层浆料的表面张力大小及分布，如在氧化铝浆料中添加有机醇和有机酯类物质，可以起到稳定氧化铝浆料和降低表面张力的作用，通过添加改性有机硅烷类、丙烯酸类有机物质，可使得浆料涂层内部保持均匀的表面张力，在载体涂层干燥过程中不发生大的变化，从而有效降低载体涂层在干燥过程中发生开裂的概率。

3.6 臭氧转换器集成设计与适航

高效臭氧转换器开发的思路和方案如图 3.27 所示。在完成高效臭氧催化分解材料及金属壁载臭氧分解催化剂制备技术后，需进行臭氧转换器的集成设计与适航试验。

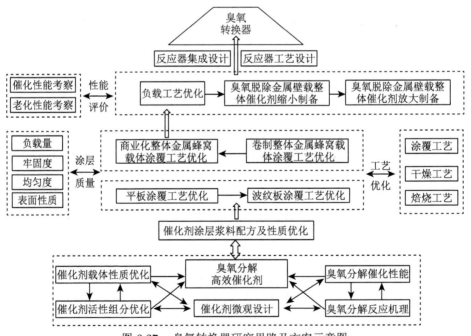

图 3.27 臭氧转换器研究思路及方案示意图

3.6.1 臭氧转换器集成设计

为了减小外来物 (foreign object debris，FOD) 的影响，可在臭氧转换器的入口处增设一层或两层三角形、矩形翅片结构的过滤层 (图 3.28)，过滤层具有 $60\%\sim90\%$ 的孔隙率，不会增加设备的阻力降 [95]。

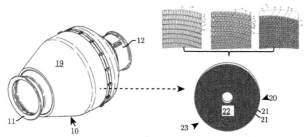

图 3.28　入口设置过滤层的臭氧转换器结构设计

10. 臭氧转换器；11. 入口管；12. 出口管；19. 保护罩；20. 翅片芯体；21. 环形翅片；22. 入口侧；23. 臭氧气体

为了避免气流对臭氧转换器的长时间冲刷，当飞机从发动机引入的空气中不含臭氧 (如近地面飞行) 时，在如图 3.29 所示的系统 100 中，将不含臭氧的发动机引风 104 旁路开臭氧转换器 110。具体地，发动机引风 104 进入环控系统 102 后，首先进入空气参数调节单元 106，在调节单元内部的 108 模块组件中进行压力、温度调节；然后，通过切换阀 114 来切换是否进入臭氧转换器 110，最后将不含臭氧的发动机引风 120 供给后续单元 112。为了实现上述功能，文献 [96] 公开了一种可以切换旁路的反应器，如图 3.30 所示，通过旋转图中的连接在隔离板 222 上的连接杆 221，改变气体的流动方向，当空气中含有臭氧时，气体通过入口环隙进入臭氧转换芯体 212(图 3.30(d))；当不含臭氧时，气体直接从内部穿过臭氧转换器 (3.30(c))。具体地，臭氧转换器 110 的入口封头 156 和出口封头 158，通过可拆卸连接件 160 组合在一体，发动机引风 A 从入口 150 进入臭氧转换器，净化后的气体 B 从出口 152 排出。在图 3.30(b) 中给出了旁路切换的构成单元 410，连接杆 221 通过转动执行器 408 控制，当收到 408 执行器的信号后，连接杆 221 带动隔离板 222 转动，改变气体流动方向。不同模式下，气体的流动方向如图 3.30(c) 和图 3.30(d) 所示。

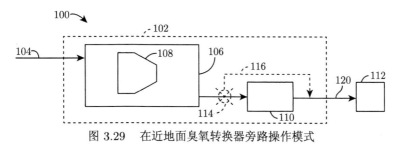

图 3.29　在近地面臭氧转换器旁路操作模式

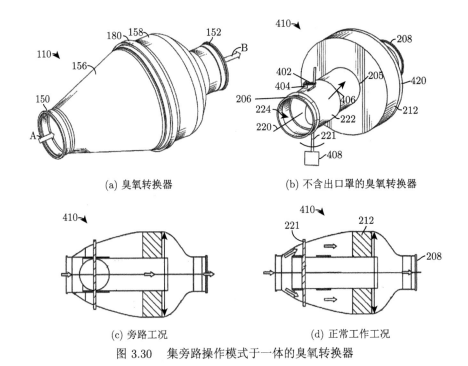

(a) 臭氧转换器　　　　　　　　　(b) 不含出口罩的臭氧转换器

(c) 旁路工况　　　　　　　　　　(d) 正常工作工况

图 3.30　集旁路操作模式于一体的臭氧转换器

为了提高臭氧转换器的效率, 专利 [85] 提出了一种双臭氧转换芯体的转换器 (图 3.31), 该转换器极大地提高了臭氧净化效率。双臭氧转换器 A 和 B 的间距 G 对臭氧的净化效率具有重要的影响, 因为在进入第二个芯体前气体的二次混合和分布会影响臭氧净化效率, 因此, 在进入第二臭氧转换器时, 强制发生湍流, 可提高净化效率。当 G 为最小间隔时, 双层臭氧转换器的臭氧转化效率能达到 99%; 如果进一步增加 G 的间隔尺寸到 12in(1in = 25.4mm), 还能进一步提高净化效率; 但是, 当超过 12in 后, 进一步增大间距, 臭氧转化率不会进一步提升。此外, 双层臭氧转换器还可以实现臭氧和 VOCs 的协同脱除。

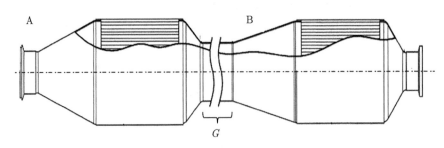

图 3.31　一种双臭氧转换芯体的转换器

文献 [97] 公开了一种飞机机舱脱除臭氧的气体净化系统 (图 3.32)，该气体净化系统为多层腔结构，不同腔实现臭氧转化、换热、过滤等功能，采用径向反应器结构，床层阻力降低，而且具有高的臭氧脱除效率，气体净化系统出口臭氧浓度能够控制在 $0.1mg/m^3$ 以下，高比表、轻质臭氧分解催化剂及吸附材料极大降低了系统的重量和抗冲击能力，适用于高的空气流速。

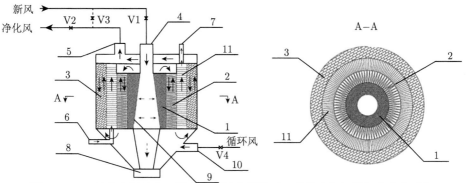

图 3.32 一种集臭氧转化、除水及颗粒物脱除于一体的飞机机舱气体净化系统
1. 过滤填料；2. 臭氧转化催化剂；3. 丝网过滤器；4. 水及固体颗粒物排出口；5. 进风口；6. 出风口；7. 冷却介质出口；8. 反吹扫排出口；9. 丝网过滤器；10. 循环风入口；11. 冷却介质腔；V1,V2,V3,V4. 自动控制阀门

3.6.2 臭氧转换器封装技术

由图 3.33 可见，国外商用的臭氧转换器高径比都比较小，而且内置的臭氧分解催化剂为金属蜂窝结构，气体在催化剂入口端面的均匀分布是保证臭氧转换效率的关键，因此，需要对臭氧转换器的入口气流分布进行优化。这可通过对臭氧转化器进行 CAD 建模，导入 Gambit 软件进行网格划分，利用 Fluent 软件进行入口结构的气流分布模拟预测来实现，图 3.34 为我们开发的臭氧转换器的结构及实物照片。

图 3.33 国外商用的臭氧转换器

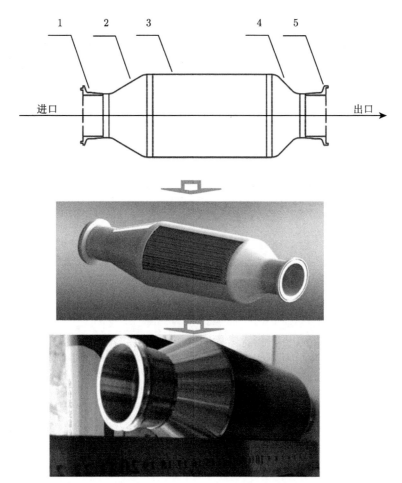

图 3.34　臭氧催化转换器示意图

1. 进口环卡接头；2. 进口整流气罩；3. 臭氧分解催化剂；4. 出口整流气罩；5. 出口环卡接头

3.6.3　适航认证与臭氧转换器性能测评

1. 适航认证试验要求

　　适航取证过程的重要环节是经历一系列的规定试验。对于机载设备来说，则应通过一系列的环境试验，以证明其在民用飞机运行中遇到的各种环境因素的作用下，均能满足最低性能标准的要求。目前民用飞机机载设备适航取证使用的环境试验标准主要是美国航空无线电技术委员会 (RTCA) 制定的 RTCA DO-160 系列的标准，DO-160 经历 7 次修订，目前已发展为 DO-160 G。其包含的试验项目越来越完整，各试验项目中的试验程序越来越科学合理。

　　适航验证试验遵循图 3.35 所示的试验流程。

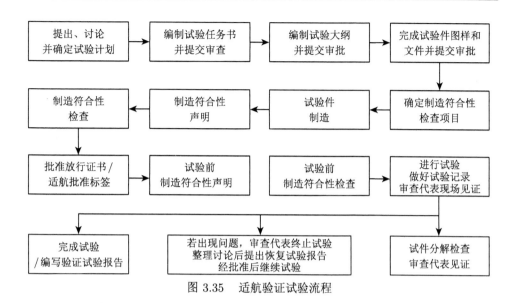

图 3.35 适航验证试验流程

作为适航符合性验证的重要组成部分，机载设备的环境鉴定需求 (包括环境适应性、供电适应性、电磁兼容性、防火可燃性等) 越来越受到适航当局、主机单位和机载设备设计制造商重视。因此，机载臭氧转换器还应依据 RTCA DO-160G，按照表 3.8 中定义的试验类别来进行环境试验。

表 3.8 机载臭氧转换器环境鉴定要求

序号	试验项目	分类
1	温度和高度、过压试验	B2
2	地面低温耐受试验	B2
3	地面低温耐受和短时工作试验	B2
4	低温工作试验	B2
5	地面高温耐受试验	B2
6	地面高温耐受和短时工作试验	B2
7	高温工作试验	B2
8	高度试验	B2
9	温度变化试验	A
10	湿热试验	B
11	工作冲击和坠撞安全	A
12	振动试验	S, curve T
13	防水试验	H
14	液体敏感性试验	W
15	沙尘试验	F
16	霉菌试验	S
17	盐雾试验	F
18	结冰试验	A

2. 臭氧转换器性能测评

1) 分解性能测试

在臭氧转换器测试中, 要求提供一定压力 P、一定流量 Q、一定温度 T 和一定浓度的臭氧混合气体, 经过臭氧转换器分解后再次检测臭氧浓度, 以此计算臭氧转换器的转换效率 η, 效率符合要求即为合格。

臭氧转换器性能测试流程如图 3.36 所示, 臭氧浓度通过空气与臭氧发生器产生, 按照一定比例混合, 为了消除空气源臭氧中氮氧化物的影响, 采用氧气和氩气混合气体来产生臭氧, 气体的温度通过热电偶控制电加热器输出功率来调节, 臭氧转换器入口段的压力和转换器两端压降通过压力变送器检测, 转换效率通过进出口的臭氧分析仪检测结果计算获取。

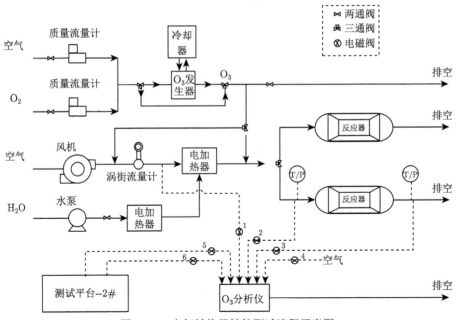

图 3.36 臭氧转换器性能测试流程示意图

测试系统分为气体供应模块、臭氧发生模块、压力采集模块、温度采集模块和浓度监测模块。

(1) 气体供应模块: 用于供应一定压力、温度和流量的空气。通过调压阀调节气体压力; 通过气体流量计调节气体流量, 改变臭氧分解催化剂的测试空速; 通过电加热器控制臭氧性能测试温度; 为了考察水蒸气对臭氧分解催化剂性能的影响, 借助水泵将水通入电加热器中汽化后进入反应器中, 通过调节水的流量来控制水蒸气在混合气体中的浓度。

(2) 臭氧发生模块：通过质量流量计控制的氩气和纯氧混合后供入臭氧发生器中，经过电弧放电，将部分纯氧转换为臭氧，臭氧浓度可以通过调节纯氧的流量以及其与氩气的相对含量来控制。

(3) 压力采集模块：在臭氧测试系统的进出口设置压力传感器或差压变送器，检测不同测试条件下臭氧转换器的阻力降。

(4) 温度采集模块：监测控制臭氧转换器进出口温度，测试臭氧转换器在不同温度下的臭氧净化效率。

(5) 浓度监测模块：监测臭氧转换器进出口臭氧浓度，通过计算臭氧转化率，定性定量评判臭氧转换器性能。

将上述模块集成一体形成臭氧转换器性能测试系统，如图 3.37 所示。

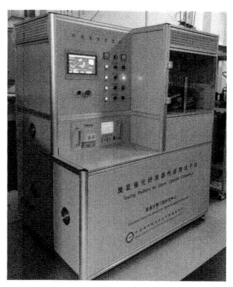

图 3.37　臭氧转换器性能测试系统

除初始性能外，臭氧转换器寿命也是一个重要指标，转换器寿命依赖于飞机类型、维修状况、飞行线路等因素；为了实现臭氧转换器的及时再生和更换，还需要了解催化剂的失活行为。

通过比较新鲜的和运行 20000h 后的臭氧转换器的性能 (图 3.38)，可以看出：在低温下，新鲜催化剂的臭氧转换率随温度显著升高，而在高温区 (>150℃)，臭氧转换效率随温度变化较小，说明在低温下主反应受动力学控制，在高温区间内，主反应受传质控制；在 20000h 后，低温下催化剂活性下降，无法达到本征相质量传递控制转化率，说明活性位大幅度减少，孔扩散阻力增加。

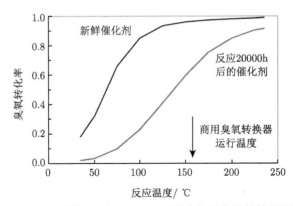

图 3.38   新鲜的和运行 20000h 后的臭氧转换器的性能比较

分析臭氧转换器轴向不同位置上的元素分布，结果表明：运行 10000h 后，大量的 S、P 和 Si 沉积在催化剂的表面，S 主要来源于航空煤油和润滑油，P 则来自润滑油以及液压液体；当飞行时间达到 25000h，S、Si 变化不太明显，而 P 仍增加。通过研究催化剂反应断面上的元素分布可以看出，S 均匀分布在催化剂的整个断面上，而 Si 和 P 仅仅分布在催化剂的表面。Si 和 P 在催化剂表面的优先沉积，导致催化剂孔堵塞，10000fh 后，催化剂的孔容为 0.0852ml/g；而 25 000fh 后，孔容为 0.0318ml/g；孔径由 5.32nm 减小到 3.79nm。孔分布显示部分孔被堵塞，而小于 5nm 的孔增加。由此可见，Si、P 和 S 是臭氧转换器主要的污染物；三种污染物在轴向具有一定的梯度，P 和 Si 优先沉积在催化剂表面；P 具有高的"穿透"梯度，可能属于溶胶类型的沉积；三种污染物沉积量随着飞行时间增加，含硫物质均匀分布在涂层内，S 导致的催化剂失活是非选择性的。用酸碱洗涤催化剂，能使其恢复催化活性，P 被大量消除，而 S 和 Si 几乎不变，说明催化剂孔堵塞主要是由于 P 的沉积。此外，机场除冰液体会沉积在催化剂表面，粉尘、盐水中的氯化物也会堵塞或覆盖活性位点导致催化剂失活，因此，在臭氧转换器性能测试时，还需要兼顾飞行环境与杂原子等导致的催化剂性能的下降。

2) 机械性能测试

为了测试金属基臭氧转换器氧化物涂层的机械稳定性，需将未封装的臭氧转换催化剂置于超声波清洗机中进行清洗，利用超声波在液体中的空化、加速度及直进流对液体和涂层的直接、间接作用，来测试涂层的机械附着力，其测试条件如下：测试频率，20~90kHz；清洗温度，30~70℃；超声时间，4~10h。

超声结束后将样品进行干燥、称量，计算涂层的剥落率，控制脱除剥落率在 1% 以内。

参 考 文 献

[1] Oyama S T. Chemical and Catalytic Properties of Ozone[J]. Catalysis Reviews: Science and Engineering, 2000, 3: 279-333.

[2] Batakliev T, Georgiev V, Anachkov M, et al. Ozone decomposition[J]. Interdiscip Toxicol, 2014, 2: 47-59.

[3] Li X T, Ma J Z, He Hong, Recent advances in catalytic decomposition of ozone[J]. Journal of Environmental Sciences, 2020, 94: 14-31.

[4] Zhang X D, Qu Z P, Yu F L, et al. Progress in carbon monoxide oxidation over nanosized Ag catalysts[J]. Chinese Journal of Catalysis, 2013, 34: 1277-1290.

[5] Kumar N, Konova P, Naydenov A, et al. Ag-modified H-beta, H-MCM-41 and SiO_2: influence of support, acidity and Ag content in ozone decomposition at ambient temperature[J]. Catalysis Today, 2007, 119: 342-346.

[6] Imamura S, Ikebata M, Ito T, et al. Decomposition of Ozone on a Silver Catalyst[J]. Industrial and Engineering Chemistry Research, 1991, 30(1): 217-221.

[7] Nikolov P, Genov K, Konova P, et al. Ozone decomposition on Ag/SiO_2 and Ag/clinoptilolite catalysts at ambient temperature[J]. Journal of hazardous materials, 2010, 184: 16-19.

[8] Naydenov A, Konova P, Nikolov P, et al. Decomposition of ozone on Ag/SiO_2 catalyst for abatement of waste gases emissions[J]. Catalysis Today, 2008, 137 (2-4): 471-474.

[9] Haruta M, Yamada N, Kobayashi T, et al. Gold catalysts prepared by coprecipitation for low-temperature oxidation of hydrogen and of carbon monoxide[J]. Journal of Catalysis, 1989,115(2): 301-309.

[10] Hao Z P, Cheng D Y, Guo Y, et al. Supported gold catalysts used for ozone decomposition and simultaneous elimination of ozone and carbon monoxide at ambient temperature[J]. Applied Catalysis B: Environmental, 2001, 33(3): 217-222.

[11] 张博, 史蕊, 张彭义, 等. 制备条件对 Au/AC 催化分解臭氧性能的影响 [J]. 稀有金属材料与工程,2010, 39(04): 692-696.

[12] 史蕊, 张博, 李宏煦, 等. 用于臭氧分解的碳载纳米金催化剂制备及性能表征 [J]. 有色金属, 2010, 62(04): 45-48.

[13] 张博, 张彭义, 史蕊, 等. 溶胶负载法制备的 Au/AC 催化分解低浓度臭氧 [J]. 催化学报, 2009, 30(03): 235-241.

[14] 张博, 徐九华, 李宏煦, 等. 不同方法制备碳载金催化剂对臭氧的催化分解 [J]. 有色金属, 2011, 63(01): 105-108.

[15] 张竞杰, 张彭义, 张博, 等. 活性炭负载金催化分解空气中低浓度臭氧 [J]. 催化学报, 2008, 29(04): 335-340.

[16] Wu M C, Kelly N A. Clean-air catalyst system for on-road applications: II. Mechanistic studies of pollutant removal [J]. Applied Catalysis B: Environmental, 1998, 18: 93-104.

[17] Hoke J B, Novak J R, Steger J J, et al. Method and apparatus for treating the atmosphere: US, US6214303 B1[P]. 2001-10-04.

[18] Ren C J, Zhou L N, Shang H Y, et al. Effect of preparation method on the perfor-
      mance of Pd-MnO$_x$/γ-Al$_2$O$_3$ monolithic catalysts for ground-level O$_3$ decomposition[J].
      Chinese Journal of Catalysis, 2014, 11: 1883-1890.

[19] Yu Q W, Pan H, Zhao M, et al. Influence of calcination temperature on the performance
      of Pd-Mn/SiO2–Al$_2$O$_3$ catalysts for ozone decomposition[J]. Journal of hazardous ma-
      terials, 2009, 2-3: 631-634.

[20] Ren C J, Zhou L N, Shang H Y, et al. Pd-MnO$_x$/γ-Al$_2$O$_3$ monolithic catalysts pre-
      pared by impregnation method and effect of different supports on ground-level ozone
      decomposition[J]. Acta Physico-Chimica Sinica, 2014, 30(5): 957-964.

[21] Tao L G, Zhang Z Q, Chen P J, et al. Thin-felt Al-fiber-structured Pd-Co-MnO$_x$/Al$_2$O$_3$
      catalyst with high moisture resistance for high-throughput O$_3$ decomposition[J].
      Applied Surface Science, 2019, 481.

[22] Wu F, Wang M Y, Lu Y W, et al. Catalytic removal of ozone and design of an ozone
      converter for the bleeding air purification of aircraft cabin[J]. Building and Environment,
      2017, 115(APR.): 25-33.

[23] Chang C L, Lin T S. Pt/Rh and Pd/Rh catalysts used for ozone decomposition and si-
      multaneous elimination of ozone and carbon monoxide[J]. Reaction Kinetics & Catalysis
      Letters, 2005, 86(1): 91-98.

[24] Lin J J, Kawai A, Nakajima T. Effective catalysts for decomposition of aqueous ozone[J].
      Applied Catalysis B: Environmental, 2002, (39) : 157-165.

[25] Mehandjiev D, Naidenov A. Ozone decomposition on α-Fe$_2$O$_3$ catalyst[J]. Ozone Science
      and Engineering, 1992, 14(4): 277-282.

[26] Radhakrishnan R, Oyama S T. Electron transfer effects in ozone decomposition on
      supported manganese oxide[J]. Journal of Physical Chemisty.B, 2001, 4245-4253.

[27] Gong S Y, Chen J Y, Wu X F, et al. In-situ synthesis of Cu$_2$O/reduced graphene oxide
      composite as effective catalyst for ozone decomposition[J]. Catalysis Communications,
      2018, 106: 25-29.

[28] Foor B S, Proszowski M J, Michalakos P. Next Generation Combined hydrocarbon/ozone
      converter: USA, US8394331B2[P]. 2013-05-12.

[29] Gong S Y, Wang A Q, Wang Y, et al. Heterostructured Ni/NiO nanocatalysts for ozone
      decomposition[J]. ACS Applied Nano Materials, 2020, 3(1): 597-607.

[30] Gong S Y, Wu X F, Zhang J L, et al. Facile solution synthesis of Cu$_2$O-CuO-Cu(OH)$_2$
      hierarchical nanostructures for effective catalytic ozone decomposition[J]. Crysteng-
      comm, 2018, 20(22): 3096-3104.

[31] Gong S Y, Li W H, Xie Z, et al. Low temperature decomposition of ozone by facilely
      synthesized cuprous oxide catalyst[J]. New journal of chemistry, 2017, 12: 4828-4834.

[32] Gong S Y, Wang A Q, Zhang J L, et al. Gram-scale synthesis of ultra-fine Cu$_2$O for
      highly efficient ozone decomposition[J]. RSC Advances, 2020, 10.

[33] Mathew T, Suzuki K, Ikuta Y, et al. Mesoporous ferrihydrite-based iron oxide nanopar-
      ticles as highly promising materials for ozone removal[J]. Angewandte Chemie, 2011.

[34] Gong S Y, Xie Z, Li W M, et al. Highly active and humidity resistive perovskite LaFeO₃ based catalysts for efficient ozone decomposition[J]. Applied Catalysis B: Environmental, 2019, 241: 578-587.

[35] Wang H, Rassu P, Wang X, et al. An iron-containing metal-organic framework as a highly efficient catalyst for ozone decomposition[J]. Angewandte Chemie, 2018, 130.

[36] Radhakrishnan R, Oyama S T. Ozone Decomposition over Manganese Oxide supported on ZrO₂ and TiO₂: A kinetic study using in Situ laser raman spectroscopy[J]. Journal of Catalysis, 2001,199(2): 282-290.

[37] Kwon D W, Kim G J, Won J M, et al. Influence of Mn valence state and characteristic of TiO₂ on the performance of Mn–Ti catalysts in ozone decomposition[J]. Environmental Technology, 2017, 38(22): 2785-2792.

[38] Einag H, Harada M, Futamur S. Structural changes in alumina-supported manganese oxides during ozone decomposition [J]. Chemical Physics Letters, 2005, 408(4-6): 377-380.

[39] Jian J, Yang F, He L S, et al. Efficient catalytic removal of airborne ozone under ambient conditions over manganese oxides immobilized on carbon nanotubes[J]. Catalysis Science and Technology, 2019, 9(15).

[40] Jiang C J, Zhang P Y, Zhang B, et al. Facile Synthesis of Activated Carbon-Supported Porous Manganese Oxide via in situ Reduction of Permanganate for Ozone Decomposition[J]. Ozone Science and Engineering, 2013, 35(4): 308-315.

[41] Yu Y, Ji J, Li K, et al. Activated carbon supported MnO nanoparticles for efficient ozone decomposition at room temperature[J]. Catalysis Today, 2019, 355.

[42] Zhu G X, Zhu J G, Jiang W J, et al. Surface oxygen vacancy induced α-MnO₂ nanofiber for highly efficient ozone elimination[J]. Applied Catalysis B: Environmental, 2017, 209: 729-737.

[43] Wei Z H, Zhao T S, Zhu X B, et al. MnO₂-x nanosheets on stainless steel felt as a carbon- and binder-free cathode for non-aqueous lithium-oxygen batteries[J]. Journal of Power Sources, 2016, 724-732.

[44] Sun M, Li W P, Zhang B T, et al. Enhanced catalytic performance by oxygen vacancy and active interface originated from facile reduction of OMS-2[J]. Chemical Engineering Journal, 2018, 626-635.

[45] Lv Y H, Liu Y F, Zhu Y Y. Surface oxygen vacancy induced photocatalytic performance enhancement of a BiPO₄ nanorod[J]. Journal of Materials Chemistry, A. Materials for Energy and Sustainability, 2014, 2(4): 1174-1182.

[46] Zhai T, Xie S L, Yu M H, et al. Oxygen vacancies enhancing capacitive properties of MnO₂ nanorods for wearable asymmetric supercapacitors[J]. Nano Energy, 2014, 8: 255-263.

[47] Jia J B, Zhang P Y, Chen L. Catalytic decomposition of gaseous ozone over manganese dioxides with different crystal structures[J]. Applied Catalysis B Environmental, 2016, 189: 210-218.

[48] Zhu S J, Wang C H, Liu X Y, et al. Birnessite based nanostructures for supercapacitors: challenges, strategies and prospects[J]. Nanoscale Advances, 2020, 2: 37-54.

[49] Cao R R, Zhang P Y, Liu Y, et al. Ammonium-treated birnessite-type MnO_2 to increase oxygen vacancies and surface acidity for stably decomposing ozone in humid condition[J]. Applied Surface Science, 2019, 495: 143607.

[50] Liu Y, Yang W J, Zhang P Y, et al. Nitric acid-treated birnessite-type MnO_2: An efficient and hydrophobic material for humid ozone decomposition[J]. Applied Surface Science, 2018, 442: 640-649.

[51] Wang C X, Ma J Z, Liu F D, et al. The effects of Mn^{2+} precursors on the structure and ozone decomposition activity of cryptomelane-type manganese oxide (OMS-2) catalysts[J]. Journal of Physical Chemistry C, 2015, 119(40).

[52] Li J W, Pan K L, Yu S J, et al. Removal of formaldehyde over $Mn(x)Ce(1)$- $(x)O(2)$ catalysts: Thermal catalytic oxidation versus ozone catalytic oxidation[J]. Journal of Environmental Sciences, 2014, 12(26): 180-187.

[53] Zhang P F, Lu H F, Zhou Y, et al. Mesoporous $MnCeO_x$ solid solutions for low temperature and selective oxidation of hydrocarbons[J]. Nat Commun, 2015, 8446.

[54] Arena F, Chio R D, Fazio B, et al. Probing the functionality of nanostructured MnCeOx catalysts in the carbon monoxide oxidation[J]. Applied Catalysis B: Environmental, 2017, 14-22.

[55] Deng H, Kang S, Ma J, et al. Role of structural defects in MnO_x promoted by Ag doping in the catalytic combustion of volatile organic compounds and ambient decomposition of O_3[J]. Environ Sci Technol, 2019, 53(18): 10871-10879.

[56] Xu Q C, Jiang H, Zhang H X, et al. Phosphorus-driven mesoporous Co_3O_4 nanosheets with tunable oxygen vacancies for the enhanced oxygen evolution reaction[J]. Electrochimica Acta, 2018, 962-967.

[57] Li X T, Ma J Z, Li Y, et al. Oxygen vacancies induced by transition metal doping in γ-MnO_2 for highly efficient ozone decomposition[J]. Environmental science & technology, 2018.

[58] Li X T, Ma J Z, Zhang C B, et al. Detrimental role of residual surface acid ions on ozone decomposition over Ce-modified γ-MnO_2 under humid conditions[J]. Journal of Environmental Sciences, 2020, 91: 43-53.

[59] Liu Y, Zhang P Y. Removing surface hydroxyl groups of Ce-modified MnO_2 to significantly improve its stability for gaseous ozone decomposition[J]. Journal of Physical Chemistry C, 2017, 121 (42): 23488-23497.

[60] Jia J B, Yang W J, Zhang P Y, et al. Facile synthesis of Fe-modified manganese oxide with high content of oxygen vacancies for efficient airborne ozone destruction[J]. Applied Catalysis A, General, 2017, 546: 79-86.

[61] Lian Z H, Ma J Z, He H. Decomposition of high-level ozone under high humidity over Mn–Fe catalyst: The influence of iron precursors[J]. Catalysis Communications, 2015, 59: 156-160.

[62] Chen L, Jia J B, Ran R, et al. Nickel doping MnO_2 with abundant surface pits as highly efficient catalysts for propane deep oxidation[J]. Chemical Engineering Journal, 2019, 369: 1129-1137.

[63] Ma J Z, Wang C X, He H. Transition metal doped cryptomelane-type manganese oxide catalysts for ozone decomposition[J]. Applied Catalysis B: Environmental, 2017, 201: 503-510.

[64] Yang Y J, Jia J B, Yang L, et al. The effect of tungsten doping on the catalytic activity of α-MnO_2 nanomaterial for ozone decomposition under humid condition[J]. Applied Catalysis A: General, 2018, 562: 132-141.

[65] Genuino H C, Seraji M S, Meng Y T, et al. Combined experimental and computational study of CO oxidation promoted by Nb in manganese oxide octahedral molecular sieves[J]. Applied Catalysis B Environmental, 2015, 163: 361-369.

[66] Chen X, Zhao Z L, Liu S, et al. Ce-Fe-Mn ternary mixed-oxide catalysts for catalytic decomposition of ozone at ambient temperatures[J]. Journal of Rare Earths, 2020, 38: 175-181.

[67] Dey S, Dhal G C. A review of synthesis, structure and applications in hopcalite catalysts for carbon monoxide oxidation[J]. Aerosol Science and Engineering, 2019, 3: 97-131.

[68] Liu Y, Guo Y, Peng H G, et al. Modifying hopcalite catalyst by SnO_2 addition: An effective way to improve its moisture tolerance and activity for low temperature CO oxidation[J]. Applied Catalysis A: General, 2016, 525: 204-214.

[69] Valdés H, Alejandro S, Zaror C A. Natural zeolite reactivity towards ozone: The role of compensating cations[J]. Journal of Hazardous Materials, 2012, 227-228: 34-40.

[70] Brodu N, Manero M H, Andriantsiferana C, et al. Role of Lewis acid sites of ZSM-5 zeolite on gaseous ozone abatement[J]. Chemical Engineering Journal, 2013, 231: 281-286.

[71] Monneyron P, Mathé S, Manero M H, et al. Regeneration of high Silica zeolites via advanced oxidation processes: A preliminary study about adsorbent reactivity toward ozone[J]. Chemical Engineering Research & Design, 2003, 81(9): 1193-11989.

[72] Valdés H, Ulloa F J, Solar V A, et al. New insight of the influence of acidic surface sites of zeolite on the ability to remove gaseous ozone using operando DRIFTS studies[J]. Microporous and Mesoporous Materials, 2020, 294: 109912.

[73] Golodets G I. Heterogeneous Catalytic Reactions Involving Molecular Oxygen[M]. Amsterdam: Elsevier, 1983.

[74] Naydenov A, Stoyanova R, Mehandjiev D. Ozone decomposition and CO oxidation on CeO_2[J]. Journal of Molecular Catalysis A Chemical, 1995, 98(1): 9-14.

[75] Li W, Gibbs G V, Oyama S T. Mechanism of ozone decomposition on a manganese oxide catalyst. 2. steady-state and transient kinetic studies[J]. Journal of American Chemical Society, 1998, 9047-9052.

[76] Li W, Gibbs G V, Oyama S T. Mechanism of ozone decomposition on a manganese oxide catalyst. 1. in Situ Raman spectroscopy and Ab initio molecular orbital calculations[J].

Journal of American Chemical Society, 1998, 9041-9046.

[77] Li L, Feng X H, Nie Y, et al. Insight into the effect of oxygen vacancy concentration on the catalytic performance of MnO_2[J]. ACS Catalysis, 2015, 8: 4825-4832.

[78] Donald F P, Army E. Ozone converter with replaceable core: USA, US 9133028 B2[P]. 2015-09-15.

[79] Tatibouët J M, Valange S, Touati H. Near-ambient temperature ozone decomposition kinetics on manganese oxide-based catalysts[J]. Applied Catalysis A: General, 2019, 569: 126-133.

[80] Dhandapani B, Oyama S T. Gas phase ozone decomposition catalysts[J]. Applied Catalysis B: Environmental, 1997(11): 129-166.

[81] Zhao D Z, Shi C, Li X S, et al. Enhanced effect of water vapor on complete oxidation of formaldehyde in air with ozone over MnO_x catalysts at room temperature[J]. Journal of Hazardous Materials, 2012(15): 362-369.

[82] Galligan M P, Dettling J C. Layered catalyst composition: USA, US 5422331[P].1995-06-06.

[83] Chen J M, Carr W F. Ozone abatement catalyst having improved durability and low temperature performance: USA, 4343776[P].1982-08-10.

[84] Heck R M, Farrauto R J, Lee H C. Commercial development and experience with catalytic ozone abatement in jet aircraft[J]. Catalysis Today, 1992, 13(1): 43-58.

[85] Fernandes L, Amy A. Ozone converter for aircraft: USA, US 9205402B1[P].2015-06-03.

[86] Hoke J B, Allen F M, Blosser P W, et al. Stable slurries of catalytically active materials: USA, US 6818254 B1[P].2004-11-16.

[87] Dettling J C, Steger J J, Spencer M, et al. Pollutant treating devices and methods of making the same: USA, US 6340066 B1[P]. 2002-01-22.

[88] Gu Q, Zhao P F, Henderson R T, et al. Comparison of packed beds, washcoated monoliths, and microfibrous entrapped catalysts for ozone decomposition at high volumetric flow rates in pressurized systems[J]. Ind. Eng. Chem. Res. 2016, 55(29): 8025-8033.

[89] Zhu G X, Li J G, Yao W L, et al. Tuning the K^+ Concentration in the tunnels of alpha-MnO_2 to increase the content of oxygen vacancy for ozone elimination[J]. Environ Sci Technol, 2018, 15: 8684-8692.

[90] 吴卫东, 王艳萍, 方华, 等. 颗粒组分特性对稠密细颗粒固液两相流流动特性的影响 [J]. 浙江理工大学学报, 2020, 43(1): 58-62.

[91] Tsesekou A, Agrafiotis C. The effect of powder characteristics on washcoat quality. Part I Alumina washcoats[J]. Journal of the European Ceramic Society, 2000, 20(7): 815-824.

[92] 王金峰. 高雅春, 谢志鹏, 等. pH 值对 ZrO_2 超细粉体料浆性能的影响 [J]. 人工晶体学报, 2007, 1: 70-74.

[93] Regenhardt S A, Meyer C I, Sanz O, et al. Monolithic stirrer reactor: The selective lactose oxidation in liquid pHase over Au/Al_2O_3 nanostructured catalysts[J]. Molecular Catalysis, 2020, 481: 110-119.

[94] Agrafiotis C, Tsesekou A, Leon L. Effect of slurry rheological properties on the

coating of ceramic honeycombs with yttria-stabilized-zirconia washcoats[J]. Journal of the American Ceramic Society, 2000, (5): 1033-1038.

[95] Joseph J, Ozone converter leading edge protection: USA, US2018/104934051B1[P]. 2019-12-3.

[96] Army D E, Peacos F. Ozone converter with replaceable core: USA, US9122028B2[P]. 2014-10-16.

[97] 王胜，王树东，林乐, 等. 一种飞机机舱内臭氧、气体净化的方法及系统: 中国, ZL2015105 83452.1[P]. 2017-03-22.

第 4 章 机载空分装置设计

机载空分装置是油箱防爆系统最核心的部件，其性能直接决定着整个系统的大小与重量，该装置的设计，需要既能满足飞机油箱惰性化指标 (流量、浓度) 要求，又要兼顾飞机实际工作条件和相关规定 (飞机资源、产品尺寸、重量和全寿命周期成本、环境试验等)。

早在 2005 年，国内就以进口气体分离膜组件为基础，开展了机载燃油箱防爆系统研制工作，并在参考 A320 和 B747~B777 等装机系统产品和控制方法的基础上，初步预研出一套系统产品和分级控制模式，同时国内高校也积极与工业部门合作，在系统建模、理论仿真计算分析、装置性能试验、燃油箱可燃性评估等方面形成了一整套我国自主开发的理论计算与试验分析体系，有力地支持了国内燃油箱防爆系统设计的前期论证工作；2009 年，采用进口气体膜丝原料的空气分离装置经优化设计已达到装机状态，其技术性能、重量体积、环境适应性等达到了国外同类产品水平；然而，由于国产膜丝原料性能差异和装置封装工艺的落后，与国外航空发达国家相比，国内自主研发的机载空分装置，其整机性能与国外先进水平尚存在着一定的差距。

4.1 气体膜分离技术

膜分离技术是以高性能膜材料为核心的一种新型流体分离单元操作技术，它利用膜的分离选择性来实现料液中不同组分的分离、纯化和浓缩，与传统过滤、蒸发、精馏等分离技术相比，膜分离具有节能环保、设备紧凑、过程简单、易与其他技术耦合和集成等优点，被视为工业技术改造中一项极为重要的新技术 [1]。目前，世界各国对膜技术普遍重视，将其列为优先发展的一项高新技术。世界著名化工与膜专家，美国工程院院士黎念之博士在 1994 年访问我国时就曾预言："要想发展化学工业必须发展膜技术，谁掌握了膜技术，谁就掌握了化学工业的未来。"目前，膜技术已成为工业混合物体系分离与纯化过程的关键，并广泛应用于食品、饮料加工、工业污水处理、石油化工及气体处理等众多领域，产生了巨大的经济效益和社会效益。

气体膜分离是利用分子的渗透速率差使不同气体在膜两侧富集实现分离的 [2]。当原料气与分离膜接触时，气体分子将在膜两侧压力差驱动下透过膜，由于各种气体透过膜的速率不同，渗透速率快的气体在渗透侧富集，而渗透速率慢的气体则在原料侧富集，从而实现气体混合物的分离。

4.1.1 气体膜分离技术发展历程

1829 年，Graham 开始研究气体在聚合物膜中的传递现象。1831 年，Mitchell 用膜进行氢气和二氧化碳混合气分离，系统地研究了天然橡胶的透气性，发现了不同气体透过膜时速率不同的现象，首次揭示了用膜进行气体分离的可能性，并发表了用高聚物膜分离氢气和二氧化碳混合物的报告。1866 年，Graham 提出了气体透过橡胶膜的溶解-扩散机理，在解释渗透过程方面迈出了重要的一步；他还证明了用天然橡胶膜可以将大气中的氧气从 21% 富集到 41%，以及增加膜的厚度将减慢渗透速率，但不会影响选择性等，为膜的气体分离过程奠定了理论基础。

虽然人们早已发现可利用膜的渗透性来实现气体分离，但当时并没有找到合适的膜结构，膜的渗透率较低，使得膜分离技术难以与传统的气体分离技术 (如深冷、吸附) 相竞争，因而并未引起工业界的足够重视。

气体膜分离应用研究始于 20 世纪 50 年代。1950 年，Weller 和 Steiner 用 25μm 厚的乙基纤维素平板膜从空气中分离出含氧 32%～36% 的富氧空气，但由于膜的渗透量小、膜组件制造困难等原因，该应用并没有得到重视 [3]。1954 年，Brubaker 和 Kammermeyer 发现硅橡胶膜对气体的渗透速率比乙基纤维素大 500 倍，具有优越的渗透性 [4]。1960 年，Mears 进一步研究了玻璃态聚合物的透气性，拓宽了膜材料的选择范围。同年，Loeb 和 Sourirajan 开发出第一张整体皮层非对称膜，为膜分离技术的大规模工业应用奠定了基础，被称为膜分离技术发展的第一次飞跃。1965 年，S. A. Stern 等采用三级膜分离从天然气中浓缩氦气；同年 DuPont 公司申请了从混合气分离氢气、氦气的技术专利。1977 年，Du Pont 公司用熔融法制造出内径为 36μm 的均质聚酯中空纤维膜，并用于氢回收，这标志着气体分离膜技术开始走向工业应用。20 世纪 70 年代末，美国的孟山都 (Monsanto) 公司借助 Henis 复合膜阻力模型，成功开发出 "Prism" 膜装置并应用于从合成氨池放气中回收氢，气体膜分离技术从此进入大规模工业应用的新时代 [5]。

除氢氮气体分离膜外，事实上，自 20 世纪 70 年代以来，富氧、富氮分离膜研究也取得了长足进展 [6]。例如，1976 年美国 GE 公司将硅橡胶-聚碳酸酯共聚物用水面展开法制得 0.015μm 厚的超薄富氧膜，并应用于医疗制氧中。1982 年日本帝人公司开发了聚四甲基戊烯-1 膜，富氧浓度到达 40%。1986 年 Permea 公司推出 "Prism-a" 富氮装置，其气体渗透性能比 "Prism" 膜装置提高约 3～5 倍；1987 年东洋纺开发出三醋酸纤维素富氮膜，5in 和 8in 膜组件富氮浓度达到了 95%～97%。

随着氢分离膜、富氮、富氧膜相继研制成功并应用于市场，膜法气体分离技术应用越来越广泛，它有力地促进了气体膜分离技术的发展。

4.1.2　气体膜分离机理

气体膜分离过程是依据不同组分透过膜的速率存在差异而实现混合气分离。在膜两侧混合气体各组分在分压差的驱动下渗透通过膜，由于各组分渗透速率不同，渗透速率高的气体组分常被称为"快气"，而渗透速率较低的气体组分则被称为"慢气"，从而实现混合气体各组分之间的相对分离，如图 4.1 所示。

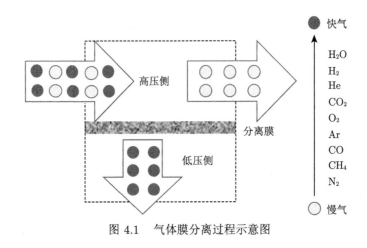

图 4.1　气体膜分离过程示意图

按照膜的结构不同，气体渗透通过的膜通常分为多孔膜以及非多孔膜 (致密膜) 两类 [6]，其机理如图 4.2 所示。

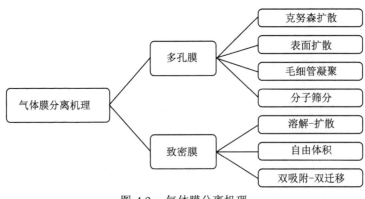

图 4.2　气体膜分离机理

气体分子在多孔膜中的传递机理主要取决于膜孔径大小及气体分子与膜材料相互作用的强弱，气体分子在具有分离能力多孔膜中的渗透机理主要包括克努森扩散、表面扩散、毛细管凝聚和分子筛分等，如图 4.3 所示。

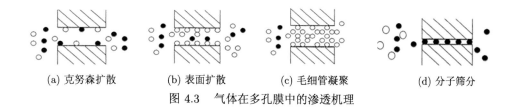

(a) 克努森扩散   (b) 表面扩散   (c) 毛细管凝聚   (d) 分子筛分

图 4.3   气体在多孔膜中的渗透机理

气体渗透通过非多孔膜 (致密膜) 的机理与多孔膜存在差异。其中，溶解-扩散机理是公认的、应用最多的有机致密膜气体渗透机理。此外，针对气体渗透通过玻璃态聚合物膜的过程，也有学者提出了双吸附-双迁移模型和自由体积理论等。

气体在有机致密膜内的传递机理通常采用 Graham 提出的溶解-扩散机理进行解释[7,8]。溶解-扩散机理认为气体渗透通过致密膜的过程分为三步：① 气体分子在膜上表面溶解吸附；② 气体分子在膜内渗透扩散；③ 气体分子在膜下表面解吸。通常，气体在膜上表面的溶解吸附和下表面的解吸过程很快，而气体在膜内的渗透扩散过程相对较慢，因此，气体在膜内的渗透扩散过程是气体渗透通过致密膜的速率控制步骤。

气体在有机致密膜中渗透扩散过程与分子筛分机理不同，如图 4.4 所示，致密膜中不存在固定的孔结构，高分子链段热运动过程形成的链段间距是气体扩散的主要通道。

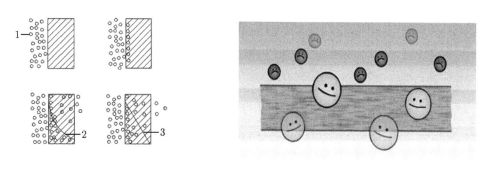

(a) 渗透扩散机理   (b) 分子筛分机理

图 4.4   溶解-扩散机理

1. 气体分子；2. 浓度梯度 (非稳态)；3. 浓度梯度 (稳态)

气体在致密膜中的扩散过程以气体浓度差为推动力，扩散遵循菲克 (Fick) 第一定律，渗透速率 J 可通过下式计算：

$$J = -D\frac{dc}{dx} \tag{4.1}$$

式中，D 为气体在膜中的扩散系数；c 为气体在膜内 x 点的浓度。

当扩散过程达到稳态时，方程 (4.1) 可简化为

$$J = D\frac{c_2 - c_1}{L} \tag{4.2}$$

式中，c_1 和 c_2 分别为膜下侧和上侧的气体浓度 (对应的气体压力分别为 p_1 和 p_2)；L 为膜厚度。

气体渗透系数 P 与渗透速率 J 的关系如下式所示：

$$P = \frac{JL}{p_2 - p_1} = \left(\frac{c_2 - c_1}{p_2 - p_1}\right)D \tag{4.3}$$

当膜上侧压力远远大于下侧压力时，即 $p_1 \ll p_2$、$c_1 \ll c_2$ 时，气体渗透系数 P 计算公式可简化为

$$P = \frac{c_2}{p_2}D \tag{4.4}$$

当气体在膜中的吸附遵循 Henry 吸附定律时，c_2/p_2 为气体溶解度系数 S，气体渗透系数可简单表示为

$$P = SD \tag{4.5}$$

气体 A 和 B 的理想分离系数 (α) 为两气体渗透系数的比值：

$$\alpha_{A/B} = \frac{P_A}{P_B} = \frac{D_A}{D_B}\frac{S_A}{S_B} \tag{4.6}$$

4.1.3　气体分离膜材料

气体分离膜可以由多种材料制备，不同的膜材料制备的分离膜性能有很大的差别，但理想的气体分离膜材料应同时具有高透气性和选择性、良好的机械性能、优良的热性能和化学稳定性以及成膜加工性能 [2]。目前，气体膜分离材料主要分为无机材料和高分子聚合物材料两类。相比无机材料，有机高分子材料具有如下优点 [9]：膜材料种类众多，可以满足不同分离过程的要求；制造成本低，经济上具有竞争力；制备工艺已经成熟，易于规模化生产性能稳定的膜；同

时，有机膜的韧性要远好于无机膜，有利于膜的加工成型及组件安装。膜组件如螺旋卷式、板框式以及中空纤维等已经比较成熟，且单位体积内具有较高的装填面积。

用于制作气体分离膜的常见高分子材料主要包括以下几类。

(1) 纤维素及其衍生物 [10]：纤维素类衍生物是研究最早、应用最多的膜材料。这是因为纤维素是自然界最为丰富的天然高分子，来源广泛且可以再生，是最廉价且具备优异性能的膜材料。主要包括纤维素、醋酸纤维素、硝酸纤维素等，其中醋酸纤维素具有较高的气体透过率和气体透过系数，已在工业化 O_2/N_2 分离中得到应用。

(2) 聚砜类 [11,12]：聚砜是具有高机械强度的工程塑料，耐酸碱，缺点是耐有机溶剂性能较差，自双酚 A 型聚砜出现后，其已发展成为继醋酸纤维素后目前最重要、生产量最大的高聚物膜材料，除可用作微滤和超滤膜材料外，还是多种商品复合膜的支撑层材料，本身也用于制作气体分离膜。聚芳醚砜、酚酞型聚醚砜、聚醚酮、聚醚醚酮都可用于制作气体分离膜。

(3) 聚酯类 [13]：聚酯类树脂强度高、尺寸稳定性好，耐热、耐溶剂和耐化学品性能优良，包括涤纶、聚苯二甲酸丁二醇酯和聚碳酸酯等。聚四溴碳酸酯由于透气速率和选择性均较好，已成为新一代的富氧膜材料。

(4) 聚酰亚胺 [14,15]：聚酰亚胺是一类新兴的有实用前景的高性能膜材料，是气体分离膜的理想材料之一，具有很好的热稳定性、机械性能、化学稳定性和成膜性，并且聚酰亚胺结构多样，针对不同的分离体系可以选择不同的聚酰亚胺膜材料。聚酰亚胺分子链刚性强、分子链间作用力大，使聚酰亚胺具有较高的气体渗透选择性。主要有芳香族二酸聚酰亚胺、全芳香聚酰亚胺及全氟聚酰亚胺等。

(5) 聚烯烃类：主要包括聚乙烯、聚丙烯、聚 4-甲基戊烯、聚丙烯腈、聚乙烯醇等，其中聚 4-甲基戊烯具有仅次于硅橡胶的气体透过速率，而选择性远高于硅橡胶，已用于氧氮分离。

(6) 含硅聚合物 [16]：主要包括聚二甲基硅氧烷 (PDMS) 和聚三甲基硅丙炔 (PTMSP)。PDMS 是现有的通用聚合物材料中渗透速率较高的，常用作复合膜中底膜材料的堵孔剂，消除底膜表皮层的缺陷，可以大大提高膜的选择性，或被涂敷在多孔的超滤底膜上用于氧氮分离或是有机蒸气分离。PTMSP 不是弹性体，而是玻璃态的无定形物质，其透气速率比 PDMS 还高一个数量级，是目前聚合物中气体渗透性最好的膜材料，但是它的分离系数不高，在一定程度上限制了它的发展。

常见的高分子气体分离膜材料结构式如图 4.5 所示。

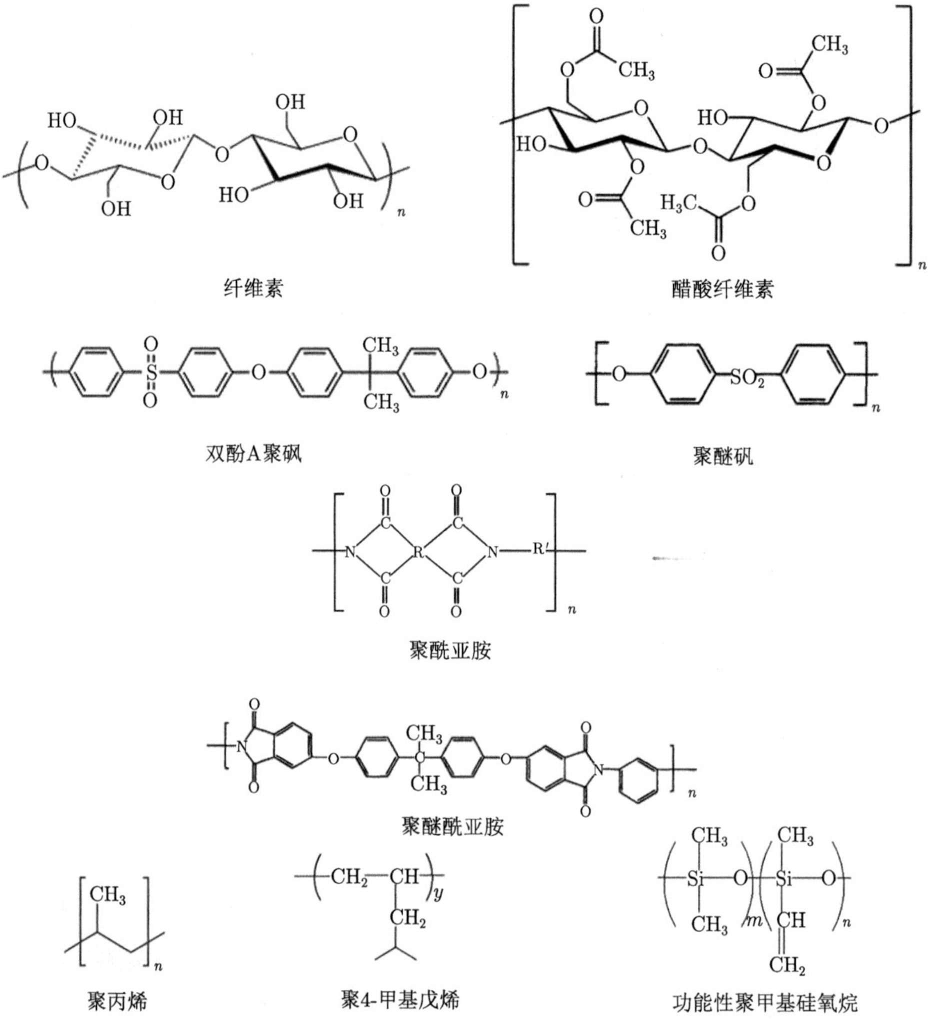

图 4.5　常见高分子气体分离膜材料结构式

4.1.4　气体分离膜制备方法

高分子聚合物膜材料的本征性能是决定膜渗透分离性能的前提条件，但同一种材料选择不同制膜工艺和参数所得的膜性能差别很大。理想的膜制备技术要求制得的膜保持其材料的本征分离性能，即表皮结构致密化、无缺陷，并尽可能具有较大的渗透通量、分离层超薄化且具有较好的机械性能。

1. 对称膜制备技术

对称膜主要包括致密均质膜和微孔均质膜，其结构如图 4.6 所示。

 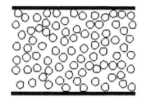

(a) 致密均质膜   (a)微孔均质膜

图 4.6 两种主要的对称膜结构示意图

1) 致密均质膜

致密均质膜结构紧密,孔径一般小于 1.5nm,膜内高分子以分子状态排列。致密均质膜因为厚度大,渗透通量小,很少应用于实际生产,一般用于实验室表征材料的本征性能 [17]。其制备方法主要有:

(1) 溶液浇铸法。聚合物溶解在良溶剂中成为铸膜液,将铸膜液倒在玻璃板上,用刮刀使之铺展开或不用刮刀使之自然铺展成为具有一定厚度的均匀薄层,置于特定环境中待溶剂完全挥发,最后形成均质膜。

(2) 熔融挤压法。对于没有适合溶剂的聚合物材料,通常采用熔融挤压法成膜。将聚合物材料加热至熔融态,放在两片加热板间高压挤出或从喷丝头中挤出,冷却后即可得到均质膜。

2) 微孔均质膜

微孔均质制膜方法主要包括核径迹法、拉伸法、溶出法和烧结法 [18-20]。

(1) 核径迹法。核径迹膜高聚物材料主要有聚酯和聚碳酸酯两类,其制备过程为:用荷电粒子照射高聚物膜使高分子化学键断裂,留下敏感径迹;将膜浸泡入刻蚀剂,敏感径迹溶解而形成垂直于膜表面的规整圆柱形孔。

(2) 拉伸法。拉伸法制膜过程分两步:首先将温度在熔点附近的高分子材料挤压,并在迅速冷却的条件下制成高度取向的结晶膜;然后将膜沿机械力方向再拉伸几倍,破坏其结晶结构,并产生裂缝状孔隙。

(3) 溶出法。在难溶的高分子材料中加入某些可溶性组分,制成均质膜;再用溶剂将可溶性组分浸取提出,形成微孔膜。

(4) 烧结法。把大小一定的聚合物微细粉末置于模具中,在一定温度下挤出,使得粒子表面变软而相互黏结形成多孔体,再进行机械加工即可得到多孔膜。

2. 非对称膜制备技术

非对称膜一般由超薄 (0.25~1μm,以保证大渗透速率) 的致密皮层 (无缺陷,保证高选择性) 和一层厚度较大的多孔层 (机械支撑层) 组成,非对称结构决定了其膜通量比对称膜大,目前工业应用中大多以高分子非对称膜为主,主要分为两大类:相转化膜和复合膜 [21-23],如图 4.7 所示。

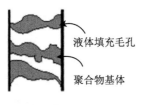 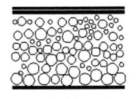

(a) 相转化膜　　　　　　　　　　(b) 复合膜

图 4.7　主要的非对称膜结构示意图

1) 相转化膜

相转化膜是指：通过各种途径使高分子从均一的高分子铸膜液中沉析出，使之分为两相，最终形成聚合物膜的高分子富相与形成膜孔的高分子贫相。相转化膜有两个特点：皮层与支撑层为同种材料；皮层与支撑层同时制备形成。

相转化膜的制备方法主要包括以下几种：

(1) 蒸发凝胶法。蒸发凝胶法是相转化法制膜工艺中最早的制膜方法，它将高分子溶于双组分 (易挥发的良溶剂与不易挥发的非溶剂) 混合溶剂中，再将铸膜液在玻璃板上铺成薄层，随着良溶剂的不断挥发逸出，非溶剂比例越来越大，最终高分子沉析成膜。

(2) 气相凝胶法。将高分子铸膜液在平板上铺展开形成薄层，在溶剂蒸发的同时吸入气相中的非溶剂，使之发生液液相分离，高分子从铸膜液中沉析产生相分离成膜。

(3) 热凝胶法。用一种潜在的溶剂 (高温下可以溶解聚合物材料，低温下则是非溶剂)，在高温下与聚合物配制成均相铸膜液，成膜后冷却发生沉淀分相，将溶剂抽提后得到非对称膜。

(4) 沉浸凝胶法。指将铸膜液 (通常由聚合物、溶剂和非溶剂组成) 制成初生膜后暴露在空气中一段时间，然后将初生膜浸入凝胶浴中，随着溶剂与非溶剂的交换，铸膜液分相形成非对称膜。

沉浸凝胶法是最重要的非对称膜制备方法。

2) 复合膜

1963 年 Riley 首先提出并成功制备了以醋酸纤维素为支撑膜的三醋酸纤维素反渗透复合膜。其皮层致密且多孔支撑层可选用不同的膜材料分别制备,因而复合膜具有以下特点：膜材料选择范围大，可优选不同材料作为分离层与支撑层，使其功能最优化；可使用不同方法制备比相转化膜更加超薄致密的皮层 (0.01~0.1μm)，使膜可以同时具有较高的通量和选择性，以及良好的化学稳定性和耐压性；大部分复合膜可以制成干膜，便于运输与保存等。

复合膜制备的关键在于致密层，用于气体分离的复合膜制备方法主要有：

(1) 包覆法。用涂布、喷涂、浸渍或轮涂等手段将均匀的聚合物溶液包覆在底膜上，加热或阴干形成致密膜。

(2) 高分子溶液涂敷。将多孔支撑层上表面与高分子稀溶液相接触，然后阴干以形成致密皮层。

(3) 界面缩聚。将两种可反应的单体分别溶于互不相溶的两相中，当两相接触时就在基膜表面直接进行界面反应，形成超薄致密层。

目前，国内外研究主要集中在界面聚合法制备反渗透复合膜和纳滤复合膜，涉及气体分离膜的相对较少。

4.2 机载中空纤维膜空分装置设计

空气中氧气和氮气的体积分数分别为 21% 和 78%，这两种气体在膜中的渗透速率不同，空气经膜分离过程，在膜两侧可分别得到富氧和富氮气体。其中，富氧燃烧和医疗保健是富氧气体的两个主要应用领域，富氧燃烧可使燃烧过程的效率提高 20% 以上，在能源和环境问题日益严重的今天，富氧燃烧正得到越来越多的重视。而膜法富氮是现在气体膜分离技术工业应用最多的领域，与传统的空气分离技术如深冷精馏法和变压吸附法相比，膜法富氮具有占地面积小、操作简单、无运动部件等特点，特别适用于分离过程条件受限的情况，如飞机或船舶上的使用，为设备提供惰性气体保护，起到防爆的作用。

4.2.1 中空纤维膜制备方法

气体分离膜种类形式多样，比较常见有平板膜、管式膜、中空纤维膜等，相比于平板膜结构，中空纤维膜在单位体积膜组件内的装填率高、可提供的比表面积大，并具有自支撑、组件内流体力学条件好、结构简单、操作方便等优势。中空纤维是目前气体分离膜的最重要应用形式，其外形结构如图 4.8 所示。

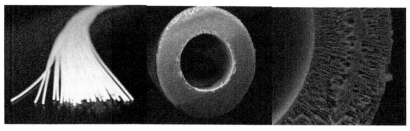

图 4.8 中空纤维气体分离膜结构图

制备中空纤维膜的方法主要包括熔融纺丝法和溶液纺丝法,流程示意如图 4.9 所示。

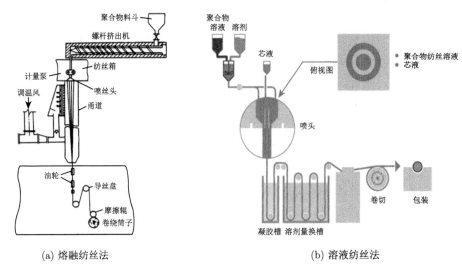

(a) 熔融纺丝法　　　　　　　　　　　　　(b) 溶液纺丝法

图 4.9　熔融纺丝法和溶液纺丝法制备中空纤维气体分离膜

1. 熔融纺丝法

将膜材料加热至熔融态后从喷丝口挤出,挤出后材料发生相变化,成为初生态中空纤维膜。

熔融纺丝法制膜方法简洁、无须加入添加剂、效率高且成本较低,目前主要用于制备聚丙烯、聚乙烯等高分子材料的中空纤维膜;其主要缺点是纺丝后拉伸工艺技术和纤维膜微孔结构控制难度较大,所得纤维膜的通透性还有待于进一步优化,同时对制备材料也有一定的限制。

2. 溶液纺丝法

溶液纺丝法是制备中空纤维膜最常规、最成熟的方法。它通过将分离膜材料溶解于溶剂中形成聚合物溶液,脱泡处理后通过喷丝口挤出,直接进入凝固浴发生相变化,形成中空纤维膜。纤维中空度的大小通过控制喷丝板中孔的大小及通入非溶剂的种类和速度来决定;一般通过改变凝固浴组成和凝固条件来调整中空纤维微孔孔径、孔隙率和膜的渗透通量。

4.2.2　机载中空纤维膜空分组件设计

某型飞机机载中空纤维膜空气分离装置的外观如图 4.10 所示 [24]。

图 4.10 中空纤维膜空气分离装置的外观图

由图 4.10 可见：① 中空纤维膜装置是通过进气聚集管、富氧废气聚集管和富氮气体聚集管分别于每根中空纤维膜组件的进气端口、富氧废气端口以及富氮气体端口通过快卸式卡箍连接，从设计技术角度考虑，需要确保这些连接端口相互对接并保持气密，即需要考虑膜组件与聚集管之间的密封技术和定位技术，其中，定位技术将取决于聚集管组件生产过程中所使用的特殊工装。② 中空纤维膜装置是通过框架结构定位安装在飞机上的，由于减重需求，框架结构需尽可能采用型材设计以保证减重效果，为此将涉及基于强度仿真的减重优化设计问题。

单根分离膜组件的剖析如图 4.11 所示，细微的中空纤维膜丝将紧密地排列在一起，其两端由密封胶进行固定。由于中空纤维膜丝可承载一定的拉伸力，但不能承载压缩力，因此在组件设计中还需考虑膜丝的封装以及封装后膜芯与壳体间的定位问题；同时，在膜丝制备过程中难免存在物理破损、造成分离效率降低，为此，还需要考虑膜丝的修复问题。

图 4.11 单根分离膜组件内的中空纤维膜丝

从膜组件工作原理可知，膜组件进气端口引入的是压力相对较高的空气，空气首先进入进气端头的高压腔内，再从高压腔分流进入每根膜丝，氧气渗透过膜壁到达低压富氧端，通过富氧排气口流入大气环境中；富氮气体从丝内流至出口端富集，形成高压的富氮产品气惰化油箱。膜组件的气路结构可分为高压气路和低压气路，需要在壳体和膜芯之间形成高压密封和低压密封。同时，膜组件工作气体可为高温气体，而工作环境为常温或低温，膜壳体为薄壁的金属材质而膜芯为高分子材质，因此，膜组件设计时还要考虑密封问题和薄壁壳体与高分子材质膜芯之间的定位问题。

总体而言，机载中空纤维膜制氮组件设计主要涉及：① 3 个关键技术，即接合技术 (膜丝涂覆与封装技术)、密封技术 (膜丝封装过程中，封装结构上高压和低压密封技术)、定位技术 (膜芯特殊结构在膜组件壳体上的定位技术)；② 4 个优化匹配，即膜芯结构密封匹配 (膜组件壳体与膜芯端头的密封匹配)、薄壁成型加工匹配 (不承压的膜组件壳体成型技术)、应力及特种工装校形匹配 (模芯与膜组件壳体贴合面及聚集管组件的校形处理技术)、基于强度仿真的减重优化匹配 (安装框架的减重技术)。

将结合工程实践，对上述问题进行简要的论述。

1. 浇铸与涂层的接合技术

膜组件接合技术，包含膜端头浇铸工艺和膜丝真空涂层工艺两个部分。

1) 膜端头浇铸工艺

膜端头浇铸是将一定长度的膜丝束在两端进行环氧树脂封装成型，理想的膜端头浇铸成型后的膜芯结构如图 4.12 所示 [25]。

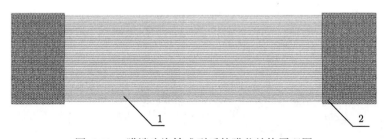

图 4.12　膜端头浇铸成型后的膜芯结构原理图

1. 中空纤维膜丝束；2. 环氧树脂端环

图 4.12 中，环氧树脂端环 2 将中空纤维膜丝束 1 端头部分的膜丝黏结成为一个整体。

传统的中空纤维膜丝束端头浇铸工艺结构如图 4.13 所示。其步骤如下：

(1) 安装。将中空纤维膜丝束一端的端头分别放入模具中，模具由两个结构对称的左右半模对合组成，通过螺钉将左右半模连接为整体，左右半模对合后形成一个下端封闭的圆筒，在圆筒下端面的中心有一个进胶孔，在圆筒的上端口有向内沿径向伸展的环形凸台，利用环形凸台的内圆柱面将中空纤维膜丝束压紧。

(2) 注胶。采用 A、B 双组分环氧树脂胶，A 组分为环氧树脂，B 组分为固化剂，将混合好的 A、B 双组分环氧树脂胶装入胶罐内，用软管将胶罐的出胶口与模具的进胶孔连通，胶罐的出胶口高于模具的下进胶孔足够的高度，胶液在自重的作用下注入模具内。

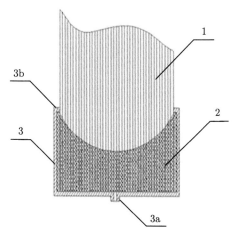

图 4.13   传统的膜分离器端头浇铸工艺示意图
1. 中空纤维膜丝束；2. 环氧树脂端环；3. 模具；3a. 进胶机；3b. 环形凸台

(3) 待环氧树脂胶初步固化后，再浇铸中空纤维膜丝束另一端头。

传统中空纤维膜丝束端头浇铸工艺存在的主要问题是：由于胶液在自重的作用下注入模具内，自下向上，胶液先充填下层，逐步向上封装，形成的环氧树脂端环的强度较低；另外，环形凸台的内圆柱面将中空纤维膜丝束压紧，存在下松上紧的问题，浇铸后形成中间低边缘高的内凹球面形状，中间部分的浇铸不到位，降低了中空纤维膜丝束端头工作强度，使之无法满足工作需要。

改进后的中空纤维膜丝束端头浇铸工艺结构如图 4.14 所示。其步骤为：

(1) 将中空纤维膜丝束两端的端头分别放入模具中。模具由两个结构对称的上下半模对合组成，通过螺钉将上下半模连接为整体，上下半模对合后形成一个右端封闭的圆筒，在上半模靠近左端口的位置有一个上进胶孔，在圆筒的左端口有向内沿径向伸展的环形凸台，环形凸台的内圆柱面将中空纤维膜丝束压紧。

(2) 采用 A、B 双组分环氧树脂胶，A 组分为环氧树脂，B 组分为固化剂，将混合好的 A、B 双组分环氧树脂胶装入两个胶罐内，分别用软管将胶罐的出胶口和模具的上进胶孔连通，胶罐的出胶口高于模具的上进胶孔，将两个胶罐固定在离心机工作台中心位置的支架上，将中空纤维膜丝束两端的模具固定在离心机工作台的边缘位置,上进胶孔朝上;胶罐内的环氧树脂胶的体积等于环氧树脂端环所需要环氧树脂胶体积的 1 倍至 1.2 倍。

(3) 采用离心注胶,启动离心机,转速为 20~60r/min,离心注胶时间为 5~10h。

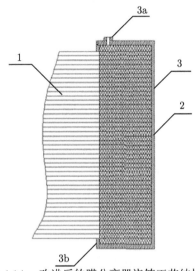

图 4.14 改进后的膜分离器浇铸工艺结构图

1. 中空纤维膜丝束;2. 环氧树脂端环;3. 模具;3a. 进胶机;3b. 环形凸台

改进的膜分离器浇铸工艺方法,显著提高了环氧树脂端环的强度和浇铸工作效率。

2) 膜丝真空涂层工艺

膜丝真空涂层工艺如图 4.15 所示[26]。其工艺步骤如下:

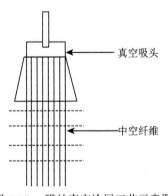

图 4.15 膜丝真空涂层工艺示意图

(1) 涂层前，将抽真空设备的吸头置于中空纤维膜组件封头处，抽真空处理，记录真空度，真空度为 −0.098MPa，料液配比为 3∶1。

(2) 涂层进行时，将中空纤维膜组件放入涂层容器中，然后将涂层容器内注满涂层料液，继续抽真空，抽真空时间为 1h 以内。

(3) 涂层后，将涂层容器内涂层料液排放干净，再次抽真空，抽真空后的真空度为 −0.098～−0.1MPa，抽真空时间为 1h 以内。

涂层工艺可以依据工艺参数来控制涂层过程，提高涂层吸附效果，保证产品质量。

2. 高压与低压密封技术

膜组件主要由膜芯、空气入口端头、氮气出口端头、筒体组合件、限位卡环以及 4 个 O 形密封圈组成，如图 4.16 所示。

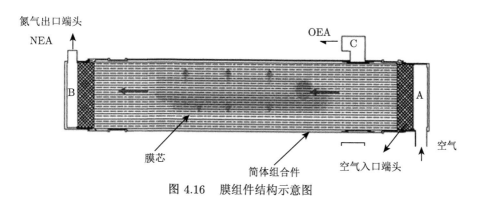

图 4.16　膜组件结构示意图

图 4.17 示出一种膜组件典型的高低压密封基本结构 [27]。在该典型基本结构中，膜组件由筒体、进气端头、第一密封圈、螺钉、挡圈、第二密封圈、进气端环氧树脂封头和中空纤维膜丝束组成。筒体是一个圆筒，在圆筒上靠左侧有富氧出气口，进气端头的右端和筒体的左端连接为整体，在进气端头的左侧有空气进气口；中空纤维膜丝束位于筒体内，其进气端环氧树脂封头位于进气端头内；在进气端环氧树脂封头的外圆柱面上靠近空气进气口位置有进气端环氧树脂封头密封槽，第一密封圈位于该槽内；在进气端环氧树脂封头的外圆柱面上、进气端环氧树脂封头密封槽的右面有挡圈安装槽，挡圈位于进气端环氧树脂封头安装槽内，在挡圈安装槽的右面有第二进气端环氧树脂封头密封槽，第二密封圈位于第二进气端环氧树脂封头密封槽内；在进气端头的右端口有进气端头法兰，在筒体的左端口有筒体左法兰，通过螺钉将进气端头法兰、挡圈和筒体左法兰连接为整体。

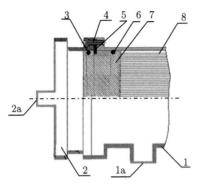

图 4.17　典型的膜组件高低压密封基本结构图

1. 筒体；2. 进气端头；2a. 空气进气口；3. 第一密封圈；4. 螺钉；5. 挡圈；6. 第二密封圈；7. 进气端环氧树脂
封头；8. 中空纤维膜丝束

将图 4.17 中密封部位局部放大，如图 4.18 所示，图中：进气端头即空气入口端头 (在膜组件富氮气体出口位置亦有一个对称的富氮出口端头)；第一密封圈确保进入膜组件的空气不泄漏 (在膜组件富氮气体出口位置，亦有密封圈保证制取的富氮气体不泄漏)，由于此密封圈保证的是高压的气体不泄漏，因此又称之为高压密封圈；第二密封圈确保富氧气体不从筒体间隙泄漏到外部空间，造成安全隐患，由于此密封圈保证的是低压的气体不泄漏，因此也称之为低压密封圈。

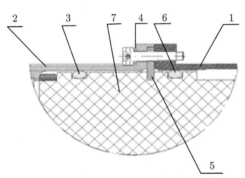

图 4.18　膜组件基本结构密封部位局部放大图

1. 筒体；2. 进气端头；3. 第一密封圈；4. 螺钉；5. 挡圈；6. 第二密封圈、压环氧树脂封头

高压密封不严将影响膜组件的分离性能，低压密封不严将影响系统的安全性，因此，膜组件设计中密封至关重要。密封设计通常采用两种设计思路，一种如图 4.18 所示，密封槽设置在环氧树脂的封头上，采用轴向 O 形密封圈放入环氧树脂封头的轴向密封槽内，这种密封方式由于环氧树脂封头是浇铸成形，密封槽的深浅受到环氧树脂浇铸后固化收缩影响，难以精确控制，带来加工难度，同

时，由于膜组件在温度变化较大的条件下工作，金属筒体和非金属的环氧树脂端头膨胀系数差异，也可能带来密封的失败；另一种密封方式是圆环形密封槽设置在金属筒体和金属端头内，这样可以控制加工精度，但也带来了增加筒体与端头重量和外形尺寸等问题，为了解决密封问题，需要降低筒体和端头的壁厚，减轻重量和减小外形尺寸，但降低壁厚加大了密封结构设计的复杂性且薄壁筒体和端头容易变形，给安装和密封带来新的问题。为此，设计过程中需综合考虑，权衡利弊进行优化设计并通过实验验证。

3. 膜芯与筒体定位技术

浇铸成型的膜芯，两端是环氧树脂封头，中间连接着高分子材料的膜丝，能承载一定的拉伸力，却不能承载压缩力。由于膜芯这一特性，在膜组件的设计中需考虑膜芯与筒体之间的定位问题。图 4.18 所示为一种采用挡圈将两端环氧树脂端头进行限位的方法，挡圈作为定位结构而设计，但这种结构存在一定局限。由于挡圈放在两端的环氧树脂端头的环形安装槽内，进气端环氧树脂封头受挡圈限定位置，在开始工作时，空气进气口压力上升，挡圈受冲击力很大，长期反复工作时，容易造成进气端环氧树脂封头在限定位置开裂，破坏系统的气密性。

为了解决这种限位带来的问题，可采用一种限流板方式，开始工作时，限制空气进气压力的过快上升，降低挡圈受到的冲击力，从而降低进气端环氧树脂封头在限定位置的开裂概率，提高其使用寿命。但该方式仅仅只是使问题得到缓解，并不能彻底地解决问题。为了解决膜芯与筒体的定位问题，膜组件可采用另一种定位结构，如图 4.19 所示。

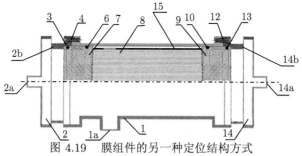

图 4.19 膜组件的另一种定位结构方式

1. 筒体；1a. 排气口；2. 进气端头；2a. 进气口；2b. 进气端头内止口；3. 进气端第一密封圈；4. 进气端螺钉；6. 进气端第二密封圈；7. 进气端环氧树脂封头；8. 中空纤维膜丝束；9. 出气端环氧树脂封头；10. 出气端第二密封圈；12. 出气端螺钉；13. 出气端第一密封圈；14. 出气端头；14a. 出气口；14b. 出气端头内止口；15. 支撑筒

筒体 1 是一个圆筒，在筒体 1 的圆筒上靠左侧有排气口 1a，进气端头 2 的右端和筒体 1 的左端连接为整体，出气端头 14 的左端和筒体 1 的右端连接为整体，进气端头 2、筒体 1 和出气端头 14 组成膜分离组件的壳体；在进气端头 2 的左侧有进气口 2a, 在出气端头 14 的右侧有出气口 14a、进气端环氧树脂封头 7、中空纤维膜丝束 8、出气端环氧树脂封头 9 通过浇铸形成整体位于壳体内, 进气端环氧树脂封头 7 位于进气端头 2 内, 出气端环氧树脂封头 9 位于出气端头 14内; 在进气端环氧树脂封头 7 的外圆柱面上靠近进气口的位置有进气端环氧树脂封头密封槽, 进气端第一密封圈 3 位于上述密封槽内; 在进气端环氧树脂封头 7的外圆柱面上、进气端环氧树脂封头密封槽的里面有第二进气端环氧树脂封头密封槽, 进气端第二密封圈 6 位于该密封槽内; 在出气端环氧树脂封头 9 的外圆柱面上靠近出气口的位置有出气端环氧树脂封头密封槽, 出气端第一密封圈 13 位于上述密封槽内; 在出气端环氧树脂封头 9 的外圆柱面上、出气端环氧树脂封头密封槽的里面有第二出气端环氧树脂封头密封槽, 出气端第二密封圈 10 位于该密封槽内; 在进气端头 2 的右端口有进气端头法兰, 在筒体 1 的左端口有筒体左法兰, 通过进气端螺钉 4 将进气端头法兰筒体左法兰连接为整体; 在出气端头 14的左端口有出气端头法兰, 在筒体 1 的右端口有筒体右法兰, 通过出气端螺钉 12将出气端头法兰和筒体右法兰连接为整体; 取消了挡圈结构, 增加了一个套在中空纤维膜丝束 8 外面的支撑筒 15, 支撑筒 15 的两端通过环氧树脂浇注分别与进气端环氧树脂封头 7、出气端环氧树脂封头 9 连接为整体, 在支撑筒 15 圆周上有排气孔; 在进气端头 2 的右端口内有一个进气端头内止口 2b, 在出气端头 14的左端口内有一个出气端头内止口 14b, 进气端环氧树脂封头 7 插入进气端头内止口 2b 内, 出气端环氧树脂封头 9 插入出气端头内止口 14b 内。

这种膜组件定位结构, 通过支撑筒 15 将膜芯固定为一整体, 在轴向上既能承受拉伸也能承受压缩, 为此, 膜芯只需要进行两端限位就能将膜芯定位在筒体内, 避免了膜芯两端的环氧树脂端头的开裂, 实现了较为理想的定位。

4. 膜芯结构匹配密封

膜芯结构匹配密封涉及膜组件壳体与膜芯结构的密封匹配, 膜组件的壳体主要包括进气端头、筒体和出气端头; 膜芯结构包括进气端环氧树脂封头、膜丝束和出气端环氧树脂封头; 膜组件的高压密封环节一般设置在端头的端盖与环氧树脂封头匹配的圆柱面上, 膜组件的低压密封环节一般设置在筒体的端盖与环氧树脂封头靠膜丝束侧匹配的圆柱面上, 常用的密封结构形式如图 4.18 所示。这种密封结构的密封槽设置在环氧树脂封头上, 由于环氧树脂封头是通过模具浇铸成型, 加工精度上难以保证, 在使用过程中存在不气密现象, 因此为了保证良好的密封, 工程技术人员通常将密封槽设置在与膜芯结构配合的端头的端盖和筒体的端盖内, 这虽然提高了密封槽的成形精度, 但增加了端头和筒体的体积和重量。

为了减轻膜组件的体积和重量, 同时确保与膜组件壳体匹配的膜芯两环氧树脂封头能够密封, 提出了一种膜组件收口式连接结构, 如图 4.20 所示。

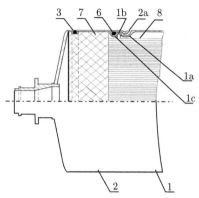

图 4.20　一种膜组件收口式连接结构

1. 筒体；1a. 环形的筒体左结合槽；1b. 筒体左配合段；1c. 环形的筒体左密封槽；2. 端头；2a. 出气端头；3. 第
一密封圈；6 第二密封圈；7. 环氧树脂封头；8. 中空纤维膜丝束

图 4.20 所示的膜组件收口式连接结构，包括筒体 1、端头 2、第一密封圈 3、
第二密封圈 6、环氧树脂封头 7 和中空纤维膜丝束 8；筒体 1 是一个圆筒，端头 2
分为出气端头和进气端头，出气端头的右端和筒体 1 的左端连接为整体，进气端
头的左端和筒体 1 的右端连接为整体，出气端头、筒体 1 和进气端头组成膜分离
组件的壳体，在出气端头的左端有出气口，在进气端头的右端有进气口，两端带
有环氧树脂封头 7 的中空纤维膜丝束 8 位于壳体内，环氧树脂封头 7 的左封头位
于出气端头内，右封头位于进气端头内，在环氧树脂封头 7 的外圆柱面上靠近出
气口或者进气口的位置有环氧树脂封头密封槽，槽内有第一密封圈 3，在筒体 1
的左端口处从左到右依次有环形的筒体左密封槽 1c、筒体左配合段 1b 和环形的
筒体左结合槽 1a。筒体左配合段 1b 是圆柱段，筒体 1 的左端插入出气端头的内
孔中，筒体左配合段 1b 的外径与出气端头的内径间隙配合，第二密封圈 6 位于
筒体左密封槽 1c 内，出气端头的右端口边缘通过收口进入筒体左结合槽 1a 内；
在筒体 1 的右端口处从右到左依次有环形的筒体右密封槽 1c，筒体右配合段 1b
和环形的筒体右结合槽 1a，筒体右配合段 1b 是圆柱段，筒体 1 的右端插入进气
端头的内孔中，筒体右配合段 1b 的外径与进气端头的内径间隙配合，第二密封
圈 6 位于筒体右密封槽 1c 内，进气端头的左端口边缘通过收口进入筒体右结合
槽 1a 内。

这种膜组件收口连接结构虽然保留了高压密封结构形式，但由于端头的薄壁
端盖在装配前是喇叭口形状，可以通过提高静密封的压缩量来确保高压密封，取
消了膜芯结构上匹配的低压密封结构，为此，膜芯的环氧树脂封头浇铸成型的制
造精度不再对低压密封产生直接影响，低压密封设置在端头和筒体两种同材质的
金属面之间，消除了温度因素对低压密封的直接影响。

5. 薄壁成型加工技术

膜组件的壳体包括进气端头、筒体和出气端头，由于进气端头、出气端头内承载着高压的气体，进气端头和出气端头按照强度仿真要求，有一定的壁厚要求。对于筒体内承载着渗透后富氧气体，属于低压气体，气体压力对筒体的壁厚要求较低，经过强度分析，筒体壁厚为 1mm 就可满足其要求；筒体不仅需要满足强度要求，同时需要满足安装要求，筒体需要与两端端头保持连接，与膜芯结构匹配密封结构。工程设计过程中，通常将筒体分为左端筒体端盖、连接筒、右端筒体端盖，一般通过焊接将三者连接成为一个整体。考虑两端筒体端盖与模芯有匹配的密封结构，两端筒体端盖均为精密加工件，连接筒为薄壁的圆筒体，采用大的棒料或管材通过机械加工难以实现，加工设备要求高，加工成本昂贵，为此，需要考虑新的加工方式。

工程上，对于连接筒的加工，一般采用薄壁成型工艺，工艺步骤为：选用薄壁的铝板，通过转筒机，转成需要尺寸的开缝圆筒，经过初步校形处理后，针对开缝圆筒的开缝部位采用机器或手工焊接成无缝的圆筒，再经过校形后处理，薄壁的连接筒加工完成。

薄壁的连接筒与一定厚度的两端筒体端盖，为了减重均采用铝材，薄壁连接筒和一定厚度的筒体端盖在焊接过程中可能产生变形等问题。

6. 应力及特种工装校形处理

针对筒体的薄壁成型加工过程中，连接筒与两端的筒体端盖焊接形成的应力集中易导致形变的问题，通常采用两种方法处理，一是在焊接前采用定位工装阻止其变形，在焊接完成后进行热处理，以消除集中的应力；另一种是在焊接前加工的零件保留加工余量，待焊接后再加工，消除应力变形对零件的影响。这两种方法各有利弊，对焊接后整件外形尺寸不宜过大、且便于装夹的整件，可以采用保留余量进行二次加工，但整件的局部应力集中还是存在，在整件的工作寿命期间还有可能产生影响，如果影响较大，需要采用二次加工的方法，可以考虑在这种方法上，增加一道工序，就是焊接后进行消除应力集中的热处理，再进行二次加工；对于采用定位工装阻止变形，在焊接后进行消除应力集中的热处理方法，需要接受定位工装阻止变形后带来的变形量，如果这种变形量可为后期装配以及功能影响接受，就可采用此种方法，当然这种方法带来的变形量还可以采用特种工装校形处理来解决。

特种工装校形处理首先应用于焊接后的筒体。由于铝制筒体端盖受到连接筒以及自身壁厚的影响易变形，为了确保在装配前满足装配尺寸的要求，在装配工序中需要增加筒体端盖的配合尺寸的校准，通常采用类似于标准塞规等特种工装进行试装配。对于产生变形的筒体，采用特种工装进行校形处理；对于聚集管的导管与接嘴的焊接过程需要采用定位工装，对于焊接后的聚气管进行热处理以消除应力集中。为了防止聚气管的装配困难，可以采用特种工装进行与之对应的接嘴预装配，测试是否满足后期装配的需求，不满足要求的需进行校形处理。

7. 基于强度结构强度仿真的减重优化设计技术

为了保证膜组件的结构强度，同时，也为了满足减重优化设计的要求，在设计时需要对组件结构进行仿真受力分析，以确保设计的合理性。

在结构强度设计中，涉及强度仿真存在于两个方面：首先是膜组件外壳强度设计与分析，其次是空气分离装置的安装框架的强度设计及分析。

1) 膜组件外壳强度设计及分析

膜组件外壳主要包括进气端头、筒体和出气端头，其中筒体承受的是低压气体压力，为此，设计过程中可以忽略其强度分析；筒体的连接筒在工程上一般采用 1mm 厚的铝材，筒体端盖参照端头的端盖厚度和材料，如果有密封槽的深度则另外考虑加/减密封槽的深度；膜组件外壳强度设计重点考核的是壳体中端头端盖的厚度，需进行强度校核。其步骤如下：① 建立膜组件模型，如图 4.21 所示；② 在建模结束后，对膜组件部分承压结构进行仿真，检测其结构强度是否满足使用要求；③ 采用 Solidworks 中的自带程序进行静力分析计算。

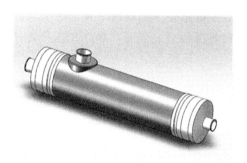

图 4.21 膜组件建模

膜组件的端头端盖，材料常为 5A06 铝合金，圆柱壁厚度为 5mm，侧壁厚度 8mm；整体加工成型，无焊缝，它是膜组件中的主要承压部件，需为其承压面进行抗压设计，以满足 0.4MPa 的工作压力需求；膜组件的对外接口是膜分离器与外界连接部件，其通过焊接与膜分离器壳体相连，其结构强度可参照端头的端盖设计；在膜组件端头端盖处，由于引气的工作压力 0.4MPa 被引入，需对其进行有限元强度校核。

某型飞机膜组件的端头端盖强度校验结果如图 4.22 所示。

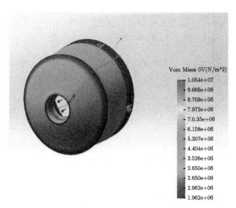

图 4.22   膜组件端头端盖强度校验

需综合考虑余度设计以及端头端盖承受的膜芯重量，来判断仿真后变形程度是否满足设计要求；膜组件端头端盖进行静态受力分析，如需要还应加入过载进行动态分析。

2) 安装框架强度分析

安装框架主要功能是固定膜组件，同时保持与飞机舱体内支架板连接，承载膜组件重力以及飞机传递的过载。安装框架根据需要可设计多种样式，在完成安装功能的前提下，需要进行减重优化设计，工程中采用铝型材进行设计比较合理，对于首件设计或批量较少的安装框架，可以考虑利用型材的设计理念，进行空气分离装置安装框架设计，同时，考虑用机械加工的方法实现安装框架加工。

空气分离装置安装框架底座传递过载和承重，相对固定膜组件的连接板要有较高的结构强度，对于与底座相连的侧板，考虑空气分离装置的吊装功能，需要具有一定的厚度，可根据具体功能要求，对膜组件的重量以及飞机过载要求进行强度设计和仿真分析。

安装框架的板材材料一般常用铝材；板材壁厚可根据载重的膜组件和飞机的过载决定；板材结构形式可从图 4.10 所示的中空纤维膜空气分离组件外观图中发现一些规律；采用板材进行中间除料方式，提高框架强度，减轻框架重量，强度仿真分析安装框架在承受膜组件重量时所受到的最大应力，并通过手册查找所用材料的屈服强度，通过它们之比计算出安全系数，判断安装框架在静态时是否满足要求；当空气分离装置受到一定过载的冲击时，强度仿真分析安装框架在承受膜组件重量时所受到的最大应力，与所用材料的屈服强度比较，当其最大应力小于所用材料的屈服强度，说明安装框架在受到一定过载的冲击时，仍能正常使用。

4.2.3 中空纤维膜空分装置技术特点与发展趋势

1. 中空纤维膜空分装置的特点

(1) 制氮纯度为 95%～99%；

(2) 制氮能力为 5～5000N·m³/h；

(3) 分离过程无相变，氮气压力损失小，能耗低；

(4) 操作简单，无运动部件，可连续稳定地运行；

(5) 操作弹性大，可根据需要调节富氮气体浓度和流量；

(6) 开/停车方便迅速，启动后几分钟内即可生产出稳定的富氮气体；

(7) 系统运行成本低，占地面积小；

(8) 膜组件使用寿命长。

2. 发展趋势

中空纤维膜法制氮离技术的发展趋势：

(1) 与其他技术集成/耦合，提高设备利用率、降低热负荷，达到节能降耗等目的；

(2) 开发具有更高性能的氧氮分离膜材料和中空纤维膜，使技术经济性更佳；

(3) 膜法制氮装置向控制自动化程度高的方向发展，使制氮过程操作更便利；

(4) 优化气体膜制备工艺，以降低膜的生产和投资成本，进一步提高过程经济性；

(5) 提高中空纤维膜法制氮系统的国产化率，解决和避免"卡脖子"问题。

4.3　空分装置性能影响因素与数学模型

如图 4.11 所示，机载中空纤维膜空分装置类似于列管式换热器，其核心部件就是一束中空纤维膜，中空纤维膜平行放置于分离器内，膜丝直径、长度和填充量决定了膜面积大小。装置中可含有数万至数十万根中空纤维丝，在丝束的两端用环氧树脂做成封头，当封头与外壳固定和密封后，丝内与丝外就被分隔成可耐一定压力的流道，其中，原料气走丝内 (管程)，渗透气走丝外 (壳程)，原料气与渗透气呈逆流流型。

4.3.1 空分装置性能影响因素

在膜分离过程设计和操作条件优化时，必须首先掌握膜分离结果与分离装置性能和操作条件等因素间的关系，即装置性能影响因素分析是膜分离过程设计和优化的基础。

1. 渗透率与分离系数

气体透过膜上各点的渗透速率可表示为

$$\text{组分 } i \text{ 渗透速率} = \left[\frac{\text{组分 } i \text{ 渗透系数}}{\text{膜的有效厚度}}\right][\text{膜面积}][\text{膜两侧组分 } i \text{ 分压差}] \qquad (4.7)$$

膜的渗透系数取决于该组分和膜的特性以及操作温度。

对于机载空分装置所使用的非对称膜，其典型结构是在具有梯度密度的多孔支撑体上覆盖极薄的致密层，由于致密层的真实厚度难以准确测定，为简便起见，渗透系数和膜的有效厚度常结合在一起使用，它们的比值称为渗透率，即

$$[\text{组分 } i \text{ 渗透速率}] = [\text{渗透率}][\text{膜面积}][\text{膜两侧组分 } i \text{ 分压差}] \qquad (4.8)$$

式 (4.8) 中，膜两侧分压差又称为膜分离的推动力，由于各组分的推动力沿膜长度方向是变化的，因此，膜上各点的渗透速率随位置不同而异。

对于图 4.23 所示组分 i 透过微分膜面积 $\mathrm{d}A$ 的情形，式 (4.8) 可表示为

$$\mathrm{d}R_i = (p_i/t_m)\mathrm{d}A\Delta p_i$$
$$= J_i\mathrm{d}A\Delta p_i \qquad (4.9)$$

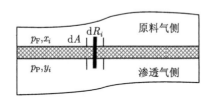

图 4.23　组分 i 透过微分膜面积 $\mathrm{d}A$ 的渗透

对于无孔均质膜，Δp_i 是原料气侧与渗透气侧分压差。即

$$\mathrm{d}R_i = (J_i)(\mathrm{d}A)(p_\mathrm{F}x_i - p_\mathrm{P}y_i)$$
$$= (J_i)(\mathrm{d}A)p_\mathrm{F}(x_i - \gamma y_i) \qquad (4.10)$$

式中：γ 是渗透气侧压力 p_P 与原料气侧压力 p_F 的比值，即 $\gamma = p_\mathrm{P}/p_\mathrm{F}$。

两组分 i 和 j 渗透通过膜的相对速率则可表达为

$$\frac{\mathrm{d}R_i}{\mathrm{d}R_j} = \frac{J_i}{J_j}\frac{\Delta p_i}{\Delta p_j}$$

$$= \alpha \frac{\Delta p_i}{\Delta p_j} \qquad (4.11)$$

式中：α 是组分 i 相对于组分 j 的理想分离系数，简称为分离系数。其定义是纯组分透过膜的渗透率之比值。

膜的分离系数和渗透率是表征气体分离膜性能的两个重要参数。α 值计算中，通常将快气的渗透率作为分子，慢气的渗透率作为分母；α 与膜材料、温度有关，通常与压力无关；α 值越大，表示膜的渗透选择性越高，$\alpha = 1$，表示膜分离性能为零。

式 (4.7) 表明，渗透速率随膜的渗透系数和原料气压力增大而增大，随膜的有效厚度和渗透气侧压力增大而减小。一定条件下，组分 i 透过膜的渗透系数是一常数，原料气侧和渗透气侧压力也常是固定的操作条件。因此，为增大渗透速率，膜的厚度越小越好；然而，膜太薄，机械强度必然降低，难以承受膜两侧必要的压力差，因此适当权衡是必要的。

氧氮分离时，对于膜上任一微元面积 $\mathrm{d}A$，原料气氧摩尔分数 x 与渗透气氧摩尔分数 y 满足如下关系式：

$$\frac{y}{1-y} = \alpha \frac{x - \gamma y}{(1-x) - \gamma(1-y)} \qquad (4.12)$$

式 (4.12) 表明，渗透气组成不仅取决于原料气组成和分离系数，而且与压力比 γ 有关。随着 α 的增大和 γ 的减小，渗透气中氧浓度提高。

2. 影响膜分离性能的主要因素

1) 气相传质阻力

气体膜分离包括高压侧传递、透过膜的渗透及低压侧传递等 3 个步骤；总传递阻力是这 3 个传质步骤之和。通常假定，气体膜分离传质阻力集中在膜上，而忽略了膜两侧的传质阻力，这使得膜分离装置的模型化大为简化，然而，当膜的渗透率较大时，此假设与实际情况将产生明显偏差。

2) 分离器内流动不均匀性

流动不均匀性的直接后果是装置内各处单元膜面积的处理量不同，造成总体分离性能的下降；极端情况是可能存在流动短路和流动死区，降低分离装置的分离性能。

虽然分离装置中流动不均匀性对分离性能有直接影响，但在数学建模时并未给予考虑，这使得模型计算结果与实测数据产生偏差。

3) 膜非对称结构的影响

在模型化中，可以认为非对称膜等效于双层结构：上层是集中所有渗透阻力的致密分离层，下层是没有渗透阻力或流动阻力的多孔支撑层；此时，支撑层孔隙中流过的渗透气组成与渗透气主体组成并不相等。然而，在气体分离膜的模型化中完全忽略了多孔支撑层的阻力，这在膜渗透率较高时，是不合适的。因为膜渗透率较高时，多孔支撑层的流动阻力可能影响膜的分离结果。

4) 分离器内流动压力降

气体在膜分离装置中流动时，必然产生压力降。压力降大小取决于膜分离装置结构、流道截面形状、大小和长度等条件。压力降会减小膜分离的推动力，降低膜分离装置的分离性能。在设计分离装置时，需妥善安排分离装置的流道结构，确保既能得到较高的膜面积填充率，又不使分离装置内流动压力降过大。

对于中空纤维膜分离装置，随着丝内径的减小，丝长 (即器长) 的增加以及渗透速率的增大，丝内将出现明显的压力分布，有研究表明 [6]，气体在丝内流动的压力降规律服从 Hagen-Poiseuille 方程。

4.3.2 空分装置微分模型

描述膜分离装置的数学模型包括：各组分透过膜的传质速率方程，各组分物料平衡方程，膜两侧气体流动压力降和反映分离装置结构、流型等操作形态的边界条件。

模型化微分方程组的边界条件随分离装置的结构和流型而异，需视具体情况做具体分析。为简便起见，在分离装置的模型化中通常引入如下一些假设条件。

(1) 忽略分离装置的径向浓度梯度，仅考虑沿膜长度方向的浓度变化；
(2) 忽略分离装置内气体流动不均匀性；
(3) 操作条件下，各组分的渗透率与压力、组成无关；
(4) 气体黏度与压力无关；
(5) 操作条件下，膜不发生物理形变；
(6) 膜分离过程是在等温下进行的；
(7) 忽略壳程 (丝外) 气体流动压力降，采用 Hagen-Poiseuille 方程描述丝内气体流动压力降。

图 4.24 为空分过程微分模型。

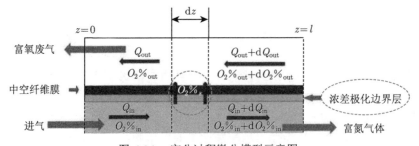

图 4.24   空分过程微分模型示意图

对于图 4.24 所示的空分过程, 微元段上氧气质量平衡方程为

$$(Q_{\text{in}} + dQ_{\text{in}})(O_2\%_{\text{in}} + dO_2\%_{\text{in}}) + Q_{\text{out}}O_2\%_{\text{out}}$$

$$=(Q_{\text{out}} + dQ_{\text{out}})(O_2\%_{\text{out}} + dO_2\%_{\text{out}}) + Q_{\text{in}}O_2\%_{\text{in}} \tag{4.13}$$

微元段上氮气的质量平衡方程为

$$(Q_{\text{in}} + dQ_{\text{in}})(1 - O_2\%_{\text{in}} - dO_2\%_{\text{in}}) + Q_{\text{out}}(1 - O_2\%_{\text{out}})$$

$$=(Q_{\text{out}} + dQ_{\text{out}})(1 - O_2\%_{\text{out}} - dO_2\%_{\text{out}}) + Q_{\text{in}}(1 - O_2\%_{\text{in}}) \tag{4.14}$$

式中, Q_{in} 为中空纤维膜丝内气体微元段的入口质量流量, kg/s; Q_{out} 为中空纤维膜丝外气体微元段的出口质量流量, kg/s; $Q_2\%_{\text{in}}$ 为中空纤维膜丝内气体微元段入口处的氧气质量浓度; $Q_2\%_{\text{out}}$ 为中空纤维膜丝外气体微元段出口处的氧气质量浓度。

由图 4.24 可以看出, 由于氧气在中空纤维膜中的渗透系数较大, 中空纤维膜丝内氮气富集, 在膜丝内表面形成了浓差极化边界层, 浓差极化边界层中的氧浓度为 $O_2\%_{\text{s}}$。由于 $O_2\%_{\text{s}}$ 低于 $O_2\%_{\text{in}}$, 氧气透过膜的动力减弱, 中空纤维膜空气分离效果变差。

浓差极化边界层和进气气流的氧气和氮气的传质方程为

$$d(Q_{\text{in}}O_2\%_{\text{in}}) = k(O_2\%_{\text{in}} - O_2\%_{\text{s}}) + O_2\%_{\text{in}}(dQ_{\text{in}}) \tag{4.15}$$

$$d[(Q_{\text{in}}(1 - O_2\%_{\text{in}})] = -k(O_2\%_{\text{in}} - O_2\%_{\text{s}}) + (1 - O_2\%_{\text{in}})dQ_{\text{in}} \tag{4.16}$$

中空纤维膜上氧气和氮气的渗透方程为

$$J_{\text{O}}(p_{\text{in}}O_2\%_{\text{s}} - p_{\text{out}}O_2\%_{\text{out}})Adz/l = -(Q_{\text{in}} + dQ_{\text{in}})(O_2\%_{\text{in}} + dO_2\%_{\text{in}}) + Q_{\text{in}}O_2\%_{\text{in}} \tag{4.17}$$

$$J_{\text{N}}[p_{\text{in}}(1 - O_2\%_{\text{s}}) - p_{\text{out}}(1 - O_2\%_{\text{out}})]Adz/l$$

$$= -(Q_{\text{in}} + dQ_{\text{in}})(1 - O_2\%_{\text{in}} - dO_2\%_{\text{in}}) + Q_{\text{in}}(1 - O_2\%_{\text{in}}) \tag{4.18}$$

联立式 (4.15)∼ 式 (4.18) 解得

$$O_2\%_{\text{s}}$$

$$= \frac{J_{\text{O}}p_{\text{out}}O_2\%_{\text{out}}(1 - O_2\%_{\text{in}}) - J_{\text{N}}p_{\text{out}}O_2\%_{\text{in}}(1 - O_2\%_{\text{out}}) + (k + J_{\text{N}}p_{\text{in}})O_2\%_{\text{in}}}{k + J_{\text{N}}p_{\text{in}}O_2\%_{\text{in}} + J_{\text{O}}p_{\text{in}}(1 - O_2\%_{\text{in}})}$$

$$\tag{4.19}$$

式中,$O_2\%s$ 为中空纤维膜丝内表面浓差极化边界层中氧气的质量浓度;p_{in} 为微元段中空纤维膜丝内气体压力,Pa;p_{out} 为富氧废气排气压力,Pa;J_O 为氧气的渗透系数,$m^3(STP)/m^2 \cdot s \cdot Pa$;$J_N$ 为氮气的渗透系数,$m^3(STP)/m^2 \cdot s \cdot Pa$;$A$ 为中空纤维膜表面积,m^2;l 为中空纤维膜丝长,m;k 为平均传质系数,$k = \dfrac{0.0732d_h^{0.6}D^{0.67}u^{0.6}}{d_i^{0.4}\nu^{0.27}}$。

其中, D 为气体的扩散系数, m^2/s; ν 为气体的运动黏度, m^2/s; d_h 为中空纤维膜丝的当量直径, m; d_o 为中空纤维膜丝外径, m; d_i 为中空纤维膜丝内径, m; u 为进气通过中空纤维膜的流速, m/s。

中空纤维膜丝内气体的压降为

$$\frac{dp_{in}}{dz} = -\frac{128RT\mu Q_{in}}{N\pi d_i^4 p_{in}} \tag{4.20}$$

式中, μ 为空气的动力黏度, $N \cdot s/m^2$; N 为组件内纤维膜丝条数。

联立式 (4.13)、式 (4.14)、式 (4.17)、式 (4.19) 和式 (4.20),并将参数无量纲化, 令

$$z^* = z/l, \ \ Q_{out}^* = Q_{out}/Q, \ \ Q_{in}^* = Q_{in}/Q, \ \ Q_{air}^* = Q_{air}/Q, \ \ \beta = p_{out}/p_{in}$$

整理可得微分方程组

$$\frac{dO_2\%_{in}}{dz^*} = -\frac{\pi d_o l N p_{in} J_N/Q}{Q_{in}^*}\{\alpha(O_2\%_s - \beta O_2\%_{out})(1 - O_2\%_{in})$$

$$- O_2\%_{in}[(1 - O_2\%_s) - \beta(1 - O_2\%_{out})]\}$$

$$\frac{dO_2\%_{out}}{dz^*} = -\frac{\pi d_o l N p_{in} J_N/Q}{Q_{out}^*}\{\alpha(O_2\%_s - \beta O_2\%_{out})(1 - O_2\%_{out})$$

$$- O_2\%_{out}[\beta(1 - O_2\%_s) - \beta(1 - O_2\%_{out})]\}$$

$$\frac{dQ_{in}^*}{dz^*} = -\frac{\pi d_o l N p_{in} J_N}{Q_{air}}[\alpha(O_2\%_s - \beta O_2\%_{out}) + (1 - O_2\%_s) - \beta(1 - O_2\%_{out})]$$

$$\frac{dQ_{out}^*}{dz^*} = -\frac{\pi d_o l N p_{in} J_N}{Q_{air}}[\alpha(O_2\%_s - \beta O_2\%_{out}) + (1 - O_2\%_s) - \beta(1 - O_2\%_{out})]$$

$$\frac{d\beta}{dz^*} = -\frac{128\mu RT l Q_{air}^*}{(N\pi d_i^4 p_{out}^2)\beta}$$

微分方程组的边界条件:

　　$z^* = 0$ 时:

$$O_2\%_{in} = O_2\%_{air}, \ \ \ \frac{dO_2\%_{out}}{dz^*} = 0, \ \ \ \frac{dQ_{out}^*}{dz^*} = 0, \ \ \ Q_{in}^* = 1, \ \ \ \beta = \beta_{air}$$

$z^* = 1$ 时：

$$\frac{\mathrm{d}O_2\%_{\mathrm{in}}}{\mathrm{d}z^*} = 0, \quad Q^*_{\mathrm{out}} = 0, \quad \frac{\mathrm{d}Q^*_{\mathrm{in}}}{\mathrm{d}z^*} = 0, \quad \frac{\mathrm{d}\beta}{\mathrm{d}z^*} = 0$$

同时由气体的渗透方程计算可得

$O_2\%_{\mathrm{out}}$

$= \beta_{\mathrm{NEA}} + (\alpha-1)(\beta_{\mathrm{NEA}}O_2\%_{\mathrm{NEA}} + 1) - \{[\beta_{\mathrm{NEA}} + (\alpha-1)(\beta_{\mathrm{NEA}}O_2\%_{\mathrm{NEA}} + 1)]^2$

$\qquad - 4\alpha(\alpha-1)\beta_{\mathrm{NEA}}O_2\%_{\mathrm{NEA}}\}^{\frac{1}{2}}/2(\alpha-1)$

式中，d_{o} 为中空纤维膜丝外径；O_{air} 为进气的氧气质量浓度；β_{air} 为膜组件入口的进气压力与排气压力之比；β_{NEA} 为膜组件出口的进气压力与排气压力之比；$Q_2\%_{\mathrm{NEAt}}$ 为富氮气体的氧气质量浓度。

本模型是具有边值条件的一阶常微分方程组，一般采用数值解法求解，常用的数值解法包括迭代法、差分法等。

4.3.3 空分装置性能简化计算

由于空分装置微分模型计算量较大，在有的场合，仅需对膜分离结果进行估算，为此，本节提供了部分有关膜分离装置的简化计算方法。

1. 全混流模型计算法

假设进气和富氧废气为全混流，气流中各点的氧浓度值等参数均是相等的。全混流模型示意如图 4.25 所示。

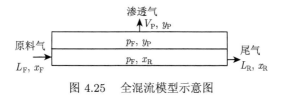

图 4.25　全混流模型示意图

此时，渗透速率方程可写成

$$V_{\mathrm{P}}y_{\mathrm{P}} = J_1 A p_{\mathrm{F}}(x_{\mathrm{R}} - \gamma y_{\mathrm{P}}) \tag{4.21}$$

$$V_{\mathrm{P}}(1 - y_{\mathrm{P}}) = J_2 A p_{\mathrm{F}}[(1 - x_{\mathrm{R}}) - \gamma(1 - y_{\mathrm{P}})] \tag{4.22}$$

式中，下标 F、R 分别表示原料气入口和尾气出口；下标 P 表示渗透气出口；A 是膜面积。

由式 (4.21) 和式 (4.22) 可得

$$\frac{y_{\mathrm{P}}}{1 - y_{\mathrm{P}}} = \alpha \frac{x_{\mathrm{R}} - \gamma y_{\mathrm{P}}}{1 - x_{\mathrm{R}} - \gamma(1 - y_{\mathrm{P}})} \tag{4.23}$$

结合物料衡算式可解得 y_P、V_P、x_R。

$$L_F x_F = V_P y_P + (L_F - V_P) x_R \tag{4.24}$$

由于全混流模型未考虑流动阻力降和流型对分离结果的影响，因此它仅适用于膜面积很小的实验室研究等场合。

2. B-K 计算法

如忽略膜两侧压力，Blaisdell 和 Kammermeyer 给出了逆流条件下的简化计算如下：

$$\frac{\mathrm{d}L'}{\mathrm{d}x} = \frac{-L'}{x + \dfrac{\alpha}{(1-\alpha) + (\gamma-1)/(x-\gamma y)}} \tag{4.25}$$

式中，$L' = L/L_R$；$y = (L'x - x_R)/(L' - 1)$。

式 (4.25) 的边界条件为

$$x = x_R, L' = 1; \quad x = x_F, L' = 1/(1-\theta) \tag{4.26}$$

该式求解是一边值问题。求解式 (4.25) 可得到 L、y 随 x 的变化关系。

完成分离任务所需膜面积可由下式积分得到

$$A = \frac{L_F}{J_1 p_F} \frac{-(1-\theta)\mathrm{d}L'}{(x - \gamma y) + \dfrac{(1-x) - \gamma(1-y)}{\alpha}} \tag{4.27}$$

并流条件下的简化计算为

$$\frac{\mathrm{d}L''}{\mathrm{d}x} = \frac{-L''}{x + \dfrac{\alpha}{(1-\alpha) + (\gamma-1)/(x-\gamma y)}} \tag{4.28}$$

式中，$L'' = \dfrac{L}{L_F}$；$y = (x_F - xL'')/(1 - L'')$

原料气入口处：$x = x_i$；$y = y_i$；$L'' = 1$。

尾气出口处：$x = x_0$；$y = y_0$；$L'' = 1 - \theta$。

相对而言，逆流流型的求解比并流流型更简便，因为边界条件都不必用试差法确定。

值得注意的是，对中空纤维膜，忽略丝内压力降的简化计算方法是有条件的。丝内压力降大小对丝内径的变化十分敏感。当丝内径较小、丝内侧压力低和丝长度较大时，应采用微分方程计算。

3. 级数近似法

Boucif 等提出将尾气和渗透气出口组成表示成无因次膜面积 A^* 级数形式，取级数的前三项，可求得并流和逆流情形的近似。以逆流流型为例，在分离器的任意截面上原料气侧和渗透气侧的快气组成 x、y 可分别表示为

$$x = a_0 + a_1 A^* + a_2 A^{*2} + a_3 A^{*3} \tag{4.29}$$

$$y = b_0 + b_1 A^* + b_2 A^{*2} + b_3 A^{*3} \tag{4.30}$$

式中，A^* 是无因次膜面积，$A^* = J_2 A p_F / L_F$；a_0、a_1、a_2、a_3、b_0、b_1、b_2、b_3 是待定系数。对逆流流型，尾气出口处 $A^* = 0$；对并流流型，原料气进口处 $A^* = 0$。将式 (4.29) 和式 (4.30) 代入相应流型的微分方程组和边界条件，并令等号两端 A^* 的同次幂系数相等，得到上述待定系数关于 α、γ 和 x_F 的代数方程组，由该方程组，可解出 8 个待定系数。

由于式 (4.29) 和式 (4.30) 只取了级数的前三项，级数近似法仅适合于切割率较低的情形。该近似法的另一缺点是不便于扩展到多组分分离的计算。

4.4 机载空分装置性能实验与规范

机载空气分离装置的工作原理是利用中空纤维膜对不同气体的选择渗透性，将发动机引气分离成富氮气体和富氧气体；对于制取的富氮气体，其性能参数必须满足飞机油箱惰性化防爆技术要求，否则可能产生安全问题。然而，在飞行过程中，机载空气分离装置实际工况非常复杂，其中包含多种变量因素，这些因素都会对装置分离性能产生影响，因此，有必要对机载空气分离装置的实际空气分离性能进行地面性能试验，性能试验涉及空气分离装置的实验要求、实验条件以及实验方法。

4.4.1 空分装置实验要求

针对不同型号的飞机，空气分离装置在防爆系统中所需要测试参数指标及范围有所不同，但具体测试项目基本一致，主要是考核空气分离装置在不同工作压力、工作温度以及不同环境下的产品气浓度，检查和验证空气分离装置性能能否满足油箱惰性化防护指标要求。

总结归纳了空气分离装置的实验要求，可以分解为如下两大类专项实验。

1. 地面性能专项实验

(1) 压力梯度实验：不同进气压力 (0.2~0.7MPa) 下分离性能实验。

(2) 温度梯度实验：不同进气温度 (10~120℃) 下分离性能实验。

2. 环境实验

(1) 高空 (2km/5km/8km/10km/12km/15km/18km) 实验。

(2) 低温 (−55℃) 工作实验。

(3) 高温 (70℃) 工作实验。

(4) 低温-高空综合性能实验 (低温：−55℃；高度：5km / 10km / 12km/15 km/18km)。

针对空气分离装置所采用的膜组件不同，实验测试点和测试范围有所不同，针对低温低压工作的膜组件和高温高压工作的膜组件，地面性能专项实验所测试的压力点和温度点须根据具体需要进行选择，针对不同的机型，环境实验的测试点也有所不同，民用飞机的飞行高度以及低温和高温环境测试点与军用飞机有所不同。

4.4.2　空分装置实验条件

针对空气分离装置实验要求，进行实验项目分类，主要分为地面性能专项实验和环境实验。对于不同的实验项目，需采用不同的实验条件，具体如下。

1. 地面性能专项实验条件

空气分离装置地面性能测试实验装置原理示意如图 4.26 所示。

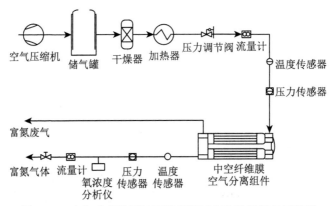

图 4.26　空气分离装置地面性能测试实验装置原理示意图

从图 4.26 中可以看出，由空气压缩机产生的高压空气经过储气罐稳压和干燥器除湿后，先后进入气源温度及压力调节系统，作用是将进气的温度和压力调节至设定的实验工况所要求的数值；同时，流量计及传感器将进气的各项参数数据实时显示出来。高压空气输入膜组件的中空纤维膜丝内，在膜内外压力差的作用下，具有较大渗透系数的氧气渗透到丝外作为废气排入大气，而氮气则在丝内富集，形成富氮气体。富氮气体通过流量调节系统将流量调节到需要的数值，同时经过温度、压力和氧浓度的测量后排入大气。

构成该实验装置的主要仪器设备列于表 4.1 中。

表 4.1　主要仪器设备

仪器设备	技术指标	数量
流量计	测量范围 ***kg/h，精确度 1%	2 件
氧浓度分析仪	量程 0~30%，精度 0.3%	1 件
供气系统	供气流量 ***kg/h，供气压力 0~1MPa	1 套
压缩空气加热系统	最高加热温度 200℃	1 套
压力传感器	测量范围 0~1MPa，精确度 1%	2 件
温度传感器	测量范围 0~200℃，精确度 1%	2 件

注：*** 表示可根据具体需求自行设定。

空气分离装置针对不同类型的飞机，所需要的产品气量是不同的，对大型运输类飞机，富氮气体需要的流量非常大，而对于直升机或歼击机，需要的流量相对较小，为此，表 4.1 中系统供气及流量计测试范围未指定，采用 *** 表示，读者可根据具体需求设定。

2. 环境实验条件

空气分离装置环境实验装置原理示意如图 4.27 所示[28]。

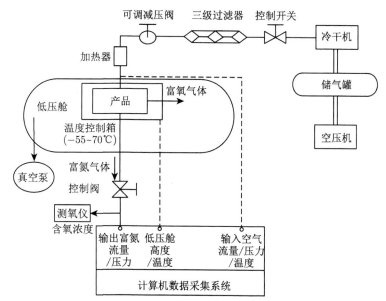

图 4.27　空气分离装置环境实验装置原理示意图

从图 4.27 中可以看出，由压缩机产生的高压空气经过储气罐稳压，再到冷干机干燥除湿后，通过控制开关，经过三级过滤器过滤除油污及颗粒物，进入可调减压阀，调节压力，再流经加热器加热，提供给图中的产品 (即空气分离装置)，经过空气分离装置分离分为两路气体：一路为富氧气体，通过废气排出管引导进入低压舱，再通过真空系统排到空气中；另一路为富氮气体，通过产品气出口管引导，经过控制阀，再经过管道排到空气中。在空气分离装置入口端，有输入空气的流量、压力和温度传感器与计算机数据采集系统连接；在富氮气体的出口端管路中有流量和压力传感器与计算机采集系统连接；同时从产品气出口引出一小股产品气接入氧浓度测氧仪，用于测试产品气的氧浓度。所引出的一小股产品气在常温常压下，流量通常为 200～500mL/min，对于产品气流量的影响可以忽略不计。在空气分离装置的外部设置一个温度控制箱，用于模拟环境温度。为了防止富氧气体对环境温度的影响，富氧气体排出管需要引出温度控制箱，在温度控制箱的外部设置一个低压舱，通过真空泵抽取低压舱内的气体，用于模拟高空低压环境，为此，富氧气体排出口排出的气体要排放到低压舱内，这里的真空泵的抽气能力需要足够的大，才能确保低压舱模拟的高空低压环境达到实验要求。温度控制箱的温度传感器以及低压舱的压力传感器与计算机数据采集系统连接，用于采集空气分离装置所在环境的温度和压力数值。构成该实验装置的主要仪器设备列于表 4.2 中。

表 4.2　主要仪器设备

仪器设备	技术指标	数量
流量计	测量范围 ***kg/h，精确度 1%	2 件
氧浓度分析仪	量程 0～30%，精度 0.3%	1 件
供气系统	供气流量 ***kg/h，供气压力 0～1MPa	1 套
压缩空气加热系统	最高加热温度 200℃	1 套
压力传感器	测量范围 0～1MPa，精确度 1%	2 件
温度传感器	测量范围 0～200℃，精确度 1%	2 件
温度传感器	测量范围 −100～100℃，精确度 1%	1 件
压力传感器	测量范围 −0.01～0MPa，精确度 1%	
计算机数据采集系统		1 套

注：*** 表示可根据具体需求自行设定。

4.4.3　空分装置实验方法

1. 空气分离装置地面性能专项实验方法

常温地面条件下，输入空气源应符合以下要求：

(1) 空气温度为一系列设定值 (气源温度系列包括 40℃、50℃、60℃、70℃)；

(2) 空气湿度：80%；

(3) 空气颗粒度：$0.5\mu m$；

(4) 空气含油量：$0.01mg/m^3$；

(5) 产品含氧浓度分别为 2%、5%、9%、12%条件下，测试输出流量 Q_{NEA}、压力及流量、含氧浓度等。

实验前准备：安排实验人员和实验地点、时间；记录需要进行的实验项目；检查被测的空气分离装置的完整性，记录其编号；选择对应的实验装置，并检查实验装置的完好性以及测试仪器仪表有效期；将被测试的空气分离装置连接到实验装置中，进行通气，测试系统的气密性，观察所有仪器设备是否工作正常。

具体需完成的地面性能专项实验如下：

1) 输入压力-输出流量-NEA 浓度关系实验

常温地面条件下，气源输入压力为一系列设定值 (输入压力系列包括 0.2MPa、0.3MPa、0.4MPa、0.5MPa 等)，调定 NEA 浓度 (产品含氧浓度为 2%、5%、9%、12%等)，测试输出 NEA 流量 Q_{NEA5}、压力及 OEA 流量 Q_{O_2}、含氧浓度。实验步骤如下：

开启空压机和冷干机，运行至储气罐内压力稳定；打开手动控制开关阀门，逐步调定气源入口大流量减压器的压力值，使气源输入压力为 0.1MPa；打开速度控制阀和测氧仪；缓慢调节流量阀控制开关控制产品气流量。

(1) 当测氧仪显示数据稳定在 2 时，分别记录输出流量 Q_{NEA}、压力及流量 Q_{O_2}、含氧浓度等。

(2) 当测氧仪显示数据稳定在 5 时，分别记录输出流量 Q_{NEA}、压力及流量 Q_{O_2}、含氧浓度等。

(3) 当测氧仪显示数据稳定在 9 时，分别记录输出流量 Q_{NEA}、压力及流量 Q_{O_2}、含氧浓度等。

(4) 当测氧仪显示数据稳定在 12 时，分别记录输出流量 Q_{NEA}、压力及流量 Q_{O_2}、含氧浓度等。

依次分别改变入口压力为 0.2MPa、0.3MPa、0.4MPa，重复上述实验，分别记录输出流量 Q_{NEA}、压力及流量 Q_{O_2}、含氧浓度等。

2) 气源温度-输出流量-NEA 浓度关系实验

地面条件下，气源输入压力为一定值，气源温度为一系列设定值 (气源温度系列包括 40℃、50℃、60℃、70℃)，调定产品含氧浓度 (2%、5%、9%、12%)，测试输出流量 Q_{NEA}、压力及流量 Q_{O_2}、含氧浓度等。实验步骤如下：

开启空压机，运行至储气罐内压力稳定；打开手动控制开关阀门，逐步调定气源入口大流量减压器的压力值，使气源输入压力为 0.1MPa；启动电加热器，使其达到气源温度的预置值 40℃，打开速度控制阀和测氧仪；缓慢调节流量阀控制开关控制产品气流量。

(1) 当测氧仪显示数据稳定在 2 时，分别记录输出流量 Q_{NEA}、压力及流量 Q_{O_2}、含氧浓度等。

(2) 当测氧仪显示数据稳定在 5 时，分别记录输出流量 Q_{NEA}、压力及流量 Q_{O_2}、含氧浓度等。

(3) 当测氧仪显示数据稳定在 9 时，分别记录输出流量 Q_{NEA}、压力及流量 Q_{O_2}、含氧浓度等。

(4) 当测氧仪显示数据稳定在 12 时，分别记录输出流量 Q_{NEA}、压力及流量 Q_{O_2}、含氧浓度等。

依次分别改变入口压力为 0.2MPa、0.3MPa、0.4MPa，重复上述实验，分别记录输出流量 Q_{NEA}、压力及流量 Q_{O_2}、含氧浓度等。

分别设定气源温度为 50℃、60℃、70℃，重复上述实验，分别记录输出流量 Q_{NEA}、压力及流量 Q_{O_2}、含氧浓度等。

2. 空气分离装置环境实验方法

在不同的环境条件下进行性能专项试验，准备工作与上述相同，选用环境实验装置开展环境实验。

1) 高度环境性能实验

将空分装置放置在密闭保温箱内，并将保温箱放在密闭模拟大气舱。供气由空气压缩机提供，大气模拟舱与真空系统连接，由真空系统按实验要求模拟高度。实验原理如图 4.24 所示。低温环境由制冷机组与涡轮联合制冷实现，高温环境和气源温度由电加热器保证，输入压力由减压阀保证。实验步骤如下：

(1) 开启空压机和冷干机，运行至储气罐内压力稳定；打开手动控制开关阀门，逐步调定气源入口大流量减压器的压力值；启动电加热器，使其达到气源温度的 50℃ 预置值，打开速度控制阀和测氧仪。

(2) 打开真空系统，在真空测控计算机上输入预置环境舱 2km 高度值，当气源输入压力为 0.1MPa 时，缓慢调节流量阀控制开关控制产品气流量，当测氧仪显示数据稳定在 2、5、9、12 时，分别记录输出流量 Q_{NEA}、压力及流量 Q_{O_2}、含氧浓度等。

(3) 依次分别改变入口压力为 0.2MPa、0.3MPa、0.4MPa，重复上述实验，分别记录输出流量 Q_{NEA}、压力及流量 Q_{O_2}、含氧浓度等。

(4) 依次分别重新预置环境舱高度值为 5km、8km、10km、12km，重复上述实验，分别记录输出流量 Q_{NEA}、压力及流量 Q_{O_2}、含氧浓度等。

2) 低温环境性能实验

实验步骤如下：

(1) 将空气分离装置置于 −55℃ 的低温 2h。

(2) 开启空压机和冷干机，运行至储气罐内压力稳定；打开手动控制开关阀门，逐步调定气源入口大流量减压器的压力值；启动电加热器，使其达到气源温度 50℃ 的预置值，打开速度控制阀和测氧仪。

(3) 当气源输入压力为 0.1MPa 时，缓慢调节流量阀控制开关控制产品气流量，当测氧仪显示数据稳定在 2、5、9、12 时，分别记录输出流量 Q_{NEA}、压力及流量 Q_{O_2}、含氧浓度等。

(4) 依次分别改变入口压力为 0.2MPa、0.3MPa、0.4MPa，重复上述实验，分别记录输出流量 Q_{NEA}、压力及流量 Q_{O_2}、含氧浓度等。

3) 高温环境性能实验

实验步骤如下：

(1) 将空气分离装置置于 70℃ 高温室 2h。

(2) 开启空压机和冷干机，运行至储气罐内压力稳定；打开手动控制开关阀门，逐步调定气源入口大流量减压器的压力值；启动电加热器，使其达到气源温度的预置值 50℃，打开速度控制阀和测氧仪。

(3) 当气源输入压力为 0.1MPa 时，缓慢调节流量阀控制开关控制产品气流量，当测氧仪显示数据稳定在 2、5、9、12 时，分别记录输出流量 Q_{NEA}、压力及流量 Q_{O_2}、含氧浓度等。

(4) 依次分别改变入口压力为 0.2MPa、0.3MPa、0.4MPa，重复上述实验，分别记录输出流量 Q_{NEA}、压力及流量 Q_{O_2}、含氧浓度等。

4) 温度、高度环境性能实验

实验步骤如下：

(1) 将空气分离装置置于 −55℃ 低温室 2h。

(2) 开启空压机和冷干机，运行至储气罐内压力稳定；打开手动控制开关阀门，逐步调定气源入口大流量减压器的压力值；启动电加热器，使其达到气源温度的预置值 50℃，打开速度控制阀和测氧仪。

(3) 当气源输入压力为 0.1MPa 时，缓慢调节流量阀控制开关控制产品气流量，当测氧仪显示数据稳定在 2、5、9、12 时，分别记录输出流量 Q_{NEA}、压力及流量 Q_{O_2}、含氧浓度等。

(4) 依次分别改变入口压力为 0.2MPa、0.3MPa、0.4MPa，重复上述实验，分别记录输出流量 Q_{NEA}、压力及流量 Q_{O_2}、含氧浓度等。

(5) 依次分别重新预置环境舱高度值为 5km、8km、10km、12km，重复上述实验，分别记录输出流量 Q_{NEA}、压力及流量 Q_{O_2}、含氧浓度等。

关于空气分离装置的实验方法，这里设置一些测试点进行叙述，工程技术人员需要根据实际需求进行参数设置，进行相应的实验。

4.4.4　空分装置鉴定实验

《民用飞机机载制氮装置规范》(HB8545—2018) 规定了民用飞机机载制氮装置的技术要求、验证及交货准备，它适用于采用中空纤维膜进行空气分离的机载制氮装置的设计、制造和验收。

该规范制定的鉴定检测项目如表 4.3 所示，受检样品从已检验合格的产品中抽取，数量为 2～4 台。

表 4.3　空分装置鉴定检验项目表

序号	检验项目	鉴定检验	验收检验
1	尺寸	●	●
2	重量	●	●
3	外观质量	●	●
4	标志和代号	●	●
5	接口	●	●
6	气密性	●	●
7	富氮气体流量	●	●
8	富氮气体浓度	●	●
9	制氮效率	●	●
10	流阻	●	●
11	性能衰减率	●	—
12	温度和高度	●	—
13	温度变化	●	—
14	湿热	●	—
15	飞行冲击和坠撞安全	●	—
16	振动	●	—
17	防水	●	—
18	沙尘	●	—
19	霉菌	●	—
20	盐雾	●	—
21	防火	●	—
22	加速度	●	—
23	可靠性	●	—
24	耐久性	●	—
25	维修性	●	—
26	保障性	●	—
27	安全性	●	—
28	运输性	●	—
29	互换性	●	—

按表 4.3 规定的项目和相应的试验方法进行鉴定检验时，所有检验项目合格，则判定鉴定检验合格。如果某项试验不合格，应查明原因，修改完善后再重作相关项目，若仍不能满足规定要求，则判定鉴定检验不合格。

4.5 空分装置适航符合性方法

4.5.1 空分装置合格审定程序

根据《民用航空产品和零部件合格审定规定》(CCAR-21-R4)，适航管理对象分为"民用航空产品"和"零部件"两大类，其中，"零部件"是指任何用于民用航空产品或拟在民用航空产品上使用和安装的材料、零件、部件、机载设备或者软件。

根据 CCAR-21-R4 第 21.10 条款，零部件想要成为合格的航材，即可被作为替换件或改装件安装在经型号合格审定或者经型号认可审定的民用航空产品上，应符合以下 5 个条件中的一个：① 依据型号合格证生产的；② 依据局方的生产批准生产的；③ 标准件；④ 航空器所有人或占有人按照局方规定为维修或者改装自己的航空器而生产的零部件；⑤ 根据《民用航空器维修单位合格审定规定》(CCAR-145) 的规定，在维修许可证持有人批准维修项目范围内，在其质量系统控制下制造的、在民用航空产品或者零部件修理或者改装中消耗的零部件。

其中，前两个条件是局方直接批准的情况，即零部件的设计获得局方的批准，生产是在局方接受或批准的质量系统下开展的，这类零部件最终可以获得局方颁发的"适航批准标签"(AAC-038)；后三个条件则是局方未直接批准、但接受/认可的情况，主要包括标准件和自制件，这类零部件只能在局方规定的范围和限制下使用，无权获得 AAC-038。

根据 CCAR-21-R4 第 21.9 条款，零部件获得批准的可选路径包括：零部件制造人批准书 (PMA)；技术标准规定项目批准书 (CTSOA)；零部件设计批准认可证 (VDA)；随民用航空产品的型号合格审定 (TC)、补充型号合格审定 (STC) 或者改装设计批准合格审定 (MDA) 一起批准；随民用航空产品的型号认可合格审定 (VTC) 或者补充型号认可合格审定 (VSTC) 一起批准；民航局规定的其他方式。根据零部件制造人是否作为申请人和最终的持证人，以上批准路径可概括为两种批准形式："单独批准"和"随机批准"，如图 4.28 所示。其中，选择"单独批准"路径的零部件制造人最终自己持证，有权为自己生产的零部件申请并获得 AAC-038；而选择"随机批准"，零部件制造人将作为最终持证人的供应商，其生产的零部件必须经由持证人申请并获得 AAC-038。

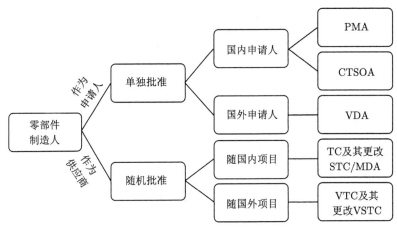

图 4.28　民用航空零部件获得适航批准的路径

在我国，民用航空零部件的合格审定程序是以适航管理程序 (AP) 的形式发布的。2020 年 7 月 16 日，通过民航规〔2020〕22 号和〔2020〕23 号两份文件，《技术标准规定项目批准书合格审定程序》(AP-21-AA-2020-12) 和《零部件制造人批准书合格审定程序》(AP-21-AA-2020-13) 正式颁布并生效，其中，AP-21-AA-2020-12 适用于 CTSOA 的申请、受理、审查、颁证及证后管理；AP-21-AA-2020-13 适用于 PMA 的申请、受理、审查、颁证及证后管理。CTSOA 和 PMA 是不同的零部件批准形式，这两种证件均是"非强制"的，申请人可根据自身情况和需求，选择"单独批准"或/和"随机批准"。

总的来说，PMA 较 CTSOA 适用范围更广：供安装在经型号合格审定或型号认可审定的民用航空产品上作为替换或改装用的零部件基本都适于申请 PMA；若 TSO 类设备已经包含在经批准的民用航空产品的型号设计中，则申请人也可以为这些 TSO 类设备子部件的替换件 (实际上是作为民航产品的替换件) 向民航地区管理局申请 PMA。但当申请 PMA 作为设计和生产的双重批准时，如果所申请零部件是关键件，或所申请零部件的安装会对民用航空产品造成设计大改，则申请人不能直接申请 PMA，而必须先申请 STC，再基于 STC 申请 PMA 作为生产批准。

4.5.2　空分装置环境试验与寿命要求

空分装置环境试验适航符合性验证依据与机载臭氧转换器一样，亦为 RTCA/DO-160G"机载设备环境条件和试验程序"，其试验项目和类别见表 4.4。

一般而言，主机对于空分装置的寿命要求一般都很长，如要求其使用寿命满足 21 000fh 或 5500 飞行循环，如此长的寿命要求仅仅通过试验是很难验证的。为此，需要将试验与分析结合来进行寿命验证。

表 4.4　空分装置环境试验

序号	试验项目	分类
1	湿热	B
2	防水性	W
3	霉菌	F
4	温度-高度	B2
5	温度变化	B
6	工作冲击和坠撞安全	A
7	振动试验	S
8	防爆	E
9	盐雾试验	T

在确定空分装置使用寿命时，需要从两方面出发，一是膜纤维的寿命，二是装置的寿命。对于膜纤维寿命，需要通过试验或理论分析来验证臭氧、氧化、老化、污浊气源、膜丝颤动等因素的作用和对膜纤维寿命的影响；对于装置的寿命(不能出现管板断裂、密封失效等)，则需通过振动冲击、压力循环、温度循环、湿热、储存等环境试验来予以验证。

参 考 文 献

[1] 邢卫红，顾学红. 高性能膜材料与膜技术 [M]. 北京：化学工业出版社，2017.

[2] Pandey P, Chauhan R S. Membranes for gas separation [J]. Progress in Polymer Science, 2001, 26(6): 853-893.

[3] Weller S, Steiner W A. Separation of gases by fractional permeation through membranes[J]. Journal of Applied Physics, 1950, 21(12): 279-283.

[4] Brubaker D W, Kammermeyer K. Separation of gases by plastic membranes permeation rates and extent of separation[J]. Industrial and Engineering Chemistry, 2002, 46(4): 733-739.

[5] Henis J, Tripodi M K. The developing technology of gas separating membranes[J]. Science, 1983, 220(4592): 11-17.

[6] 时钧，袁权，高从堦. 膜技术手册 [M]. 北京：化学工业出版社，2001.

[7] Graham T. On the law of the diffusion of gases [J]. Journal of Membrane Science, 1995, 100(1): 17-21.

[8] Wijmans J G, Baker R W. The solution-diffusion model-a review [J]. Journal of Membrane Science, 1995, 107(1-2): 1-21.

[9] Powell C E, Qiao G G. Polymeric CO_2/N_2 gas separation membranes for the capture of carbon dioxide from power plant flue gases[J]. Journal of Membrane Science, 2006, 279 (1-2): 1-49.

[10] Joseph S G, Jedediah O W, John D L. Permeability and durability effects of cellulose polymer variation in polymer inclusion membranes[J]. Journal of Membrane Science,

2004, 229 (1-2): 87-93.

[11] Erb A J, Paul D R. Gas sorption and transport in polysulfone[J]. Journal of Membrane Science, 1981, 8 (1): 11-22.

[12] Tsai H A, Li L D, Lee K R, et al. Effect of surfactant addition on the morphology and pervaporation performance of asymmetric polysulfone membranes[J]. Journal of Membrane Science, 2000, 176 (1): 97-103.

[13] Deepak G, Kumar S, Jodha A S, et al. A novel method for production of polyester films-based nuclear track microfilters[J]. Journal of Membrane Science, 2000, 178 (1-2): 93-98.

[14] Iwama A, Kazuse Y. New polyimide ultrafiltration membranes for organic use[J]. Journal of Membrane Science, 1982, 11 (3): 297-309.

[15] Huang J G, Richard J C, Takeshi M. Christian R, Sorption and transport behavior of water vapor in dense and asymmetric polyimide membranes[J]. Journal of Membrane Science, 2004, 241 (2): 187-196.

[16] Fielding R, Salamonsen R F. Permeation of halothane and ethrane in silicone rubber[J]. Journal of Membrane Science, 1979, 5(1): 327-338.

[17] Yeom C K, Lee J M, Hong Y T, et al. Analysis of permeation transients of pure gases through dense polymeric membranes measured by a new permeation apparatus[J]. Journal of Membrane Science, 2000, 166 (1): 71-83.

[18] Deepak G, Kumar S, Jodha A S, et al. A novel method for production of polyester films-based nuclear track microfilters[J]. Journal of Membrane Science, 2000, 178 (1-2): 93-98.

[19] Kurumada K, Taketo K, Naohiro F, et al. Structure generation in PTFE porous membranes induced by the uniaxial and biaxial stretching operations[J]. Journal of Membrane Science, 1998, 149 (1): 51-57.

[20] Sa-nguanruksa J, Rujiravanit R, Supaphol P, et al. Porous polyethylene membranes by template-leaching technique: preparation and characterization[J]. Polymer Testing, 2004, 23 (1): 91-99.

[21] Castellari C, Ottani S. Preparation of reverse osmosis membranes. A numerical analysis of asymmetric membrane formation by solvent evaporation from cellulose acetate casting solutions[J]. Journal of Membrane Science, 1981, 9 (1-2): 29-41.

[22] Paul M A, Douglas R L. Anisotropic flat sheet membrane formation via TIPS: atmospheric convection and polymer molecular weight effects[J]. Journal of Membrane Science, 2000, 175 (2): 225-238.

[23] Shieh J J, Chung T S, Paul D R. Study on multi-layer composite hollow fiber membranes for gas separation[J]. Chemical Engineering Science, 1999, 54 (5): 675-684.

[24] 蔡琰. 飞机燃油惰性化系统的实验与仿真研究 [D]. 北京：北京航空航天大学，2015.

[25] 蒋东升, 孙兵, 林贵平, 等. 中空纤维膜丝束端头封装时的注胶方法：中国, ZL201410189231.1[P]. 2014-09-03

[26] 尹中升, 俞锋, 刘玉花, 等. 中空纤维氮氢膜组件真空涂层工艺: 中国, CN103028536 A[P].

2013-04-10.

[27] 蒋东升, 黄雪飞, 刘海燕, 等. 一种膜分离组件的端头和筒体的连接结构: 中国, ZL201620405748.4[P]. 2016-10-12.

[28] Zhao H T, Jiang D S, Sun B, et al. Research on the application of membrane separation technology is onboard inert gas generating system [C]. IEEE AUS2016, 2016: 544-549.

第 5 章　机载火焰抑制器设计

1963 年 12 月，一架泛美航空公司的 B707 飞机因雷电袭击在美国马里兰州埃尔克顿地区失事，引发了人们对于因火焰沿管路系统传播而点燃飞机燃油箱问题的重点关注。调查人员在对飞机事故进行研究后发现：如果能事先在飞机燃油箱通气管路上安装火焰抑制器，就能有效抑制雷电所引发的外部火焰的传入，避免该事故的发生或减少事故中丧生的人数。为此，在 FAR25.975 条款中已有明确要求，新设计飞机的燃油箱通气管路系统中须安装火焰抑制器，同时，FAA 还相应地修改了第 121 部、125 部和 135 部适航规章，并于 2016 年 6 月 24 日颁布了咨询通告 AC25.975-1"燃油通气防火"，作为运输类飞机燃油通气系统火焰抑制器的适航符合性指导文件。

对于燃油箱防爆系统而言，虽然目前并未有安装火焰抑制器的适航条款要求，但考虑到在防爆系统未工作或工作不正常时，燃油蒸气可燃混合物可能弥散在防爆系统管路中，当遇到不可预测的点火源时，可产生沿管路系统传播的火焰并点燃油箱，因此，目前在油箱防爆系统中均安装有火焰抑制器。

在国外，火焰抑制器已是较为成熟的航空货架产品，其不同型号和结构的产品已广泛应用于各类飞机的燃油通气、惰化、发动机排气、扫油泵进气等系统中；但在国内，由于航空工业的相对落后及民机研制与适航认证工作刚刚起步，机载火焰抑制器尚属空白，相关的理论研究和产品研制工作尚处于起步阶段。

本章主要介绍的是防爆系统中的管路型火焰抑制器，它与燃油箱通气系统在的管端型火焰抑制器虽然工作原理一致，但结构有所差异，敬请读者注意。

5.1　管道内火焰传播规律与抑制机理

在飞机燃油箱防爆系统管路中安装火焰抑制器，其目的是防止系统中来自飞机发动机引气侧的火焰传播至油箱，导致油箱的燃烧与爆炸，火焰在防爆系统管路中的传播规律与多种因素有关，分为爆燃和爆轰两种模式。

5.1.1　管道内火焰传播规律

1. 火焰加速传播机理

管道内静止的可燃气体混合物被弱点火源点燃后，热能将不断传输给邻近的未燃混合气体，形成厚度小于 1mm 的层流火焰，其反应区长度在几十至几百微米之间，并在这狭窄的反应区域内完成 95%~98% 的化学反应、热传导和物质扩散。

层流火焰由反应区和预热区组成。热量主要由反应区内化学反应产生，并通过传导和分子扩散等方式传输至预热区，其基本传播机理如图 5.1 所示。

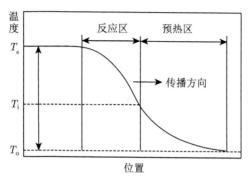

图 5.1 穿越层流火焰的温度分布图

化学反应区燃烧产物温度高，因此未燃烧的混合物将受到压缩，从而产生一个前驱冲击波。随着火焰继续向前延伸，相对于未反应的混合物而言，火焰是以层流燃烧速度传播的，它形成了爆燃状态下典型的"两波三区"结构 (图 5.2)。传播过程中，火焰不稳定性使得其表面产生褶皱，表面积增大，提高了火焰的有效燃烧速度，从而导致火焰传播加速。燃烧过程中，刚性边界还会诱导膨胀流内部产生速度梯度和湍流。

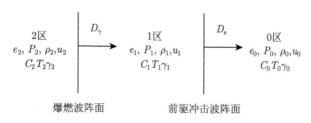

图 5.2 爆燃过程的"两波三区"结构

e—比内能；u—粒子速度；C—音速；γ—等熵指数；

0 区—可燃气体的初始状态；1 区—前驱冲击波通过后的状态；2 区—爆燃波阵面 (火焰面) 通过后的状态

湍流初始时，强度较低，旋涡只会使火焰表面产生褶皱和增加火焰的有效燃烧速度。当燃烧速度增加后，将会产生一个更强的膨胀流，强的膨胀流又会导致流速增加，而高的流速又将加大湍流的强度，在高强度湍流的影响下，火焰会逐渐失去光滑表面，内部也发生变化，于是湍流旋涡倾向于分裂火焰前驱，从而导致一个更高的燃烧率。高的燃烧率将又产生更强的膨胀流和湍流，形成如图 5.3 所示的火焰加速反馈机理。

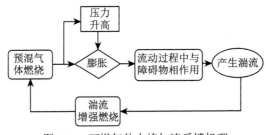

图 5.3　可燃气体火焰加速反馈机理

正是加速反馈机理使得管道内火焰传播极有可能从爆燃模式演变为爆轰模式。

2. 管道内火焰传播规律

在充满易燃气体的管道中，一端点燃，火焰将沿管道向未燃气体方向传播，一般说来，火焰面运动速度越快，说明化学反应越剧烈。

从可燃气体点燃，到火焰发展成爆轰，一般要经历如图 5.4 所示的低压爆燃、中压爆燃、高压爆燃、爆燃转爆轰、不稳定爆轰、爆轰等 6 个阶段 [1,2]。

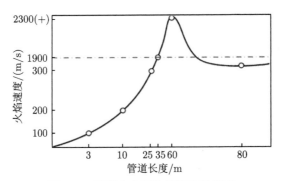

图 5.4　管道内火焰传播规律示意图

当火焰面加速到某个值时，火焰速度将会突然增大，甚至超过稳定的爆轰速度值，这个超高速非稳定的短暂过程称为爆燃向爆轰转变过程 (简称 "DDT 过程")。超压爆轰是不稳定的，它很快就被产物区的稀疏波削弱，演变成爆轰状态，达到稳定传播。

除了传播速度不同外，爆轰与爆燃的传播机理也是不同的。与爆燃通过热传导、扩散等方式将能量传递给前方介质不同，爆轰所释放的能量是通过波的形式传递。也就是说，对于爆轰而言，火焰传播速度与冲击波波速是一致的，在未燃气体介质事先未受到任何扰动的情况下，由于冲击波的作用，波后介质温度突然达到燃点，开始发生剧烈的化学反应，反应放热又通过波的形式传递给预压冲击波，以补充其在运动中的能量损失，使其能持续高速传播。

对于确定燃气种类和浓度比的预混气，其稳定的爆轰速度是一定的。一般来说，爆轰速度大的气体，反应速率大，爆炸压力大，其爆炸危险性也大，因此，可根据不同气体爆炸威力 (火焰击穿能力) 大小对可燃气体进行分级，如在欧洲标准 EN1127-1 中 [3]，就将可燃气体分为 IIA、IIB、IIB1、IIB2、IIB3 和 IIB4 等 6 级。

事实上，不同种类的预混气，其火焰加速过程是不同的；且系统中管道直径变化及阀门、弯道等实际布置均对火焰传播速度有着重大影响 [4,5]。

5.1.2 火焰抑制机理

火焰在狭缝或狭小的通道中传播时，如果狭缝的间距或通道直径足够小，火焰在其中传播一段距离后就会自动熄灭，这种现象称为猝熄。利用猝熄原理抑制火焰通过防爆系统管道传播至油箱的装置就是火焰抑制器。

火焰抑制器是由许多细小的通道或空隙组成的，这些通道或空隙能允许气体通过，但阻止火焰的传播。通常认为，其抑制火焰传播机理有二，一是冷壁效应，二是器壁效应。

冷壁效应是指当火焰进入抑制单元结构时仅因热损失突然增大而导致的火焰猝熄。其依据是：火焰抑制单元结构传热面积较大，火焰经过通道壁时将产生大量的热损失，造成温度迅速下降，当温度下降达到一定程度后，火焰将自然熄灭。

经典的冷壁效应理论是由 Spalding[6] 提出的，他采用能量平衡的观点描述了火焰猝熄现象，认为火焰熄灭和燃烧极限是由燃烧反应热量损失引起。对于平行板间的二维问题，火焰猝熄间距 d_q 可定义为释热率 q_R 刚好等于散热率 q_L 时的平行板距离。

$$q_R = \phi_0(\text{RR})(A_i d_q)Q_m \tag{5.1}$$

式中，q_R 为每摩尔可燃混合气体的释热率，J/s; d_q 为平行板的猝熄间距，mm; A_i 为平行板的微元面积，mm^2；ϕ_0 为混合气体的当量摩尔数，mol/mm^3; Q_m 为火焰放出热量，J/mol；RR 为化学反应速率，s^{-1}。

$$q_L = \lambda A_i \frac{dT}{dx} \tag{5.2}$$

式中，λ 为壁面导热系数。

　　假设能保持火焰传播的最低温度为 T_q，即猝熄温度为 T_q，初始温度为 T_0，壁面导热系数为 λ，等压比热容为 C_p，则有

$$2A_i\lambda\frac{T_q - T_0}{d_q/2} = \phi_0 Q_m \mathrm{RR} A_i d_q \tag{5.3}$$

则

$$d_q^2 = \frac{4\lambda(T_q - T_0)}{\phi_0 \mathrm{RR} Q_m} \tag{5.4}$$

依据能量平衡，有

$$Q_m = C_p(T_f - T_0) \tag{5.5}$$

式中，T_f 为火焰绝热燃烧温度，K。

　　将式 (5.5) 代入式 (5.4) 中，得

$$d_q^2 = \frac{4\lambda}{\phi_0 C_p \mathrm{RR}}\left(\frac{T_q - T_0}{T_f - T_0}\right) \tag{5.6}$$

令 $\alpha = \dfrac{\lambda}{C_p \rho}$，$\rho$ 为密度，则

$$d_q \propto \sqrt{\frac{\alpha}{\mathrm{RR}}} \tag{5.7}$$

$$\frac{S_L}{d_q} \propto \mathrm{RR} \tag{5.8}$$

因为

$$\alpha = \frac{\lambda}{\rho C_p} \propto \frac{1}{p} \tag{5.9}$$

则

$$d_q = \sqrt{\frac{\alpha}{\mathrm{RR}}} \propto \frac{1}{p} \tag{5.10}$$

　　由上述分析可知，反应越强烈 (RR 越大)，猝熄越困难，猝熄间距越小；壁面导热系数 λ 越大，猝熄越容易，猝熄间距越大；火焰压力 p 越大，猝熄越困难，猝熄间距越小。

　　然而，这种单纯采用冷壁效应来描述猝熄现象的理论虽然概念清晰、计算方便，却有着明显的局限，因为已有实验表明 [8]，玻璃管和铜管的导热系数相差 460

倍, 但其最大猝熄直径基本相同。由此可见, 猝熄并不单纯是由冷壁传热效应造成, 应该还有其他未知原因。

器壁效应又称连锁反应理论[8], 它认为燃烧与爆炸现象不是分子间直接作用的结果, 而是在外来能源 (热能、辐射能、电能、化学反应能等) 的激发下, 分子键受到破坏, 产生活性分子, 这些具备反应能力的活性分子发生化学反应时, 首先分裂为十分活泼而寿命短暂的自由基, 自由基与其他分子相撞, 生成新的产物, 同时也产生新的自由基再继续与其他分子发生反应。可燃混合气体燃烧爆炸的条件是: 新产生的自由基数等于或大于消失的自由基数。随着火焰抑制单元通道尺寸的减小, 自由基与反应分子之间碰撞的概率随之减小, 而自由基与通道壁的碰撞概率反而增加, 这样就促使自由基反应速率降低。当通道尺寸减小到某一数值时, 这种器壁效应就造成了火焰不能继续传播。

5.2　火焰抑制器结构尺寸计算方法

抑制器结构与尺寸是火焰能否有效被抑制的关键因素, 通道尺寸越小, 火焰抑制效果越佳, 但流通阻力也越大。在实际工作过程中, 不仅要求抑制器具有一定的火焰抑制能力, 而且要求其具有良好的流通能力。

5.2.1　火焰抑制器结构形式

1. 火焰抑制器分类方法

(1) 按应用类型不同, 火焰抑制器可分为用于阻止亚声速火焰传播的阻爆燃型和用于阻止超声速火焰传播的阻爆轰型两大类。

由于爆轰产生高压, 通常远比爆燃更具有破坏性, 因此, 阻爆燃型与阻爆轰型火焰抑制器在结构和阻火级别上是有差异的 (结构上阻爆轰型的阻火单元比阻爆燃型厚, 且阻火级别高)。

(2) 按使用场所不同, 火焰抑制器可分为管端型和管道型两类。

管端型: 一端与大气直接相通或紧邻大气边界, 如安装在飞机燃油箱通气系统中的火焰抑制器, 它通过 NASA 通气勺与外界环境连通, 就是一个典型的管端型机载火焰抑制器。管端型火焰抑制器大多为阻爆燃型。

管道型: 安装在密封管路系统中, 用以防止管路系统一端的火焰传播至管路系统的另一端。它有阻爆燃和阻爆轰两种类型, 用于飞机各子系统中的管道型火焰抑制器大多为阻爆燃型, 如飞机防爆系统中的火焰抑制器。

(3) 按阻火单元结构的不同, 可分为板式、金属网式、填料式、液封式等多种类型。

(4) 按耐烧程度的不同, 可分为耐烧型 Type I 和不耐烧型 Type II。

可燃气体被点燃后所带来的稳定燃烧是一个危害，在某些工况条件下管路会有持续不断的可燃混合物流向火焰抑制器未保护的一侧，如果因为某些原因，可燃混合物的流动不能停止，火焰将持续在抑制器表面驻烧，因此需要考虑耐烧问题。

耐烧型 Type I：抑制器可耐受火焰在其表面驻烧 30min 以上，且能保持正常工作状态。

不耐烧型 Type II：火焰抑制器仅可保持不超过 15min 正常工作的驻烧时间。

飞机防爆系统中安装的火焰抑制器为 Type II 型，它要求具有 2.5min 以上的耐烧能力。

2. 火焰抑制器结构形式

机载火焰抑制器结构和外形示意如图 5.5、图 5.6 所示，它由阻火单元和外壳组成，通过法兰或其他方式与管道连接。外壳具有高强度的抗爆能力，能承受爆燃或爆轰引起的冲击波压力；内部的阻火单元 (阻火芯) 是火焰抑制器的核心，其结构形式多样，不同结构形式阻火单元的阻火能力、流通能力、加工难度、价格均有所不同。

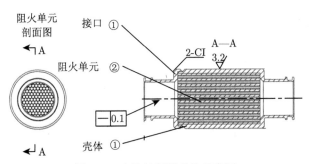

图 5.5 火焰抑制器结构示意图

图 5.6 火焰抑制器外形图

常见的阻火单元内部结构形式有以下几种：

(1) 金属丝网结构。此结构是由单层或多层孔径大小均匀的金属丝网重叠而成，随着金属网层的增加，阻火的效果也随之增强。

虽然该结构强度较高，造价便宜，但是其阻火能力有限，已逐渐被淘汰。

(2) 平行板结构。此结构是由平行的金属板组成，平行板之间用垫片分离以形成不同大小的猝熄间隙。

此结构的优点是加工容易、强度大，能承受很大的冲击压力波，且易于拆卸清洗；但是其流通面积小，流动阻力大。

(3) 波纹板结构。此结构由一层平板和一层波纹板交替围绕而成，外形多为圆形，阻火单元通道呈三角形 (具体有等边三角形和等腰三角形两种)。

典型的波纹型阻火单元结构是由两层超薄的不锈钢带制成，一层钢带被压制成波型，另一层为平面钢带，将两种钢带组成的间隔围绕轴心进行缠绕，形成由无数个断面为三角形的直通流道，如图 5.7 所示。

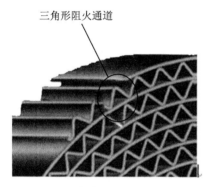

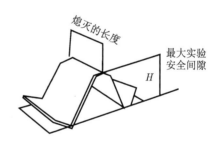

(a) 阻火单元芯件结构　　　　　　　　　(b) 芯件单元结构

图 5.7　波纹板结构阻火单元

该结构强度与制造精度高，既可作为阻爆燃型也可为阻爆轰型，且其流通面积比大于 80%，使得气体的流动阻力相对较小，缺点是成本价格相对较高。

(4) 金属蜂窝结构 (六边形结构)。此结构阻火单元均匀，安装在飞机燃油箱通气系统中不易受外部高湿环境的影响而结冰，且由于每个结构单元都彼此连接，具有超高的强度和流通能力，如图 5.8 所示。

该种结构成型难度较大，工艺较为复杂、成本高。目前美国 Parker 公司生产的燃油箱通气系统机载火焰抑制器采用了此结构形式，国内亦有研制应用。

(5) 填充型。此结构是在阻火单元内装入填充材料，填料多为鹅卵石、金属球、金属环等。它具有结构简单、容易清洗、造价便宜的特点，但气体流动阻力大。

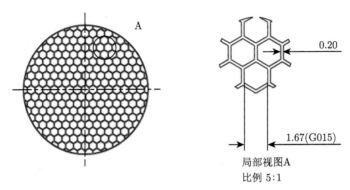

图 5.8　六边形结构阻火单元

　　Wilson[9] 曾对 14 种不同结构类型的阻火单元进行实验对比，得出波纹型阻火单元结构具有最佳阻火和流通性能的结论; 但美国 Parker 公司则认为金属蜂窝结构 (六边形结构) 具有均匀一致的结构，使得流通阻力较为恒定，且在高湿度环境下不易结冰，阻火能力优，强度刚度好，同时具有方便切割成不同尺寸和形状等优点，值得优先选用。

5.2.2　阻火单元特征尺寸计算方法

　　阻火单元特征尺寸主要是指猝熄直径 d_q 和猝熄长度 L_q，为了减小燃料/空气流经阻火单元时的压降，应采用 L_q/d_q 值较小的阻火单元，但为保证阻火能力最大化，则要求采用 L_q/d_q 值较大的阻火单元。

　　1. 猝熄直径计算方法

　　阻火性能保证，首先在于猝熄直径，因为当阻火单元内的通道直径大于能够使火焰发生猝熄的最大直径时，则无论阻火单元长度如何变化，火焰都不会发生猝熄。

　　1) 猝熄直径理论计算方法

　　猝熄直径理论计算方法除上述 Spalding 所提出的基于热平衡理论确定平行板间猝熄直径方法 [6] 外，还有学者提出的基于边界层确定猝熄直径的理论计算方法 [10]。该方法具体计算过程如下：

　　依据火焰猝熄的冷壁效应，狭缝中火焰熄灭是由化学反应放热量小于散热量引起的，如图 5.9 所示，当火焰前端面传播到 x_0 处时，在狭缝壁面会形成熄灭边界层，熄灭边界层厚度随火焰传播方向不断增大，进入熄灭层的自由基被复合成分子，仅有少量自由基能穿过熄灭层与冷壁面相撞而放出能量，导致化学反应速率急剧下降，当狭缝间距 $d = 2\delta_q$ 时，狭缝内的火焰完全猝熄，如图 5.10 所示。

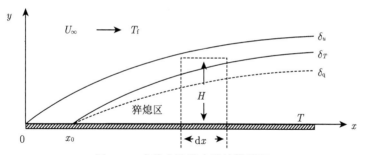

图 5.9 火焰在狭缝内猝熄模型图

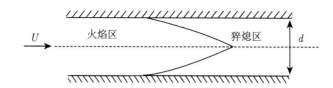

图 5.10 火焰猝熄示意图

为了简化模型, 可做如下假设:

(1) 忽略可燃气体流动内摩擦力所导致的边界层温升, 不计黏性功;

(2) 忽略狭缝内气体流动不等压的非定常流动, 并视为一维准定常层流过程。

依据边界层理论, 可得

$$\frac{U_g}{U_\infty} = \frac{3}{2}\left(\frac{y}{\delta_u}\right) - \frac{1}{2}\left(\frac{y}{\delta_u}\right)^3 \tag{5.11}$$

$$\frac{T - T_w}{T_f - T_w} = \frac{3}{2}\left(\frac{y}{\delta_T}\right) - \frac{1}{2}\left(\frac{y}{\delta_T}\right)^3 \tag{5.12}$$

式中, U_g 为火焰气流在狭缝通道中的速度, m/s; U_∞ 为气体主流在狭缝通道中的速度, m/s; T 为气体主流温度, K; T_w 为壁面温度, K; T_f 为火焰绝热燃烧温度, K。

积分形式的动量方程为

$$\rho\frac{d}{dx}\int_0^H U_g(U_\infty - U_g)dy = U_g\frac{dU_g}{dy} \tag{5.13}$$

式中, ρ 为密度, kg/m^3; H 为 y 方向的厚度。

由式 (5.11) 和式 (5.13) 可得到速度边界层厚度为

$$\delta_u = \left(\frac{280}{13}\frac{vx}{U_\infty}\right)^{1/2} \tag{5.14}$$

式中，υ 为运动黏度，$\mathrm{m^2/s}$。

根据能量守恒原理，火焰定常传播的能量守恒方程为

$$\frac{\mathrm{d}}{\mathrm{d}x}\int_0^H (T_\mathrm{f}-T)U_\mathrm{g}\mathrm{d}y + \int_0^H \mathrm{RR}Q\mathrm{d}y = \frac{\lambda}{\rho C_p}\left(\frac{\mathrm{d}T}{\mathrm{d}y}\right)_\mathrm{w} \tag{5.15}$$

式中，Q 是反应热；下标 w 表示壁面周围。

只考虑传热换热过程，不计燃烧化学反应过程，则式 (5.15) 中的反应项可略去。

边界条件为 $x=x_0$ 时，$\delta_T=0$，则温度边界层纵向厚度为

$$\frac{\delta_T}{\delta_u} = \frac{1}{1.026}Pr^{1/3}\left[1-\left(\frac{x_0}{x}\right)^{3/4}\right]^{1/3} \tag{5.16}$$

式中，Pr 是普朗特数；x_0 是与流速、狭缝通道间距 d 及边界换热条件相关的量，因为对于爆燃过程来讲，其流速较小，可令 $x_0=0$。

火焰熄灭温度为

$$T_\mathrm{q} = T_\mathrm{f} - \frac{RT_\mathrm{f}^2}{E_\mathrm{a}} \tag{5.17}$$

式中，E_a 为反应活化能。

当 $T=T_\mathrm{q}$，$Y=\delta_\mathrm{q}$，且 $d=2\delta_\mathrm{q}$ 时，$x=L_\mathrm{q}$，联立式 (5.12)、式 (5.14)、式 (5.16)、式 (5.17)，可得如下关系式：

$$d^2 = 81.84A^2 Pr^{-2/3}\frac{VL_\mathrm{q}}{U_\infty} \tag{5.18}$$

式中，$A=\delta_\mathrm{q}/\delta_T$；火焰传播速度 $U=U_\infty+U_0$；U_0 为介质燃烧的速度。

在火焰速度较低及狭缝间距较小的情况下，该计算方法结果与实验吻合较好；但在火焰速度较高和狭缝间距较宽情况下，误差最大可达 30% 左右。

2) 经验计算方法

由于人们对于火焰抑制机理尚未完全掌握，因此在实践中多采用实验手段来确定猝熄直径。通过对实验结果整理与分析，前人总结出一些初步确定猝熄直径的经验公式和方法。

(1) 按最大试验安全间隙 (MESG) 确定猝熄直径。人们将在一定条件下 (0.1MPa, 20℃) 刚好能使火焰熄灭的通道直径定义为最大试验安全间隙 (MESG)。

不同气体具有不同的 MESG 值，目前国际上根据 MESG 值对可燃气体进行分级。如：国标 GB 50058—2014 将可燃气体分为 IIC、IIB、IIA3 个等级，美国电

气协会 (NEC) 将可燃气体分为 A、B、C、D 4 个等级，国际电工协会 (IEC) 则将可燃气体分为 IIC、IIB、IIA 3 个等级。按上述标准所划分的各级气体的 MESG 值及测试气体如表 5.1 所示。

表 5.1 MESG 分类标准

GB 50058—2014	NEC	IEC	MESG/mm	测试气体
	A	IIC	0.25	乙炔
IIC	B	IIC	≤0.5	氢气
IIB	C	IIB	0.5<MESG≤0.9	乙烯
IIA	D	IIA	>0.9	丙烯

依据气体 MESG 值，确定阻火单元猝熄直径方法如下。

① 对于单组分气体的最大实验安全间隙，可从文献手册中获取其 MESG 值。表 5.2 列举了 4 种文献资料中公开的部分单组分气体 MESG 值。其中美国海岸警备队 (USCG) 的数据取自于美国联邦法规 (CFR)33 卷 154 章 [11]，Westerberg 的数据取自于美国国家科学院 (NAS)，英国的数据来自于 NAS 的报告，美国消防协会 (NFPA) 数据来自 NFPA497《危险 (分类) 区域中有关电气设备的气体、蒸气和粉尘的分类》[12]。造成上述数据不同的主要原因是它们的实验装置各不相同，因此，采用该方法确定猝熄直径时，还必须注意应用场所与数据实验装置的相似性。

表 5.2 各类公开文献中 MESG 值

气体种类	USCG MESG/mm	Westerberg MESG/mm	英国 MESG/mm	NFPA497 MESG/mm	AIT/℃
甲烷	1.17	1.12	1.17	1.12	537
丙烷	0.96	0.94	0.96	0.97	450
环氧乙烷	0.65	0.33	0.66	0.59	445
乙炔	0.02	0.08	0.25	0.25	305
氢	0.10	0.08	0.28	0.28	520

② 对于多组分可燃气体的最大试验安全间隙，Britton[13] 指出可以采用 Le Chatelier 公式来进行计算。

$$\text{MESG(mix)} = 100/(\sum f_i/M_i) \tag{5.19}$$

式中，f_i 为单组分气体在混合气体中的体积分数；M_i 为单组分气体的最大安全间隙。

③ 不参与反应的惰性气体 (如氮气)，其 MESG 值可默认为 0。

NFPA497 借用美国保险商实验室 (UL) 未公开的数据对上述公式进行验证 [14]，获得很好的一致性。

图 5.11 所示的是利用 Le Chatelier 公式计算多组分可燃气体的示例，该气体包含氢气和甲烷。根据 "NFPA 497-A97 ROP，Table 2-1"，氢气和甲烷所对应的 MESG 值分别是 0.28mm 和 1.12mm。

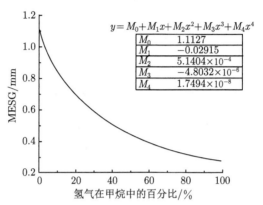

图 5.11   氢气-甲烷混合气体 MESG 的计算 (利用 Le Chatelier 公式)

利用 MESG 值来确定猝熄直径，在一定程度上便于阻火单元的设计计算，但该方法是粗略的，它只是给出在特定猝熄长度下确定可容许的最大猝熄直径范围 [15]，对如何在保障阻火时间要求的基础上，优化猝熄直径与猝熄长度则没有涉及，同时，对于航空燃油这类有数百种成分组成的可燃物，要准确确定各成分的比例和 MESG 值也是十分困难的。

(2) 依据火焰速度确定猝熄直径。

Wilson 和 Flessner[16] 通过在 6in(1in=25.4mm) 直径管道中进行火焰传播实验，确定区分层流火焰和湍流火焰的速度界限，即速度小于 18m/s 的火焰为层流火焰；速度大于 18m/s 的火焰为湍流火焰。火焰前端热量与质量的湍流扰动和燃烧带来的压力扰动使得湍流火焰比层流火焰更难猝熄。

① 对于层流火焰阻火单元，其阻火性能主要决定于有效猝熄直径 d_q，而其阻火单元长度 L_q 则依据阻火时间要求，由材料的温升特性决定。

1975 年，Wilson 和 Flessner 通过试验表明：层流火焰能够被管道内的微小通道猝熄，并提出猝熄直径计算关系式：

$$d_q < 30\lambda/v_0 \tag{5.20}$$

式中，d_q 为猝熄直径，m；λ 为在空气中的热传导率，W/(m·K)；v_0 为气体的燃烧速度，m/s。

Mendoza 等 [17] 根据层流猝熄理论和可燃气体的物理特性，提出了层流火焰

猝熄直径计算方程为

$$N_{\mathrm{Pe,cr}} = U_0 d_{\mathrm{q}}/a \tag{5.21}$$

式中，$N_{\mathrm{Pe,cr}}$ 为通道的 Peclet 数，Mendoza 建议可以采用 65 作为 Peclet 常数；U_0 为燃烧速度，m/s；d_{q} 为猝熄直径，m；a 为气态扩散系数，$\mathrm{m^2/s}$。

气体燃烧速度是燃料固有属性，受类别、温度和压力影响。表 5.3 列出各类气体的标准燃烧速度和对应圆孔猝熄实验所获得的猝熄直径。

表 5.3　各类气体标准燃烧速度和猝熄直径

气体名称	标准燃烧速度/(m/s)	猝熄直径 d_{q}/mm
甲烷/空气	0.365	3.68
丙烷/空气	0.457	2.66
丁烷/空气	0.396	2.8
己烯/空气	0.396	3.04
乙烯/空气	0.701	1.9
城市煤气/空气	1.127	2.03
乙炔/空气	1.767	0.787
氢气/空气	3.352	0.86
丙烷/氧	3.962	0.38
乙炔/氧	11.277	0.13
氢/氧	11.887	0.30

② 管道束缚作用会使燃烧产生的压力扰动向前传播，从而导致火焰压力升高，阻火单元应有足够的长度吸收来高速火焰产生的热量和压力波。因此，只给出火焰的猝熄直径并不能满足阻火单元设计需求，还必须确定阻火单元的长度。Wilson 等 [18] 通过实验研究发现阻火通道的猝熄长度 L_{q} 应满足如下条件：

$$L_{\mathrm{q}} > U_{\mathrm{t}} d_{\mathrm{q}}^2 \tag{5.22}$$

式中，L_{q} 为猝熄长度，cm；U_{t} 为湍流火焰速度，m/s；d_{q} 为通道猝熄直径，cm。

Piotrowski[19] 在 Wilson 的实验基础上提出波纹型阻火单元猝熄长度的计算公式：

$$L_{\mathrm{q}} = (U_{\mathrm{t}} D_{\mathrm{H}}^2)/100\nu \tag{5.23}$$

式中，L_{q} 为猝熄长度，cm；U_{t} 为湍流火焰速度，cm/s；D_{H} 为水力直径，cm；ν 为燃烧气体的运动黏度，$\mathrm{cm^2/s}$。

虽然火焰抑制器能够阻止的最大火焰速度需通过试验确定，但作为参考，Phillips 和 Pritchard[20] 提出了适用于金属网型、波纹型、多孔板型火焰抑制器

的最高火焰速度经验公式:

$$D_H = (0.38eL_f/U)^{0.5} \tag{5.24}$$

式中,U 为火焰传播速度,m/s;L_f 为阻火单元实际长度,cm;D_H 为阻火单元通道等效水力直径,cm;e 为有效流通面积比。

(3) 依据点火能量确定猝熄直径。

《工业防爆技术手册》中定义的点火能量与熄灭直径的关系为

$$D_q = 6.98E^{0.403} \tag{5.25}$$

式中,E 为最小点火能量,MJ;D_q 为熄灭直径,mm。

对于金属网型和波纹型火焰抑制器,其阻火单元的猝熄直径一般不能超过熄灭直径的一半,即

$$d_q \leqslant \frac{1}{2}D_q \tag{5.26}$$

一些可燃蒸气的最小点火能 E 和猝熄直径 d_q 见表 5.4。

表 5.4　各类气体最小点火能和猝熄直径

混合气体名称	E/MJ	d_q/mm
乙烷	0.285	1.69
丙烷	0.305	1.74
甲烷	0.47	2.06
乙烯	0.096	1.09
氢	0.02	0.58

2. 不同结构形式下阻火单元猝熄直径的换算关系

火焰的热损失量 Q_{loss} 与化学反应的产热量 Q_{chem} 之比正比于通道的表面积和体积之比 A/V[21],对于不同结构形式的阻火单元,尤其是结构复杂的阻火单元,计算通道表面积和体积非常困难,因此通常以水力直径来衡量不同阻火单元结构形式下的表面积/体积比。水力直径 D_H 定义为

$$D_H = 4(A_{cross}/L) \tag{5.27}$$

式中,A_{cross} 为阻火单元的横截面积;L 为阻火单元横截面的周长。

不同阻火单元结构形式的水力直径计算关系式如图 5.12 所示。

管束或穿孔板	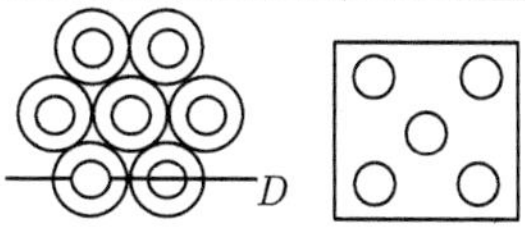	$D_H = D$
纱布	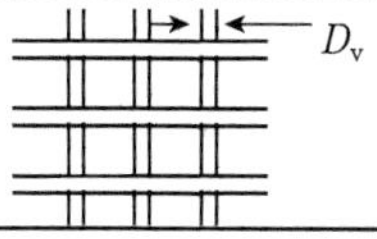	$D_H = 1/M - D_v$ M 为每单位长度的网格数
叠板	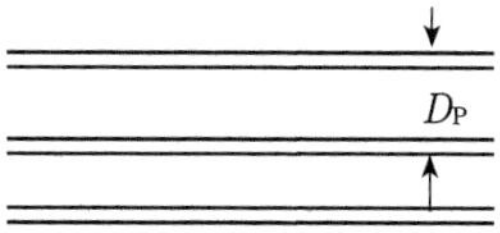	$D_H = 1.4 D_p$
卷曲带	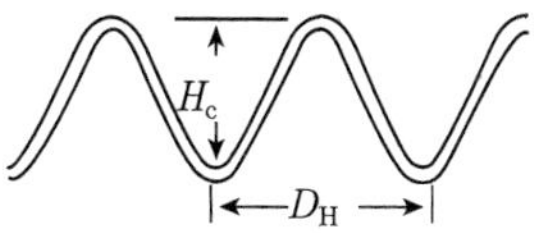	等腰三角形：$D_H = 0.83 H_c$ 等边三角形：$D_H = 0.67 H_c$
颗粒填充床(球)	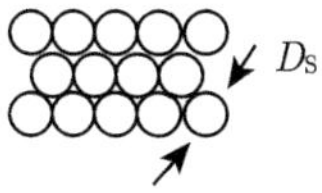	$D_H = 0.27 D_s$
烧结金属、金属泡沫或金属丝包	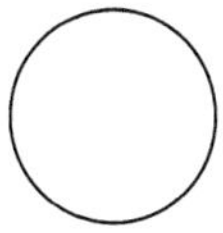	$D_H = D_p$

图 5.12 不同阻火单元的水力直径对比

在保证水力直径相同的情况下，各种阻火单元特征尺寸之间的关系为

$$D_H = D = 1/M - D_w = 1.4 D_p = 0.67 H_c = 0.27 D_s \tag{5.28}$$

式中各符号意义与图 5.12 一致。

3. 阻火单元长度计算方法

如上所述，火焰能够发生猝熄的狭缝通道最大间距称为猝熄直径，在一定直径的微小单元内能传播的最大距离称为猝熄长度。在实际应用中，由于耐烧性能要求，火焰抑制器所采用的阻火单元长度一般均大于火焰猝熄长度。

耐烧性是指当阻火单元使火焰稳定驻烧时，阻火单元的设计长度能够保证被保护侧温度在一定时间内低于可燃气体的自燃温度，即阻火单元的设计长度可以抑制回火现象的出现。FAA 在其颁布的 AC 25-975 咨询通告中明确要求，为了保证乘员能有效撤离，火焰抑制器需要保证至少 2.5min 以上的持续阻火能力。

　　驻烧过程示意如图 5.13 所示，伴随着火焰驻烧过程的进行，阻火单元壁面的温度不断上升，当被保护侧阻火单元壁面温度达到燃油自燃温度时，被保护侧将会发生自燃现象，因此，阻火单元的设计原则之一就是在耐烧性能规定的时间要求范围内，保证阻火单元被保护侧温度低于可燃气体自燃温度。

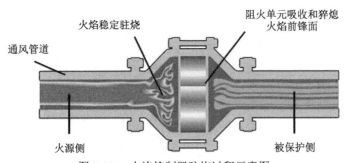

图 5.13　火焰抑制器驻烧过程示意图

　　驻烧过程中阻火单元的温升情况可通过数学方法来简单描述。建立数学模型前，需有如下假设：

(1) 空气在阻火单元中为不可压缩流动；

(2) 不考虑通道间的换热作用，通道边缘视为绝热边界；

(3) 忽略气固两相间的辐射换热；

(4) 阻火单元壁面物性均匀，且不受温度影响。

　　当火焰稳定驻烧时，通过气体间的导热及对流换热作用，热量从火焰端的高温气体传送到被保护侧的低温气体，使得气体温度升高，对如图 5.14 所示的长度为 dx 的阻火微元做换热分析，可得如下微元方程。

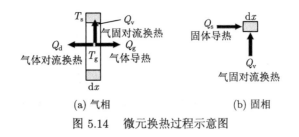

图 5.14　微元换热过程示意图

气相能量平衡方程：

$$\frac{\partial T_g}{\partial t} = \alpha_g \frac{\partial^2 T_g}{\partial x^2} - v\frac{\partial T_g}{\partial x} - h_v(T_g - T_s) \tag{5.29}$$

式中，

$$\alpha_{\mathrm{g}} = \frac{\lambda_{\mathrm{g}}}{\rho_{\mathrm{g}} C_{\mathrm{pg}}} \tag{5.30}$$

$$h_{\mathrm{v}} = \frac{h}{\rho_{\mathrm{g}} C_{\mathrm{pg}}} S_{\mathrm{v}} \tag{5.31}$$

T_{g} 为气体温度，K；T_{s} 为固体壁面温度，K；α_{g} 为气体热扩散系数，m^2/s；λ_{g} 为气体导热系数，$\mathrm{W}/(\mathrm{m}\cdot\mathrm{K})$；$\rho_{\mathrm{g}}$ 为气体密度，kg/m^3；C_{pg} 为气体比定压热容，$\mathrm{kJ}/(\mathrm{kg}\cdot\mathrm{K})$；$h_{\mathrm{v}}$ 为气体与固体对流换热系数，$\mathrm{W}/(\mathrm{m}\cdot\mathrm{K})$；$S_{\mathrm{v}}$ 为火焰抑制器壁面面积，m^2。

文献 [22] 中给出了火焰抑制器中流体与固体壁面对流换热系数的经验公式

$$h = 2\frac{\lambda_{\mathrm{g}}}{D} + 0.6\frac{\lambda_{\mathrm{g}}}{D} Re^{0.5} Pr^{1/3}, \quad Re \leqslant 100 \tag{5.32}$$

$$h = 0.32\frac{\lambda_{\mathrm{g}}}{D} + 0.36\frac{\lambda_{\mathrm{g}}}{D} Re^{0.57} Pr^{1/3}, \quad Re > 100 \tag{5.33}$$

固体壁面能量平衡方程

$$\frac{\partial T_{\mathrm{s}}}{\partial t} = \alpha_{\mathrm{s}} \frac{\partial^2 T_{\mathrm{s}}}{\partial x^2} + h_{\mathrm{v}}(T_{\mathrm{g}} - T_{\mathrm{s}}) \tag{5.34}$$

式中符号意义与上述公式相同，下标 s 表示固体壁面。

将阻火单元被保护侧温度随时间变化计算值与文献 [22] 中的实验结果进行对比，如图 5.15 所示，两者变化趋势一致。但由于模型假设为绝热壁面，没有考虑其与相邻单元的热交换，因此计算结果要高于实验结果，且温度上升速率快，但两者最大误差不超过 20%，因此该数学模型具有一定的参考价值。

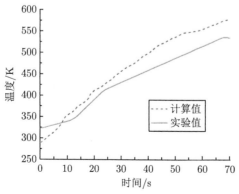

图 5.15 计算结果与实验数据对比

5.3   机载火焰抑制器性能及影响因素分析

火焰抑制器性能主要是指其阻火能力、耐烧能力和流通能力,在保障阻火能力、耐烧能力要求下,尽可能降低流通阻力是机载火焰抑制器的设计目标。

5.3.1   流通性能及影响因素分析

1. 流通面积比

影响火焰抑制器流通性能的重要参数就是阻火单元有效流通面积,对于波纹板型、平行板型、穿孔板型、金属蜂窝型 (六边形) 和蜂窝陶瓷型等 5 种典型的阻火单元结构,在一定管道半径、单元壁厚及猝熄直径条件下,其有效流通面积比 (流通面积/管道横截面积) 如图 5.16 所示 [23]。

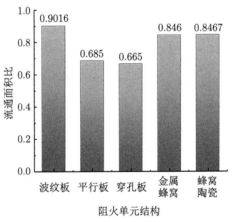

图 5.16   不同阻火单元结构的流通面积比

由图 5.16 可知,波纹板型结构、金属蜂窝型结构和蜂窝陶瓷型结构相对其他两类有较大的流通面积比。波纹板型结构是目前石油化工行业火焰抑制器中主流的结构形式,因加工精度高、流通性能好而被制造商广泛使用,但是波纹板型结构也具有易损坏、容易结垢等缺点,因而到目前为止人们提出了多种新型结构,以期能弥补波纹板型结构的缺陷,但是大多数因结构尺寸限制、压降特性不良、强度差、传热性能差及成本较高等种种因素被淘汰;金属蜂窝型结构和蜂窝陶瓷型结构相比其他结构具有明显优势,也是当前波纹板型火焰抑制器潜在的替代结构,但在解决金属蜂窝型结构的复杂成型工艺、蜂窝陶瓷型结构的较低产率问题之前,波纹板型结构依旧是目前性能最优、应用最广的阻火单元结构形式。

2. 流动阻力

流体流经火焰抑制器时，一般会在阻火单元进口处发生流动收缩，而在出口处发生流动膨胀。这种突然的流动收缩和膨胀，都会引起附加的压力损失；此外，流体流经阻火单元时会有摩擦损失。这些损失的综合，就构成流体总的流动阻力，其大小标志着火焰抑制器的阻力特性[24]。

图 5.17 表示火焰抑制器内部流动情况，流体由截面 1—1 流入截面 a—a 时的压力损失由两部分组成：① 因为面积收缩，流体动能增加引起的压力损失，这是流体压力能与动能之间的能量转换。这种压力变化是可逆的。② 突缩段压力降低。流体经过收缩断面产生边界层分离，随着收缩断面下游速度分布的变化，动量速率也发生变化，从而引起相应的压力变化。一般情况下，流体流经火焰抑制器的密度变化很小，通常可作定值处理。假设截面 1—1、a—a、b—b、2—2 处的流体速度分别为 u_1、u_a、u_b、u_2。

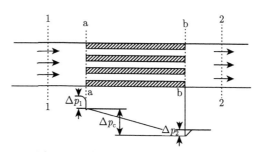

图 5.17　火焰抑制器内部流动示意图

进口压力损失可以表示为

$$\Delta p_1 = \frac{\rho u_a^2}{2}(1 - R_a^2) + K_1 \frac{\rho u_a^2}{2} \tag{5.35}$$

式中，ρ 为流体密度，kg/m^3；R_a 为火焰抑制器流通面积比；K_1 为进口压力损失系数。

同样，流体由截面 b—b 到截面 2—2 的出口压力回升分成两部分：① 流动截面积变化引起的压力升高，不考虑摩擦，其表达形式与入口压力损失相同；② 突扩段压力损失。

$$\Delta p_2 = \frac{\rho u_a^2}{2}(1 - R_a^2) - K_2 \frac{\rho u_a^2}{2} \tag{5.36}$$

式中，K_2 为出口压力损失系数。

火焰抑制器阻火单元内的压力损失主要由流体与壁面之间的黏性摩擦损失引起。对单个阻火单元通道的截面 a—a 到截面 b—b 的控制面应用动量定理，可得

$$p_\mathrm{a}S - p_\mathrm{b}S - \int_0^L 6\tau L_n \mathrm{d}L = Q(u_\mathrm{b} - u_\mathrm{a}) \tag{5.37}$$

$$\tau = \frac{f\rho u_\mathrm{a}^2}{2} \tag{5.38}$$

$$S = 3L_n^2 \sin(\pi/3) \tag{5.39}$$

式中，S 为单个阻火通道横截面积，m^2；L_n 为通道边长，m；f 为摩擦因子；Q 为单个通道的流量，kg/s。

流体流过阻火单元的压降可以表示为

$$\Delta p_3 = \frac{1}{S} \int_0^L 6\frac{f\rho u_\mathrm{a}^2}{2} L_n \mathrm{d}L \tag{5.40}$$

火焰抑制器的总压降为

$$\Delta p = \Delta p_1 + \Delta p_2 - \Delta p_3 \tag{5.41}$$

3. 流动阻力计算经验公式

国内外学者对不同形式的火焰抑制器的压降进行大量的试验，并得出很多有效的图表或经验公式。

1) 金属网型火焰抑制器压降

单层和多层金属网火焰抑制器的压降可直接根据文献 [21] 绘制的图表 (图 5.18) 进行查询。

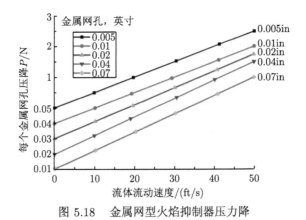

图 5.18　金属网型火焰抑制器压力降

2) 波纹板型火焰抑制器压降

针对波纹板型阻火单元压力降问题，文献 [21] 收录了英国 Lindley 等开展的理论分析和实验研究成果，Lindley 等通过多元线性回归分析，获得如下经验公式：

$$N_{\mathrm{cr}} = \frac{Pd_{\mathrm{H}}^2}{4\rho u^2 L} - Z \tag{5.42}$$

$$N_{Re} = \frac{\rho u d}{\mu e} \tag{5.43}$$

当 $Re > 2000$ 时，N_{cr} 和 N_{Re} 的关系式为

$$N_{\mathrm{cr}} = \frac{0.353}{N_{Re}^{0.9}} \tag{5.44}$$

当 $Re < 2000$ 时，N_{cr} 和 N_{Re} 的关系式为

$$N_{\mathrm{cr}} = \frac{4.0}{N_{Re}^{0.9}} \tag{5.45}$$

总的进口压力损失系数 Z 为

$$Z = \frac{8L}{d}[(1.5 - e)^2 + (1 + e)^2] \tag{5.46}$$

上述式中，N_{cr} 为阻力系数；N_{Re} 为雷诺数；e 为流通面积比。

为了实际工程的应用方便，上面各式可重新整理为

$$P = 1.14 \times 10^{-4} \left(\frac{u}{A}\right)^{1.082} \frac{L^{0.665}}{d^{1.583}} \tag{5.47}$$

3) 多孔板型火焰抑制器压力降

根据 Kolodzie 和 Smith 等 [21,26] 的实验研究结果，当雷诺数小于 1000 时，可根据下述经验公式计算流量系数和多孔板型火焰抑制器压力降。

$$C = (u/A)[(1 - A^2)/(2gP)] \tag{5.48}$$

$$P = 2.2 \times 10^{-4} V^2 \left(\frac{0.905}{e}\right)^{0.1} (1 - e^2)/C^2 \tag{5.49}$$

式中，C 为流量系数；e 为流通面积比；A 为横截面积；u 为流体速度，m/s。

4. 结构参数对流阻的影响分析 [27]

以金属蜂窝六边形阻火单元结构形式为例，其主要的结构参数有通道边长 L_n、通道壁厚 w 和阻火单元长度 L，在一定的管道尺寸下，不同边长、壁厚和阻火单元长度下的火焰抑制器流阻特性如图 5.19～图 5.21 所示。

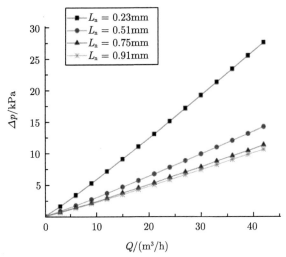

图 5.19　六边形通道边长对流阻特性的影响

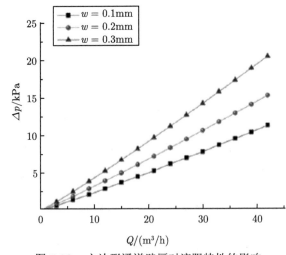

图 5.20　六边形通道壁厚对流阻特性的影响

图 5.19 示出了 4 种不同尺寸通道边长时火焰抑制器的 $\Delta p\text{-}Q$ 曲线，从图中可

见，随着通道边长的减小，抑制器流阻急剧增大；当六边形通道边长大于 0.75mm 时，边长增加带来的流阻降低不明显。由于通道边长决定着火焰抑制器能否使得火焰有效猝熄，因此在设计时，为寻求最小的流通阻力，应在阻火能力范围内选取最大的通道边长。

3 种不同通道壁厚的 $\Delta p\text{-}Q$ 曲线见图 5.20。从图中可知，随着通道壁厚增加，抑制器流阻急剧增大，同时，壁厚影响着火焰抑制器的结构强度，因此设计中，应折中考虑结构强度与流动阻力，选取最优的壁厚尺寸。工程应用中，火焰抑制器要求的破损压力达 137.90kPa，阻火单元材料为 321 不锈钢，因此，推荐选用的通道壁厚为 0.1mm。

不同阻火单元长度下的 $\Delta p\text{-}Q$ 曲线见图 5.21。从图中可知，阻火单元越长，流阻越大。但阻火单元越长，其耐烧性越好，因此在设计中，应在保证设计要求的耐烧能力下，选取最小的阻火单元长度。对于防爆系统中的火焰抑制器，阻火单元长度推荐选用 50mm。

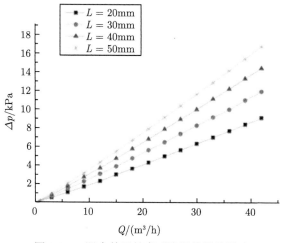

图 5.21　阻火单元长度对流阻特性的影响

5.3.2　阻火性能及影响因素分析

火焰抑制器阻火性能的主要表征是阻火单元特征尺寸，因此，本节所论述的阻火性能与影响因素分析就是特征尺寸与影响因素分析。

1. 火焰速度对特征尺寸的影响

图 5.22 和图 5.23 分别表示在不同有效流通面积比 e 下，火焰速度与猝熄直径、猝熄长度之间的关系。

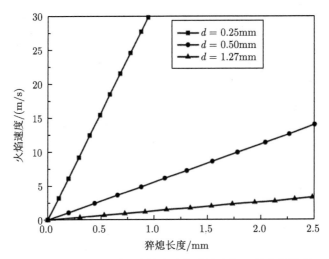

图 5.22　$e = 0.4$ 时，火焰速度与猝熄直径、长度的关系

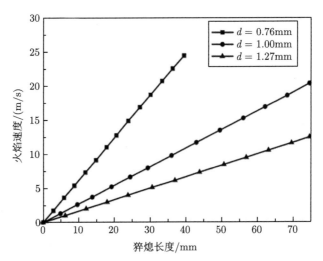

图 5.23　$e = 0.8$ 时，火焰速度与猝熄直径、长度关系

由图可见，火焰速度越大，猝熄越困难，所要求的猝熄直径越小，猝熄长度越长；在猝熄直径和猝熄长度一定的条件下，有效面积比 e 越大，所能阻止的火焰速度越大，阻火性能越好。

2. 可燃气体压力对特征尺寸的影响

管道可燃气体压力对特征尺寸的影响如图 5.24 所示。

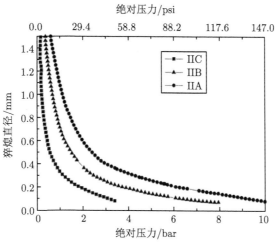

图 5.24　猝熄直径与管道可燃气体压力的关系

由图可知，可燃气体的压力与猝熄直径成反比，可燃气体压力越大，火焰越难猝熄。

3. 可燃气体温度对特征尺寸的影响

可燃气体温度对特征尺寸的影响如图 5.25 所示，气体温度越高，火焰越难猝熄。

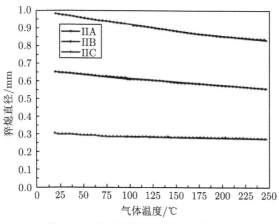

图 5.25　猝熄直径与气体温度的关系

4. 最小点火能量对特征尺寸的影响

van Dolah 等 [26] 通过大量实验，测得可燃气体最小点火能量 (MIE) 和猝熄长度之间的关系如图 5.26 所示。最小点火能量越大，所对应的猝熄长度越长，即火焰越难猝熄。

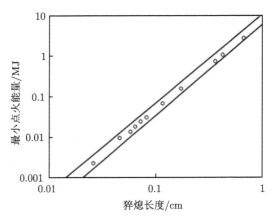

图 5.26　最小点火能量与猝熄长度之间的关系

5.4　机载火焰抑制器试验与适航符合性方法

对于火焰抑制器的性能检测，欧美国家已经建立了相对完善的理论体系和技术规范，然而国内在该领域的研究开展较晚，一些基础问题研究和关键技术掌握方面仍存在很多缺陷，目前国内尚未有经局方认证的机载火焰抑制器性能测试专业机构及全套测试设备，同时性能测试相关标准尚未颁布。

5.4.1　火焰抑制器标准

针对航空机载火焰抑制器的国际和国内标准尚未颁布，但国内外针对石油化工或其他行业的火焰抑制器标准则较为成熟，且经过多次修订。

国外火焰抑制器的相关标准主要有 [21]：美国石油组织 API—2028《管道阻火器》，API-12N《燃烧室内阻火器的操作、保养、实验推荐条例》，API—2210《石油储罐通风孔阻火器》等；欧洲标准 EN 12874—2001《阻火器性能要求、测试方法及使用限制》；国内相关标准主要有 [23]：GB 13347—2010《石油气体管道阻火器》，GB 5908—2005《石油储罐阻火器》，SH/T 3413—1999《石油化工石油气管道阻火器选用、检验及验收》，中国石油天然气行业标准 SY/T 0512—1996《石油储罐阻火器》，化学工业部 HG/T 20570.19—95《阻火器的设置》，航空行业标准《飞机燃油通气系统火焰抑制器规范 (征求意见稿)》等。本节对于上述部分标准简介如下：

1. 欧洲标准 EN 12874

该标准由欧洲标准委员会于 2000 年 11 月颁发，规定了火焰抑制器的使用要求，并确定了火焰抑制器的分类原则、基础结构、实验方法及安全使用范围。该标准首先对阻火单元、稳定燃烧、短时间燃烧、持久燃烧、爆燃、爆轰、不稳定爆轰、稳定爆轰、点火温度、最大实验安全间隙等术语进行详细定义，并将火焰抑制器按使用场所分为管端型、管道型两类，按照应用类型分为阻爆燃型、阻稳定爆轰型、阻不稳定爆轰型 3 种，无论何种类型的火焰抑制器，其通用要求如下：

1) 结构要求

火焰抑制器结构应能抵抗预期使用的机械、热力和化学负荷，轻金属合金含镁量应不超过 6%，火焰抑制器上的涂层应在阻火过程中不被破坏；短时间燃烧型火焰抑制器应装有一个或多个温度传感器。

2) 外壳要求

管道型火焰抑制器壳体材料应满足断裂伸长率 $A \geqslant 12\%$，拉伸强度 $R_M \geqslant 350\text{N/mm}^2$。

管端型火焰抑制器壳体材料应满足断裂伸长率 $A \geqslant 5\%$，拉伸强度 $R_M \geqslant 160\text{N/mm}^2$。

3) 接头要求

所有接头的结构和密封应保证火焰不能穿过抑制器。

4) 压力测试要求

管端型和管道型阻爆轰火焰抑制器需进行不低于 10 倍 P_0(最大操作压力) 的压力测试；管道型阻爆燃火焰抑制器需在 10^6Pa 下进行不少于 3min 的压力测试，且压力测试中不能出现永久性变形。管端型阻爆燃火焰抑制器和耐烧型火焰抑制器不需要进行压力测试。

5) 泄漏测试要求

火焰抑制器应在不低于 150kPa 下进行至少 3min 的空气测试，且不可发生泄漏。

6) 空气流量测量要求

应以一个中间值流量对火焰抑制器进行压力降测试，测试结果与制造商数据的偏差应不超过 10%。

7) 火焰传播测试要求

火焰抑制器应在工作环境温度下进行相应的火焰传播试验，试验过程中不可出现永久性变形。

2. 国际标准 ISO 16852

该标准由卫生与安全管理局于 2004 年颁布, 它在 EN 12874 基础上进行修改、补充和完善, 确定了针对制造商的产品性能要求和针对测试机构的测试方法, 以及针对客户的使用限制。在 EN12874 基础上, 该标准将火焰抑制器分为管道阻爆燃型火焰抑制器 (短时间耐烧或持久耐烧)、管端阻爆燃型火焰抑制器 (短时间耐烧或持久耐烧)、不稳定爆轰型火焰抑制器、稳定爆轰型火焰抑制器、动力型火焰抑制器、水力型火焰抑制器、液体产品火焰抑制器和预置空间型火焰抑制器, 且每种火焰抑制器对应一种检测方法; 并将可燃气体等级 IIA 细分为 IIA1 和 IIA, 将 IIB 等级细分为 IIB1、IIB2、IIB3 和 IIB; 火焰抑制器的工作环境为压力 (80~160kPa)、温度 (−20~+150℃)。

3. 中国石油天然气行业标准 SH/T 3413—1999

该标准由国家石油和化学工业局于 1999 年发布, 以保证石油气管道火焰抑制器性能和质量, 满足石油化工企业的安全生产和设计选型要求。该标准规定火焰抑制器接口法兰的公称直径应在以下组合内取值: 15、20、25、40、50、80、100、150、200、250、300、350、400、450、500、600mm; 火焰抑制器接口法兰的公称压力可分为 0.6、1.6、2.5MPa; 将火焰抑制器分为阻爆燃型和阻爆轰型; 确定火焰抑制器的选用原则并提出以下几点要求:

1) 材质要求

管端型火焰抑制器壳体应采用铸铁和含镁量不大于 0.5% 的铸铝合金, 管道型火焰抑制器壳体应采用铸钢或碳钢焊接; 阻火层芯件和管道型火焰抑制器芯壳及芯件压环应采用不锈钢; 管端型火焰抑制器芯壳及芯件压环应采用铸铁或铸铝。

2) 水压试验

火焰抑制器壳体应进行至少 10min 的水压试验, 试验压力为 1.5 倍公称压力。

3) 泄漏试验

管道中火焰抑制器组装后, 应进行严密性试验, 试验压力为公称压力, 且不应出现泄漏。

4. 国家标准 GB 5908—2005

该标准由中国国家标准化管理委员会于 2005 年发布, 规定了石油储罐火焰抑制器的术语和定义、型号编制、分类、要求、试验方法、检验规则、标志、包装、运输和储存、产品合格证及使用说明书编写要求等, 其对火焰抑制器提出的具体要求如下:

1) 外观要求

火焰抑制器外表面应进行防腐蚀处理，且防腐涂层应完整、均匀；火焰抑制器各部件应无明显机械损伤或加工缺陷；在火焰抑制器明显部位应牢固地设置标牌并永久性标出介质流动方向。

2) 材料要求

火焰抑制器壳体材料应采用碳素钢或者铸铝制造，或者其他耐腐蚀性能和机械强度不低于碳素钢或铸铝的金属材料；阻火芯材料应采用不锈钢制造；火焰抑制器连接处垫片不得使用植物或动物纤维。

3) 耐腐蚀性能

应对火焰抑制器进行二氧化硫及盐雾腐蚀试验，火焰抑制器阻火芯不应有明显的腐蚀损坏，并且试验后火焰抑制器应具备完整的阻爆性。

4) 强度要求

应进行火焰抑制器壳体强度试验，压力应在 20s 内匀速增加至 0.9 MPa，保持压力 5min 后泄压，火焰抑制器壳体不应出现裂痕、渗漏或永久变形。

5) 阻爆性能

应进行 13 次 (时间不超过 3d) 阻爆试验，火焰抑制器应每次都能阻火，试验介质为丙烷/空气混合气，所选用的丙烷纯度为工业纯，且混合气体中丙烷的体积分数应为 (4.3±0.2)%。

6) 耐烧性能

应进行耐烧试验，试验介质为丙烷/空气混合气，所选用的丙烷纯度为工业纯，且混合气体中丙烷的体积分数应为 (4.3±0.4)%，火焰抑制器应能经受 1h 耐烧，试验过程中应无回火现象。

5. 国家标准 GB/T 13347—2010

该标准由中国国家标准化管理委员会于 2010 年发布，规定了石油储罐火焰抑制器的术语和定义、型号编制、分类、要求、试验方法、检验规则、标志、包装、运输和储存、产品合格证及使用说明书编写要求等，与国家标准 GB 5908—2005 相比，在外观要求、材料要求、耐腐蚀性能方面基本一致，不同之处在于：

1) 试验条件

环境温度：−10～+35℃；相对湿度：45%～75%；大气压力：86～106kPa。

2) 强度要求

应进行火焰抑制器壳体强度试验，火焰抑制器壳体不应出现渗漏、裂痕或永久变形，试验压力为 10 倍介质最高工作压力，压力保持时间为 5min。

3) 密封要求

应进行火焰抑制器密封试验，火焰抑制器不应出现泄漏，试验压力为 1.1 倍介质最高工作压力，压力保持时间为 5min。

4) 阻爆性能

应对火焰抑制器进行 13 次连续阻爆试验，火焰抑制器应每次都能阻火，试验后外壳不应出现永久变形及损坏，阻火速度不应低于生产单位公布值。

5) 耐烧性能

应进行至少 2h 的耐烧试验，试验过程中应无回火现象。

6) 压力损失与通气量试验

应进行压力损失与通气量试验，火焰抑制器的气体流量-压力损失与生产单位合格证上公布值偏差不应超过 ±10%，火焰抑制器的通气量不应小于合格证上公布值。

国内外火焰抑制器测试标准对比情况见表 5.5。

表 5.5　国内外火焰抑制器测试标准对比

项目	EN 12874	ISO 16852	SH/T 3413	GB 5908—2005	GB/T 13347—2010
试验介质	IIA、IIB、IIC 每种气体等级都需要测试		丙烷空气混合物		IIA、IIB、IIC 每种气体等级都需要测试
压力测试	测试压力应大于 10 倍工作压力，不小于 3min		压力为 1.5 倍公称压力，不少于 10min	压力为 0.9MPa，并保持 5min	压力为 10 倍介质最高工作压力，保持时间为 5min
压力损失	应以一个中间值流量进行压力降测试，偏差 ≤10%	火焰传播及耐烧试验后进行，前后压降差 ≤20%	应给出标准状况下的压降与流量关系曲线	不同压力对应不同的压力损失规定值	压力损失与公布值偏差 ≥±10%
阻爆燃测试	应在工作环境温度下进行，不可出现永久变形	用规定混合气进行连续 6 次试验，无火焰传播现象	应进行 13 次阻爆试验，火焰抑制器应每次都能阻火		应进行 13 次连续阻爆试验，火焰抑制器应每次都能阻火
耐烧测试	应进行至少 2h 的耐烧试验，试验过程中应无回火现象		应能经受 1h 耐烧，试验过程中应无回火现象		应进行至少 2h 的耐烧试验，试验过程中应无回火现象
腐蚀测试	无		阻火芯不应有明显的腐蚀损坏，并且试验后火焰抑制器应具备完整的阻爆性		

6. 航空行业标准《飞机燃油通气系统火焰抑制器规范 (征求意见稿)》

航空行业标准《飞机燃油通气系统火焰抑制器规范 (征求意见稿)》是由中国航空工业集团有限公司提出，航空工业金城南京机电液压工程研究中心、航空工业通飞研究院、中国航空综合技术研究所、中国科学技术大学编制的第一份有关机载火焰抑制器的行业标准，该标准规定了飞机燃油通气系统火焰抑制器的技术要求和质量保证规定等内容。

该标准中对于火焰抑制器鉴定检验项目按表 5.6 的规定。

表 5.6 检验项目表

序号	检验项目	鉴定检验	质量一致性检验		要求章条号	检验方法章条号
			验收检验	定期检验		
1	尺寸	●	●	—	3.2	4.5.1
2	重量	●	●	—	3.3	4.5.2
3	外观质量	●	●	—	3.4	4.5.3
4	标识和代号	●	●	—	3.5	4.5.4
5	电搭接	●	●	—	3.10	4.5.5
6	密封	●	●	—	3.11.3	4.5.6
7	压降	●	●	—	4.12.1	4.5.7
8	阻火性能	●	—	—	3.12.2	4.5.8
9	耐烧性能	●	—	—	3.12.3	4.5.9
10	低温贮存	●	—	●	3.14.1	4.5.10
11	低温工作	●	—	●	3.14.2	4.5.11
12	高温贮存	●	—	●	3.14.3	4.5.12
13	高温工作	●	—	●	3.14.4	4.5.13
14	高度	●	—	●	3.14.5	4.5.14
15	温度变化	●	—	—	3.14.6	4.5.15
16	加速度	●	—	—	3.14.7	4.5.16
17	湿热	●	—	—	3.14.8	4.5.17
18	振动	●	—	●	3.14.9	4.5.18
19	功能冲击与坠撞安全	●	—	●	3.14.10	4.5.19
20	霉菌	●	—	—	3.14.12	4.5.20
21	盐雾	●	—	—	3.14.13	4.5.21
22	结冰	●	—	—	3.14.14	4.5.22
23	极限压力	●	—	—	3.9	4.5.23
24	耐久性	●	—	○	3.14	4.5.24

注：● 必检项目；○ 订购方和承制方协商检验项目；— 不检验项目。

5.4.2 试验系统与测试

机载环境与地面条件的不同，使得机载火焰抑制器相较于石油管道火焰抑制器，其测试内容将有所不同，如表 5.7 所示。

对于表 5.7 中的部分试验内容的测试流程，由于尚无相关规范与标准，本节将以某型民机燃油通气系统中机载火焰抑制器实际测试过程为例来进行简介。

1. 压力测试

压力测试以国标 GB/T 13347—2010 中强度试验为基准，综合考虑飞机在起飞爬升和俯冲下降阶段火焰抑制器所处压力环境的不同，进行正压和负压测试。

表 5.7　机载火焰抑制器与石油管道火焰抑制器部分测试内容对比表

测试内容	石油管道火焰抑制器	机载火焰抑制器
测试介质	丙烷 (C_3H_8) 与空气的混合气	正己烷 (C_6H_{14}) 与空气的混合气
压力测试	在 10 倍工作压力下进行不少于 3min 的压力测试	飞机在起飞爬升和俯冲下降的阶段，机载火焰抑制器所处的压力环境不同，因此压力测试要进行正压和负压测试
压力损失	试验介质为空气，绝对压力为 0.1MPa，温度为 20℃，相对湿度为 50%，密度为 $1.2kg/m^3$	通过机载火焰抑制器的流动介质为航空燃油和空气，因此在压力损失方面要分别对这两种介质进行测定
爆燃和爆轰测试	应进行 13 次 (时间不超过 3d) 阻爆试验，火焰抑制器应每次都能阻火，试验介质为丙烷/空气混合气	在关闭燃料和空气供给下进行至少 5 次的静态实验
耐烧试验	火焰抑制器应能经受 1h 耐烧，试验过程中应无回火现象	机载火焰抑制器需满足 2.5min 有效阻火时间要求
耐腐蚀试验	应进行二氧化硫及盐雾腐蚀试验，火焰抑制器阻火芯不应有明显的腐蚀损坏，并且试验后火焰抑制器应具备完整的阻爆性	满足机载设备环境试验要求
振动测试	石油管道火焰抑制器无此项要求	由于机载环境的特殊性，火焰抑制器应进行振动测试
破损压力测试	石油管道火焰抑制器无此项要求	按适航规章要求，需进行破损压力测试

1) 正压测试

将火焰抑制器安装在正压测试装置上；通入 34.47kPa 压力的燃油，保持此压力状态至少 1min，观察并记录火焰抑制器的裂缝情况；继续增加燃油压力至 68.95kPa，并保持 1min 以上，观察并记录火焰抑制器的裂缝情况；确保在任何压力下，火焰抑制器不出现泄漏、变形或者损坏现象。

2) 负压测试

将火焰抑制器安装在负压测试装置上；在火焰抑制器上施加 6.89kPa 的负压，持续至少 1min，观察并记录火焰抑制器的变形情况；继续增加负压至 13.79kPa，持续 1min 以上，观察并记录火焰抑制器的变形情况；确保在任何压力下，火焰抑制器不出现泄漏、变形或者损坏等现象。

2. 流通性能测试

流通性能测试以国标 GB/T 13347—2010 中压力损失、通气量试验为基准，考虑到通过机载火焰抑制器的流动介质可能为空气或航空燃油，因此在压力损失方面要分别对这两种介质进行测定。

1) 空气流通性能测试

在地面使用高度上，火焰抑制器安装于如图 5.27 所示的专用装置上，调节空气气源的流量，记录火焰抑制器压降值。

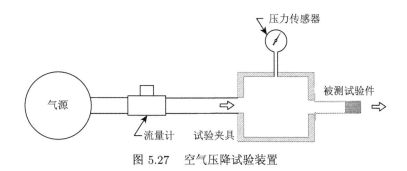

图 5.27　空气压降试验装置

2) 燃油流通性能测试

在地面使用高度上，火焰抑制器安装于如图 5.28 所示的专用装置上，调节压力油源的流量，记录火焰抑制器压降值。

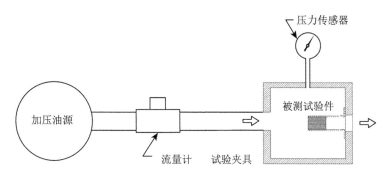

图 5.28　燃油压降试验装置

3. 阻火性能测试

机载火焰抑制器阻火性能测试是以 FAA 咨询通告 AC 25.975[27] 中火焰传播静态试验为基准，同时参考国标 GB/T 13347—2010 中有关阻爆燃的试验方法，采用正己烷 (C_6H_{14}) 为测试介质，正己烷将通过注射阀门与空气混合，通过调节正己烷流量来控制混合物的化学计量比，其试验装置如图 5.29 所示。

将火焰抑制器安装在图 5.29 所示的阻火性能试验装置上，向试验装置中通入温度为 (74 ± 10)℃ 的热空气，并且将空气的流速调节至 0.23m/s；确保试验记录设备能够准确记录热电偶温度以及观察窗口能够观察到试验介质是否被点燃；点燃火焰抑制器下流的混合气，通过观察窗口确认下流的混合气已被点燃，观察火焰传播情况；确保火焰抑制器能有效地阻止下流火焰的通过，并点燃上流混合气以证明上流混合气的可燃性。

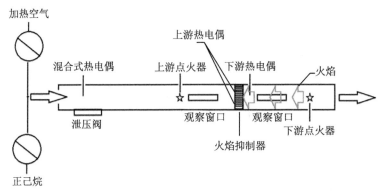

图 5.29　阻火性能测试原理图

4. 耐烧性能测试

耐烧性能测试以 FAA 咨询通告 AC25.975[27] 中火焰驻烧试验为基准，同时参考国标 GB/T 13347—2010 中的耐烧试验方法，具体测试步骤如下。

将火焰抑制器安装在图 5.29 所示的阻火性能试验装置上，向试验装置中通入温度为 (74 ± 10)℃ 的热空气，并且将空气的流速调节至 0.23m/s；调节正己烷的流量使化学计量比达到 1.15；持续通入正己烷空气混合气，点燃下游混合气，同时开始计时；观察测试样品和设备，确认下游火焰的点燃及成功阻火；火焰持续驻烧 2.5min，其间确保火焰抑制器能有效阻止下游持续燃烧的火焰通过。

5. 振动测试

由于机载环境的特殊性，火焰抑制器需进行振动测试，振动测试以 FAA 咨询通告 AC 25.975 中的振动试验为基准，其具体测试步骤如下。

将火焰抑制器安装在振动测试装置上，振动测试夹具安装在电动激振器上，使其 Z 轴与激振器的传动轴共线；对火焰抑制器施加加速度为 $0.5g$ 的振动扫描，扫描频率范围为 $10\sim2000\text{Hz}$，持续 1h 以上；将 X 轴和 Y 轴对调，重复上述步骤；保证在振动测试过程中，火焰抑制器不会出现弯曲变形或者结构损坏现象。

6. 破损压力测试

机载火焰抑制器破损压力包含破损正压测试和破损负压测试。

1) 破损正压测试

将试验样品安装在压力测试装置上,通入燃油,使燃油压力保持在 137.90kPa,持续 1min 以上,观察记录样品裂缝情况,保证火焰抑制器在此过程中无任何裂痕出现。

2) 破损负压测试

将试验样品安装在压力测试装置上,在火焰抑制器上施加 27.58kPa 的负压,至少持续 1min,观察记录样品的变形情况,保证火焰抑制器在此过程中无任何变形。

5.4.3 适航符合性方法

咨询通告 AC25.975"燃油通气防护"[27] 是 FAA 以 FAR25.975(a)(7) 中的要求及防止燃油蒸气点燃引发的油箱爆炸的相关规定为蓝本所提供的适航指导性文件,它于 2016 年 6 月 24 日发布,包含目的、适用性、相关文件、术语定义、背景、符合性方法、火焰抑制器、火焰抑制器符合性验证、油箱惰化、增压和火焰抑制系统符合性验证以及附录等章节,其中涉及火焰抑制器的有以下章节。

1. "背景" 章节

防火抑爆咨询委员会 (Special Aviation Fire and Explosion Reduction Advisory Committee,SAFER) 重新审视了运输类飞机的历年事故,并在 1980 年发布的总结性报告中明确指出了在油箱出口和通气管路上安装火焰抑制器的重要性。委员会通过审查自 1964 年以来全球发生的涉及碰撞后油箱爆炸的运输类飞机事故后发现,利用现有技术能够降低碰撞带来的爆炸危险。经过对解决油箱爆炸的方法进行评估,如惰化油箱、安装火焰抑制器、设置缓冲槽和爆炸抑制装置等,委员会确定安装火焰抑制器是当前最实用的方法。目前该方法在飞机上已有广泛应用,用于延迟地面火焰的蔓延和随后产生的爆炸,为全体乘员的安全疏散提供保障时间。为了确保所有的运输类飞机都具备防止外部点火源引起的油箱爆炸,在 2016 年 6 月 7 日颁发的 25-143 号修正案 (81 FR 41200, 2016.6.24) 的 FAR25.975(a)(7) 中,要求当任何燃油箱出口持续暴露在火焰时,都能够在 2.5min 内阻止火焰从油箱外部通过通气通道蔓延至油箱。

2. "火焰抑制器" 章节

火焰抑制器章节主要描述了如何满足 FAR25.975(a)(7)"2.5min" 要求。咨询通告建立了火焰抑制器在可能出现的极端情况下性能评估要求,抑制器性能应满足通告中规定的飞机坠毁后着火或者其他着火环境下 (比如说由于油箱损坏引起的泄漏或加油时燃油的溢出) 的要求。

在燃油箱上安装火焰抑制器时，应当考虑多种因素，比如说火焰抑制器带来的流阻和压降可能会造成加油故障，还有结冰和闪电等环境因素。这些考虑在通告中没有展开讨论，需要读者自行参考 AC 20-53 和 AC 25-8 中的燃油系统通用指南《燃油系统辅助设施》。

(1) 火焰抑制器性能试验结果显示。当火焰阵面接触到抑制器表面时，将导致抑制器被持续加热，这是火焰抑制器性能评估中的一种极端情况。当抑制器被加热后，阻火单元吸热能力减弱，可能导致火焰无法猝熄，抑制器失效引发回火。须强调的是，本应熄灭的火焰在通过被加热阻火单元时却未能熄灭产生回火的原因，不能与燃油自燃 (AIT) 或热表面点燃现象混淆。因为，回火现象是由于火焰经过抑制器内部阻火单元通道时，被通道吸收的热量小于使火焰熄灭不能传播的最小热量，此时，火焰抑制器应视为一个不充分的热沉而不是点火源，因为其不能吸收足够的热量，火焰仍保留有足够的热量自发向抑制器保护侧传播。

(2) 高温表面点燃可燃蒸气也会引发火焰通过火焰抑制器。加热抑制器阻火单元通道表面和外壳内表面达到高于可燃混合气自燃 (AIT) 温度，这个过程所需的时间可作为火焰抑制器组件有效性的一个衡量指标。与回火相比，高温表面点燃可燃混合气这一过程包含不同的现象。当自燃将发生时，一部分可燃气要在高温表面驻留一段时间，使得一定体积内气体的化学放热量大于向环境中耗散的热量。所需的最大驻留时间 (一般称为点火延时) 是气体和热源热传导特性以及燃烧动力学的函数。因此可见，高温表面的面积和形状、热源周围流场都是决定点火是否发生的重要因素。

(3) 咨询通告规定的检验方法可用于评估两种情况下火焰抑制器的有效性：第一种是外部点火源引起的燃油箱通气出口可燃蒸气点燃，火焰抑制器应能有效阻止火焰传入油箱；第二种是燃油通气系统中出现的持续可燃蒸气流，抑制器应能阻止火焰蔓延到通气系统的上游。在了解特定阻火装置的安装和特性后，需要通过试验测定火焰抑制器的极限条件。

(4) 火焰抑制器有效工作情况是指可燃蒸气从低速到以较高速度从油箱向外流动，低速发生在正常的地面操作情况下，较高速度发生在加油时油箱内蒸气外溢，或者意外引发的地面火灾加热油箱致使油箱内蒸气外溢。

(5) 申请人必须明确机载火焰抑制器组件的符合/失效准则。当判断火焰抑制装置能否满足 2.5min 抑爆时间需求时，还应考虑抑制器组件热表面最高允许温度，该温度须满足不产生高温表面点火要求；申请人必须考虑可燃蒸气在火焰抑制器表面和通道上游近油箱一侧的流速，假设蒸气流速均匀 (不存在阻塞区域)，即使热源温度超过了静态条件下燃油蒸气的自燃温度 (通常为 450°F)，也不会引发抑制器装置内气体被点燃；《航空燃料属性手册》(*Handbook of Aviation Fuels Properties*) 中有流速和自燃温度的关系；对燃油通气管路上的火焰抑制器的进一步试验表明，火焰抑制器中心温度低于 700°F 时点火不会发生，尽管如此，这一温度限制也许并不适用于蒸气流速不均匀的抑制器装置；申请人需对火焰抑制器的设计进行分析，确定会引起表面高温极值的危险区域和燃油蒸气流速，并且开展大量试验以验证分析的正确性。

3. "火焰抑制器符合性验证" 章节

咨询通告 AC25.975 第 8 章中对于机载火焰抑制器符合性验证工作提出了如下要求：

(1) 火焰抑制器性能受安装效应影响。安装可能导致火焰燃烧速度和表面温度这些关键参数变化，申请人在符合性验证时必须对安装效果进行解释说明；申请人既可以按照 FAR25.975(a)(7) 的要求进行包含产品装机 (包括通气管路上下游) 状态的火焰抑制器符合性验证；也可以请求 FFA 批准其采用其他试验和分析以证明火焰抑制器和安装符合强制要求。

(2) 申请人可直接使用供应商提供的火焰抑制器。不论装载火焰抑制器的飞机具体设计如何，供应商均需预先证明所提供的火焰抑制器符合阻火要求；申请人需要进行测试验证各种安装影响 (包括火焰燃烧速度和管道壁面温度) 都能符合要求，进行这些测试之前必须按照本通告所讨论的内容设计燃料。

(3) 图 5.29 是咨询通告提供的测试方案草图，方案草图中将火焰抑制器放在管道内进行相应配置以模拟飞机上的安装情况。火焰燃烧沿燃油通气管道向火焰抑制器方向的扩张速度是火焰抑制器阻火性能的重要参数，因此，管路的形状、半径以及从油箱入口到火焰抑制器的管道长度应与装机时的配置相同，除非火焰抑制器的组件之前经受过更高火焰燃烧速度冲击。此外，火焰抑制器在管道中的朝向也是一个关键参数，比如，在耐烧试验中，火焰抑制器竖直安装并且火焰朝向地面方向，这种情况下的耐烧时间就会短于水平安装的火焰抑制器。

需要注意的是，咨询通告附录中还特别提醒：其提供的试验原理图并不代表具体可行的试验设计。试验装置中，管道下游长度、直径和火焰抑制器的方向都会显著影响火焰抑制效果，因此，试验装置必须能够代表飞机的真实应用环境；如果抑制器安装区域可能会出现可燃蒸气被点燃并导致火焰由外向油箱内传播，那么非常有必要在试验装置中添加测温设备。例如，排气阻火器可能安装在靠近燃油箱的位置，外部火焰加热作用下阻火器和通风系统内表面具有很高的温度，从而点燃可燃蒸气致使火焰传入油箱，因此，需要额外的表面温度数据来表明装置的表面温度未超过极限温度。

(4) 图 5.29 所示的测试系统需具有如下特征：
① 阻火单元安装方向能够模拟真实的装机情况；
② 阻火单元上下游管道上开设有观察窗，以便管内真实燃烧状况的观察；

③ 阻火单元上下游布置有点火装置;

④ 阻火单元上下游布置有热电偶, 可测量进入抑制器的可燃混合气温度;

⑤ 阻火单元通道中心布置有热电偶测温设备;

⑥ 测试系统上游安装有释压装置, 以释放下游可能出现的压力暴增;

⑦ 管道入口引入可燃混合气体时, 混合气温度要高于所用燃油沸点温度;

⑧ 具有通过改变燃料蒸气和空气供气速率调整燃料-空气比的装置。

(5) 图 5.29 所示的测试系统应包含如下试验设备:

① 测试件: 包括火焰抑制器和满足装机规格要求的管路系统下游组件;

② 能代表火焰抑制器安装需求的管道段;

③ 可按预设燃-空比和流量供应的可燃蒸气产生装置;

④ 用于观察试验中上下游状况的观察窗, 该观察窗设计应能观察到火焰燃烧阵面与抑制器间的相对位置;

⑤ 测量上游管道和火焰抑制器表面温度装置;

⑥ 测量火焰抑制器上下游可燃气体温度装置;

⑦ 火焰抑制器上游压力卸载装置;

⑧ 抑制器上下游可燃气体的点火装置。

(6) 燃油类型

① 申请人需根据飞机适用的油料来确立试验用的燃油类型, 试验用油需与飞机用油特性相似。允许使用正己烷 (C_6H_{14}) 代替 JET A、TS-1 之类的航空煤油。己烷容易获得并且容易控制在气态, 其自燃温度是 $433°F$, 接近 JET A 的 $435°F$ 和 JP-4 的 $445°F$。

注意: 火焰抑制器试验中, 申请人不能使用高自燃温度的油料, 例如丙烷。

② 表格 5.8 给出了正己烷燃烧参数, 下文提供了计算试验所需己烷化学计量关系的方法。

表 5.8　正己烷燃烧参数

参数	数值
燃烧热/(MJ/kg)	44.66
分子量/(g/mol)	86.17
可燃极限 (空气体积比), 下极限/上极限	1.2/7.4
闪点/°C	−21.67
沸点/°C	68.89
自燃温度/°C	222.8
21°C 下蒸气压力/kPa	17.24

己烷燃烧方程式如下所示:

$$2C_6H_{14} + 19O_2 \xrightarrow{\text{点燃}} 14H_2O + 12CO_2$$

每 2mol 正己烷完全燃烧需要 19mol O_2，己烷质量为 172.34g，需要氧气 $19 \times 32.00 = 608g$，由于空气中氧气的质量分数为 23.14%，所以需要空气 2627.48g。因此，在化学计量比下，所需空气与正己烷的质量比为 15.24。当量比为 1.15 时，空气与正己烷的质量比为

$$\frac{2627.48}{1.15 \times 172.34} = 13.3$$

③ 对于自燃温度不是关键参数的试验来说，申请人可以使用丙烷。例如，如果申请人或供应商已证实火焰抑制器能够满足耐烧要求，试验目的是证实火焰抑制器组件温度可保持在燃油箱表面温度限制 (通常 400°F) 以下，此时可以使用丙烷。

④ 表 5.9 给出了丙烷的燃烧参数，提供了计算丙烷化学反应配比的方法，其数据来源于 FAA 的技术报告 ADS-18《飞机燃油系统闪电防护方法》。

表 5.9 丙烷燃烧特性

参数	数值
燃烧热 (298K)/(kJ/mole)	2220
可燃极限 (空气体积比) 下极限/上极限	2.2/9.5
火焰温度 (空气当量比下，STP)/°C	1925
猝熄直径 */mm	2.79
最小点火能 */MJ	0.027
回火临界速度梯度 */s	600
火焰层流速度 */(cm/s)	40

* 标准温度和压力下 (STP)，带 * 的内容同样适用于丙烷当量比为 1.1 的情况。

丙烷燃烧方程式如下所示：

$$C_3H_8 + 5O_2 \xrightarrow{\text{点燃}} 4H_2O + 3CO_2$$

1mol 丙烷完全燃烧需要 5mol 氧气，因此，44.09g 的丙烷燃烧需要氧气 $5 \times 32.00 = 160g$，由于空气中氧气的质量分数为 23.14%，所以需要空气 691.44g。因此，在化学计量比下 (完全燃烧，无多余氧气) 燃烧时，所需空气与丙烷的质量比为 15.7。当量比为 1.15 时，空气-丙烷质量比为

$$\frac{691.44}{1.15 \times 44.09} = 13.6$$

(7) 热电偶

申请人应使用以下参数的热电偶：裸接点，1/16~1/8in 金属护层，陶瓷包装，镍铬-镍铝合金材料，美国线规的名义号数为 22-30 号导体或同等物质。申请人不

应使用抽气式热电偶。经验表明，1/16in 热电偶精度高于 1/8in 热电偶，故首推
1/16in 热电偶。

(8) 试验样品

试验样品应当符合取证要求。

(9) 试验条件

通常需要进行两类试验来证明符合性：一是当管道内蒸气处于静态时的阻爆
试验，二是持续蒸气流动条件的耐烧试验。

① 火焰传播实验 (静态)。

该试验验证了在燃料化学计量比为 1.15±0.05 时火焰抑制器阻火单元的性能。

试验时，关闭燃油和空气阀，点燃阻火单元的下游混合物，通过观察窗口观
察，证实火焰不会通过火焰抑制器，证实上游起火装置充能后可以点燃上游的混
合物，观察上游的混合物点燃情况。申请人需要重复该试验至少 5 次。

燃烧速度显著影响着抑制器的阻火性能，它由抑制器安装位置决定，并受管
道长度、直径、点火源和抑制器之间的流动损失影响，实验时必须考虑到这些关
键影响因素；如申请人打算将已被批准的抑制器安装在与之前试验不同长度和直
径的管道上，则必须验证这些不同点对性能的影响，申请人可以单独设计实验以
表明抑制器在所安装的条件下是有效的。

② 耐烧试验。耐烧试验目的是验证在抑制器表面持续燃烧时，火焰不会传
入油箱。试验在燃料-空气化学计量比为 1.15 的条件下进行，可燃蒸气以 22.9~
30.5cm/s(0.75 ~1.0ft/s) 的速度通过火焰抑制器，这一速度范围是根据抑制器在
研发试验中最快发生失效的条件来确定的。

在耐烧试验中须监测上游方向抑制器中心处的温度，试验要求保证该处温度
在 371℃ (700°F) 下维持 2.5min。现有试验表明，当上游方向抑制器中心处温度
高于 371°(700°F) 时，意味着火焰已经通过抑制器，此时抑制器已失效。

耐烧试验还须证明在持续燃烧 2.5min 的情况下火焰抑制器不会出现回火
失效。

(10) 合格/失效标准

① 抑制器须满足阻爆试验、耐烧试验相关的性能要求；

② 在完成上述火焰抑制器的试验后，申请人应仔细检查抑制器结构的完整性。

参 考 文 献

[1] Enardo. Flame Arresters Technology[R/OL]. http://www.enardo.com/pdfs/tech_
　　Paperfat.

[2] Sure Stop Detonation and Flame Arrestors Technical Data [Z]. Canada: Tornado Tech-
　　nologies Inc, 2009：13-14.

[3] British Standards Institution. Explosive atmospheres - explosion prevention and protection - Part 1: Basic concepts and methodology, EN1127-1: 2007[S]. 2007.

[4] 刘明辉. 燃油通气系统外部火源抑制技术研究 [D]. 南京：南京航空航天大学，2014.

[5] Zalosh R. New Developments in Explosion Protection Technology[R]. Fire and Emergency Services Asia，2005：22-26.

[6] Spalding D B. A theory of inflammability limits and flame-quenching[C]//Proceedings of the Royal Society of London. Series A, Mathematical and Physical Sciences, 1957, 240:83-100.

[7] Philips H. The use of a thermal model of ignition to explain aspects of flameproof enclosure[J]. Combustion and Flame, 1973, 20:121-126.

[8] Andrae J, Björnbom P, Edsberg L. Numerical studies of wall effects with laminar methane flames[J]. Combustion and Flame, 2002, 128(1): 165-180.

[9] Wilson R P, Flessner M F. Design Criteria for Flame Arresters[C]//the 84th National AIChE Meeting, Atlanta, GA: 1978.

[10] 周凯元. 气体爆燃火焰在狭缝中的淬熄 [J]. 火灾科学, 1999, 8(1): 22-33.

[11] 33 CFR Part 154, Subpart E—Vapor Control Systems[S]. U. S. Department of Transportation, Coast Guard, 2013.

[12] NFPA 497. Recommended Practice for the Classification of Flammable Liquids,Gases, or Vapors and of Hazardous (Classified) Locations for Electrical Installations in Chemical Process Areas[S]. National Fire Protection Association, Quincy, MA. 1997.

[13] Britton L G. Operating atmospheric vent collection headers using methane gas enrichment[J]. Process Safety Progress, 1996, 15(4),: 194-212.

[14] Briesch E M. NEC Group Classification of Mixtures. Paper 5d[C]//Atlanta, GA: AIChE 34th Annual Loss Prevention Symposium, 2000.

[15] Britton L G. Using maximum experimental safe gap to select flame arresters[J]. Process Safety Progress. 2000, 19(3): 140-145.

[16] Wilson R P, Flessner M F. Design Criteria for Flame Arresters[C]//Atlanta, GA: Paper presented at the 84th National AIChE Meeting, Atlanta, 1978.

[17] Mendoza V A, Smolensky V G, Straitz J F. Don't detonate-arrest that flame[J]. Chemical Engineering, 1996, 103(5): 139-142.

[18] Wilson R P, Attalah S. Design criteria for flame control devices for cargo venting systems[C]//Transportion Research Board 55st Annual Meeting, Washington D.C. 1975.

[19] Piotrowski T C. Specification of flame arresting devices for manifolded low pressure storage tanks[J]. Plant/Operations Progress, 1991: 10(2), 102–106.

[20] Phillips H, Pritchard D K. Performance requirements of flameArresters in practical applications[C]//England: Institution of Chemical Engineers, 1986: IChemE Symposium Series No. 97, 47-61.

[21] Grossel S S. Deflagration and Detonation Flame Arresters[M]//Guidelines for Engineering for Process Design Safety. John Wiley & Sons, Inc., 2010: 371-407.

[22]　Wilson R, Crowley D P. Flame arrestor design requirements for prolonged exposure to methane/air, butane/air and gasoline/air flames[Z]. Crash Exposure, 1978.

[23]　王洋洋. 机载火焰抑制器设计与测试方法研究 [D]. 南京：南京航空航天大学，2017.

[24]　李征宇. 机载火焰抑制器设计与性能分析 [D]. 南京：南京航空航天大学，2016.

[25]　王洋洋，潘俊，刘文怡. 机载火焰抑制器流阻特性研究 [J]. 航空科学技术，2018, 29(9): 11-16.

[26]　van Dolah R W, Burgess D S. Explosion problems in the chemical industry[R]. American Chemical Society. Washington, D.C. 1974.

[27]　FAA. Fuel tank vents and carburetor vapor vents[R]. Advisory Circular No.25.975, 2016.